Mathematik Primarstufe und Sekundarstufe I + II

Reihe herausgegeben von

Friedhelm Padberg, Universität Bielefeld, Bielefeld, Deutschland

Andreas Büchter, Universität Duisburg-Essen, Essen, Deutschland

Die Reihe „Mathematik Primarstufe und Sekundarstufe I + II" (MPS I+II), herausgegeben von Prof. Dr. Friedhelm Padberg und Prof. Dr. Andreas Büchter, ist die führende Reihe im Bereich „Mathematik und Didaktik der Mathematik". Sie ist schon lange auf dem Markt und mit aktuell rund 60 bislang erschienenen oder in konkreter Planung befindlichen Bänden breit aufgestellt. Zielgruppen sind Lehrende und Studierende an Universitäten und Pädagogischen Hochschulen sowie Lehrkräfte, die nach neuen Ideen für ihren täglichen Unterricht suchen.

Die Reihe MPS I+II enthält eine größere Anzahl weit verbreiteter und bekannter Klassiker sowohl bei den speziell für die Lehrerausbildung konzipierten Mathematikwerken für Studierende aller Schulstufen als auch bei den Werken zur Didaktik der Mathematik für die Primarstufe (einschließlich der frühen mathematischen Bildung), der Sekundarstufe I und der Sekundarstufe II.

Die schon langjährige Position als Marktführer wird durch in regelmäßigen Abständen erscheinende, gründlich überarbeitete Neuauflagen ständig neu erarbeitet und ausgebaut. Ferner wird durch die Einbindung jüngerer Koautorinnen und Koautoren bei schon lange laufenden Titeln gleichermaßen für Kontinuität und Aktualität der Reihe gesorgt. Die Reihe wächst seit Jahren dynamisch und behält dabei die sich ständig verändernden Anforderungen an den Mathematikunterricht und die Lehrerausbildung im Auge.

Konkrete Hinweise auf weitere Bände dieser Reihe finden Sie am Ende dieses Buches und unter http://www.springer.com/series/8296

Weitere Bände in der Reihe https://link.springer.com/bookseries/8296

Helmut Albrecht

Geometrie und GPS

Mathematische, physikalische
und technische Grundlagen der
Satellitenortung verständlich erklärt

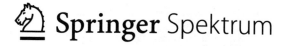 Springer Spektrum

Helmut Albrecht
Institut für Mathematik und Informatik
PH Schwäbisch Gmünd
Schwäbisch Gmünd, Baden-Württemberg
Deutschland

ISSN 2628-7412   ISSN 2628-7439 (electronic)
Mathematik Primarstufe und Sekundarstufe I + II
ISBN 978-3-662-64870-4   ISBN 978-3-662-64871-1 (eBook)
https://doi.org/10.1007/978-3-662-64871-1

Die Deutsche Nationalbibliothek verzeichnet diese Publikation in der Deutschen Nationalbibliografie; detaillierte bibliografische Daten sind im Internet über http://dnb.d-nb.de abrufbar.

Planung/Lektorat: Annika Denkert
Springer Spektrum ist ein Imprint der eingetragenen Gesellschaft Springer-Verlag GmbH, DE und ist ein Teil von Springer Nature.
Die Anschrift der Gesellschaft ist: Heidelberger Platz 3, 14197 Berlin, Germany

Siegfried Krauter gewidmet

Vorwort

Bei manchen Leserinnen und Lesern mag vielleicht die Frage aufkommen, wieso sich ein Mathematikdidaktiker mit der Funktionsweise des Global Positioning Systems (GPS) beschäftigt. Der auslösende Faktor hierfür war sicher die ureigene allgemeine menschliche Neugier. In meinem Fall gepaart mit der speziellen Neugier eines Privatpiloten, der sich einen etwas tieferen Einblick in die faszinierende Technik verschaffen wollte, welche ab der Mitte der neunziger Jahre auch Einzug in die Cockpits von Kleinflugzeugen gehalten hat.

Den entscheidenden Impuls, mich vertieft mit der Positionsbestimmung mittels GPS zu beschäftigen, habe ich schließlich in einem Vortrag von Christina Roeckerath auf der GDM 2015 in Basel erhalten. Nachdem ich viele Jahre zuvor gehört hatte, dass zur GPS-Positionsbestimmung die Lösung von Differentialgleichungen benötigt wird, sprach sie darüber, wie an der RWTH Aachen im Rahmen der CAMMP-Veranstaltungen[1] mit Schülerinnen und Schülern der Sekundarstufe 2 eine Positionsbestimmung mit Hilfe von GPS-Rohdaten durchgeführt wird und in ihrem Vortrag war nicht mehr von Differentialgleichungen die Rede. Dies ließ den Entschluss reifen, die GPS-Thematik für eine Veranstaltung im Master-Studiengang des Lehramts über eine konkrete und reale Anwendung des MINT-Bereichs aufzugreifen und hochschuldidaktisch aufzubereiten. Neben dieser initiierenden Anregung verdanke ich dem Aachener CAMMP-Team und insbesondere dessen Leiter Martin Frank viele wertvolle Hinweise zur Überwindung von Anfangsschwierigkeiten sowie einen insgesamt fruchtbaren Gedankenaustausch.

Recht schnell erging es mir wie Goethes Zauberlehrling: Ich wurde die Geister nicht mehr los, die ich gerufen hatte und die von Jean-Marie Zogg im Vorwort seiner Veröffentlichung augenzwinkernd ausgesprochene Warnung kam zu spät, das GPS-Virus hatte mich bereits erfasst. Es war buchstäblich so, dass der Versuch, eine Antwort oder eine Erklärung auf eine Problemstellung zu finden, mindestens zwei weitere Phänomene ans Tageslicht förderte, die ebenfalls einer Erklärung bedurften. Recht schnell wurde deutlich, dass es nicht allein mit der Darstellung der mathematischen Grundlagen allein

---

[1] http://www.cammp.rwth-aachen.de (31.10.2021).

getan sein würde. Zu drängend waren die astronomischen, physikalischen und nachrichtentechnischen Fragestellungen und viel zu bedeutsam für ein profundes Verständnis, als dass man sie hätte unbeachtet lassen können. Es blieb mir daher nichts anderes übrig, als auch in fremden Gärten zu wildern. Ich bin daher froh und dankbar, dass Kollegen und Experten auf ihren jeweiligen Gebieten meine diesbezüglichen Wildereien kritisch unter die Lupe genommen haben. Im Übrigen handelt es sich um ein Lehrbuch und ich hoffe, dass die dafür an manchen Stellen notwendigen didaktischen Reduktionen in den Augen der jeweiligen Experten erträglich sein mögen. Die Leitlinie für das vorliegende Werk bildeten schließlich die beiden Ziele, erstens ein Verständnis dafür zu entwickeln, wie aus vorliegenden GPS-Rohdaten – den Pseudoentfernungen und den Ephemeriden – die Empfängerposition mit mathematischen Methoden berechnet werden kann und zweitens diese Berechnung von der eigenen Gewinnung der benötigten Daten bis hin zur Positionsbestimmung mit Hilfe eines Computer-Algebra-Systems auch selbst durchführen zu können. Bei den Pseudoentfernungen handelt es sich um über Signallaufzeiten errechnete Entfernungen zu Satelliten im Orbit und mit dem Begriff Ephemeriden werden Daten bezeichnet, mit denen der Ort eines Planeten bzw. Satelliten bestimmt werden kann. Beide Begriffe werden im Rahmen dieser Darstellung ausführlich erläutert.

Der vorliegende Text zeichnet meinen eigenen Prozess der Annäherung an die Thematik und die Auseinandersetzung mit derselben sehr eng nach. In der Hoffnung, dass so auch weitere Interessierte auf eben diesem Weg zu vielfältigen, reichhaltigen und ungemein fruchtbaren Erkenntnissen gelangen, wurde bewusst darauf verzichtet, ein fertiges Lösungsschema zu präsentieren. Vielmehr soll exemplarisch ein Weg aufgezeigt werden, wie man sich derart komplexen Problemstellungen annähern kann.

Erfreulicherweise gibt es inzwischen eine große Anzahl an Veröffentlichungen über Satelliten-Navigationssysteme. Alle mir bekannten und zugänglichen Quellen finden sich selbstverständlich im Literaturverzeichnis. Viele Veröffentlichungen – insbesondere Internetquellen – beschreiben das GPS nur sehr kursorisch und gehen damit kaum über den hier im Buch in Kap. 3 dargestellten grundsätzlichen Überblick hinaus. Andere wiederum, wie beispielsweise Kaplan und Hegarty (2017), Hofmann-Wellenhof et al. (1994) sowie Dodel und Häupler (2010) sind sehr ins Detail gehend und stark nachrichtentechnisch orientiert. Am ehesten vermittelt noch die Veröffentlichung von Misra und Enge (2012) einen guten Einstieg in die Thematik. Wer sich insbesondere tiefer für die mathematischen Grundlagen des GPS interessiert, ist beim Autorenduo Borre und Strang (2012) sehr gut aufgehoben. Das vorliegende Buch versucht, sich in der Mitte dieser Extreme zu verorten, damit ein mathematisch-naturwissenschaftlich interessierter Leser die nötige Information erhält, wie aus den Rohdaten der Satelliten der Empfängerstandort berechnet werden kann.

Aus der Fülle der zur Verfügung stehenden Literatur soll an dieser Stelle das vom GPS Directorate herausgegebene und frei verfügbare *Navstar GPS Space Segment/ Navigation User Segment Interface* besonders erwähnt werden. Es enthält detailliert alle technischen Informationen, die nötig sind, um die von den Satelliten ausgesendeten Signale zu empfangen, zu dekodieren und auszuwerten. Auch wenn dieses Dokument auf Englisch abgefasst und sehr technisch orientiert ist, kommt man im Rahmen einer intensiven Auseinandersetzung mit der Thematik nicht umhin, eben diese Quelle zu Rate zu ziehen. So sind dort beispielsweise die verwendeten Konstanten, die Struktur des Datenstroms und – für uns ganz wichtig – die Formeln für die Berechnung der exakten Satellitenpositionen aufgeführt. Im folgenden Text wird diese Veröffentlichung abgekürzt als *user interface* bezeichnet. Das Dokument wird mit der laufenden Fortentwicklung des GPS immer wieder überarbeitet und ergänzt. Für unseren Zweck sind ältere Ausgaben völlig ausreichend; diese haben den Vorteil, dass sie weniger umfangreich und dadurch besser lesbar sind.

Hier im Buch wird im Allgemeinen auf die älteste verfügbare Fassung ICD-GPS-200C.pdf von April 2000 verwiesen, welche auf der Seite *Historic Interface Control Documents*[2] verfügbar ist. Dies ist die erste öffentlich bereitgestellte Version dieses Dokuments. Sie enthält alle für uns notwendigen Angaben. Die weiteren Ausgaben unter der Bezeichnung IS-GPS-200 mit angehängtem Versionsbuchstaben – im Moment ist die Ausgabe IS-GPS-200M vom 21. Mai 2021 die aktuellste Version – beinhalten zusätzlich die seither durchgeführten Änderungen und Verbesserungen am GPS und sind weit umfangreicher. NAVSTAR-GPS wird insbesondere im zivilen Bereich weiterentwickelt. So ist seit Dezember 2018 bereits die dritte Generation von GPS-Satelliten mit weiter verbesserten Eigenschaften im All, es gibt jetzt beispielsweise eine zusätzliche Sendefrequenz für zivile Nutzer. Allein die Fortentwicklung mit ihren Verbesserungsmöglichkeiten wäre ein erschöpfendes Thema. Wir bleiben jedoch bei unserer Absicht, die Empfängerposition ausschließlich aus den Entfernungsangaben zu selbst errechneten, exakten Satellitenpositionen zu bestimmen und sind am Ende (hoffentlich) erstaunt über die Präzision, mit der solche Positionsbestimmungen allein aufgrund dieser Ausgangsgrößen und unserer doch recht einfachen Verfahren gelingen.

Weil sich die Darstellung der Funktionsweise des GPS hier im Buch nicht ausschließlich auf deren mathematische Grundlagen beschränkt, geht die Zielgruppe der Leserinnen und Leser deutlich über die bereits genannten Mathematik-Studierenden hinaus und zielt auf alle naturwissenschaftlich Interessierten, welche einen etwas tieferen Einblick in die Funktionsweise eines inzwischen alltäglich gewordenen Navigationssystems erhalten wollen. Je höher die eigenen mathematischen Kenntnisse angesiedelt sind, umso leichter wird natürlich dieser Einblick fallen. Jedoch sind Oberstufenkenntnisse ausreichend, um die dargestellten Verfahren mindestens nachvollziehen zu können. Wer keine hohe Affinität zu mathematischen Problemstellungen besitzt, kann die entsprechenden Abschnitte überblättern und trotzdem die wesentlichen Grundlagen des GPS erfahren – oder aber im Idealfall die Motivation erhalten, sich nun doch einmal näher mit den zugrundeliegenden mathematischen Verfahren zu beschäftigen.

Genau wie jeder Handwerker Werkzeuge benötigt, um seine Arbeit ausführen zu können, so wird auch mathematisches Tun durch Werkzeuge ganz hervorragend

---

[2] https://www.gps.gov/technical/icwg/old-versions/ (31.10.2021).

unterstützt. In unserem Fall durch ein Computer-Algebra-System, dessen Beherrschung heute zu einer soliden mathematischen Ausbildung gehört. Die Wahl von *Maxima* ist insbesondere der Tatsache geschuldet, dass es kostenlos und für alle gängigen Plattformen verfügbar ist.

Zur Typografie im Buch:
Die Namen von zu betätigenden besonderen Tasten bzw. Tastenkombinationen sind in spitze Klammern gesetzt: `<Shift><Return>` steht beispielsweise für diejenige Tastenkombination, welche in Maxima für das Absenden einer Eingabezelle benötigt wird. Dies bedeutet, auf die Großschreibtaste zu drücken, diese festzuhalten und zusätzlich auf die Eingabetaste zu tippen.

In der Schriftart `Courier` Geschriebenes gibt Funktionsnamen sowie Eingaben in und Ergebnisse aus Maxima wieder. So kann beispielsweise die Anweisung

```
wxplot2d(x^2,[x,-3,3])
```

direkt in Maxima eingegeben und mit der Tastenkombination `<Shift><Return>` ausgeführt werden. Das am Zeilenende benötigte Semikolon wird dabei automatisch eingefügt, so dass hier im Buch auf dessen explizite Angabe jeweils verzichtet wird. Nach dem Absenden dieses Befehls stellt Maxima eine Normalparabel im Bereich von −3 bis 3 dar.

Da Maxima aus dem angelsächsischen Raum stammt, verwendet es konsequent den Punkt als Dezimaltrennzeichen. Kommata werden hingegen als Trenner von Objekten, beispielsweise den Elementen einer Liste verwendet. So stellt das Objekt `[2.7,3.6]` eine Liste mit den beiden Dezimalzahlen 2,7 und 3,6 dar.

Viele der hier im Buch abgedruckten Zeichnungen sind in Cinderella entstanden. Dabei handelt es sich um ein hervorragendes und ungemein leistungsfähiges dynamisches Geometriesystem, dessen Möglichkeiten zur Textdarstellung jedoch begrenzt sind. Zumindest habe ich bisher keine Möglichkeit gefunden, Indizes korrekt durch Tieferstellung darzustellen. So muss deshalb beispielsweise anstatt der korrekten Schreibweise x_1 in den Konstruktionszeichnungen mit der Darstellung x1 vorliebgenommen werden.

Es liegt in der Natur der Sache begründet, dass in einem Lehrbuch zur Mathematik Gleichungen enthalten sind. In diesem Buch mögen es – insbesondere für nicht so sehr Mathematik-affine Leserinnen und Leser – auf den ersten Blick besonders viele sein. Dies ist allerdings der Absicht geschuldet, die Herleitungen wesentlicher Gleichungen – beispielsweise der Keplergleichung – sehr kleinschrittig darzustellen, so dass diese tatsächlich leicht nachvollzogen werden können. Es gibt in meinen Augen in mathematischen Lehrbüchern keine frustrierenderen Aussagen als Behauptungen in der Art: „Wie man leicht sieht, folgt aus $\tan \frac{v}{2}$ sofort $\sqrt{\frac{1+e}{1-e}} \cdot \tan \frac{E}{2}$." Insbesondere, wenn diese „leichte Einsicht" den Leser mehrere Stunden Arbeit und unzählige Blatt Papier kostet.

Formeln und Gleichungen, auf welche an späterer Stelle im Buch wieder zurückgegriffen wird, werden rechtsbündig dezimalklassifikatorisch nummeriert. Dabei bezeichnet die erste Ziffer das Kapitel, in welchem die Gleichung erscheint, die zweite Ziffer gibt die laufende Nummer im jeweiligen Kapitel an.

Zum Buch ist beim Verlag eine WWW-Seite mit einem Verweis auf vorbereitende Aufgaben und Maxima-Dateien zu den einzelnen Kapiteln sowie weiterer Materialien eingerichtet. Diese finden Sie auf der Produktseite zum Buch auf SpringerLink.

Am Ende der Arbeit an diesem Buch soll mein aufrichtiger Dank an alle diejenigen stehen, die dieses Werk ermöglicht, unterstützt und dessen Entstehung begleitet haben. Was die Entstehung betrifft, geht mein Dank an Friedhelm Padberg, der sich spontan bereit erklärt hat, auch diesen Titel in seine Reihe aufzunehmen. Unterstützung beim Abfassen des Manuskripts habe ich von vielen Personen erhalten. Hier sind Lutz Kasper und Eckhardt Müller zu nennen, welche meine Ausflüge in die Physik und Astronomie mit vielen wertvollen Tipps und Hinweisen begleitet haben. Martin Frank und Siegfried Krauter haben mich auf Seiten der Mathematik unterstützt. Margit Herter hat schließlich so manche sprachliche Unebenheit geglättet und meine Studierenden haben mich auf versteckte Fehler in den Maxima-Funktionen aufmerksam gemacht.

Ohne dass wir uns persönlich gekannt hatten, gestattete mir Jean-Marie Zogg die Weitergabe seiner Veröffentlichung an meine Studierenden und über eMail entwickelte sich rasch ein ungemein freundlicher und fruchtbarer Gedankenaustausch, der mir maßgeblich half, manche Hürden schnell zu überwinden.

Im Verlag waren Annika Denkert, Stella Schmoll und Anja Groth stets kompetente und verlässliche Ansprechpartnerinnen für alle Probleme bei inhaltlichen und rechtlichen Fragestellungen sowie der printgerechten Gestaltung des Manuskripts.

Neresheim   Helmut Albrecht
im Dezember 2021

Hinweis der Herausgeber

Dieser Band von Helmut Albrecht beschäftigt sich umfassend, vielseitig und gut verständlich unter dem griffigen Titel *Geometrie und GPS* mit den mathematischen, physikalischen und technischen Grundlagen der Satellitenortung. Der Band erscheint in der Reihe *Mathematik Primarstufe und Sekundarstufe I + II*. Insbesondere die folgenden Bände dieser Reihe könnten Sie unter mathematikdidaktischen oder mathematischen Gesichtspunkten interessieren:

- R. Danckwerts/D. Vogel: Analysis verständlich unterrichten
- C. Geldermann/ F. Padberg/U. Sprekelmeyer: Unterrichtsentwürfe Mathematik Sekundarstufe II
- G. Greefrath: Anwendungen und Modellieren im Mathematikunterricht der Sekundarstufe
- G. Greefrath/R. Oldenburg/ H.-S. Siller/V. Ulm/ H.-G. Weigand: Didaktik der Analysis für die Sekundarstufe II
- W. Henn/A. Filler: Didaktik der Analytischen Geometrie und Linearen Algebra
- V. Ulm/M. Zehnder: Mathematische Begabung in der Sekundarstufe
- H.-G. Weigand et al.: Didaktik der Geometrie für die Sekundarstufe I
- H.-G. Weigand/G. Pinkernell/A. Schüler-Meyer: Algebra in der Sekundarstufe
- H. Albrecht: Elementare Koordinatengeometrie
- S. Bauer: Mathematisches Modellieren
- A. Büchter/H.-W. Henn: Elementare Analysis
- A. Büchter/F. Padberg: Einführung in die Arithmetik
- A. Büchter/F. Padberg: Arithmetik und Zahlentheorie
- A. Filler: Elementare Lineare Algebra
- S. Krauter/C. Bescherer: Erlebnis Elementargeometrie
- H. Kütting/M. Sauer: Elementare Stochastik
- T. Leuders: Erlebnis Algebra
- F. Padberg/A. Büchter: Elementare Zahlentheorie
- F. Padberg/R. Danckwerts/M. Stein: Zahlbereiche

- B. Schuppar: Geometrie auf der Kugel – Alltägliche Phänomene rund um Erde und Himmel
- B. Schuppar/H. Humenberger: Elementare Numerik für die Sekundarstufe

Bielefeld   Friedhelm Padberg
Essen   Andreas Büchter
Dezember 2021

Inhaltsverzeichnis

Einleitung

Das Problem der Navigation ist so alt wie die Menschheit, mussten doch schon unsere Vorfahren in der Steinzeit nach ihren Streifzügen in ihre Höhle zurückfinden. Während damals noch eine gute Ortskenntnis und das Einprägen von Geländemerkmalen für einen sicheren Heimweg ausreichend gewesen sind, waren die ersten Seefahrer, die sich auf das Meer wagten, auf andere Hilfsmittel angewiesen. Als im Jahrtausend vor Christi Geburt die Phönizier als Erste das offene Meer befuhren, orientierten sie sich an den Sternen und mithilfe einfacher Koppelnavigation. Es ist bemerkenswert, dass wir uns heute, rund 3000 Jahre später, wieder anhand der Signale nun künstlicher Himmelskörper orientieren. Der Kompass soll im 12. Jahrhundert nach Europa gekommen sein.

Während die geografische Breite relativ einfach durch eine Winkelmessung zur Sonne oder zu den Sternen ermittelt werden kann, gestaltete sich die Ermittlung der geografischen Länge lange Zeit als äußerst schwierig. Dies lag daran, dass hierfür die exakte Uhrzeit benötigt wird und auf schwankenden Schiffen genau gehende Uhren zur damaligen Zeit nicht verfügbar waren. Erst 1760 gab es eine von John Harrison erfundene Uhr, welche den maritimen Anforderungen genügte und die James Cook 1772 bis 1775 auf seiner zweiten Weltreise mitführte. Das Problem einer exakten Zeitbestimmung war somit schon vor über 250 Jahren für das Lösen navigatorischer Probleme existenziell und ist auch heute noch für die Positionsbestimmung mit dem GPS von ganz entscheidender Bedeutung.

Für eine erfolgreiche Navigation ist zunächst einmal das Wissen um den eigenen Standort entscheidend. Seit den alten Seefahrern haben die technischen Möglichkeiten für eine solche Positionsbestimmung eine enorme Entwicklung vollzogen. Von der Funknavigation und der Verwendung elektromagnetischer Signale, die von erdfesten Sendern ausgestrahlt werden, war es schließlich – zeitlich gesehen – nur ein kurzer Schritt zur Nutzung von Signalen, die von Satelliten ausgesendet werden. Inzwischen lassen sich über 90 % der deutschen Autofahrer von satellitengestützten Navigationsgeräten zum

H. Albrecht, *Geometrie und GPS,* Mathematik Primarstufe und Sekundarstufe I + II, https://doi.org/10.1007/978-3-662-64871-1_1

Ziel führen. Diese Technik hat damit eine so weite Verbreitung erfahren und ist derart alltäglich geworden, dass sich kaum noch jemand über deren Funktionsweise Gedanken macht. Fragt man etwas hartnäckiger nach, so erfährt man, dass der eigene Standort aus den Orten von (mindestens) vier Satelliten und deren über die Signallaufzeit errechneten Entfernungen bestimmt wird. Die prinzipielle Funktion ist damit schon ganz passabel beschrieben, aber jeder technisch Interessierte weiß, dass für eine halbwegs exakte Positionsbestimmung von wenigen Metern die Positionen der Satelliten – die sich selbst mit einer enormen Geschwindigkeit bewegen – äußerst exakt bekannt sein müssen. Und eine Entfernungsbestimmung über Laufzeiten, wobei das Signal mit Lichtgeschwindigkeit unterwegs ist, benötigt eine Zeitmessung, die auf winzige Sekundenbruchteile genau ist.

Das Problem der exakten Zeitmessung wird vordergründig durch den Hinweis gelöst, dass sich an Bord der Satelliten hochgenaue Atomuhren befinden. Dies ist wohl richtig, allerdings haben die GPS-Empfänger keine Atomuhr eingebaut. Und eine Zeitdifferenz zwischen einer genauen und einer ungenauen Uhr zu messen, macht wenig Sinn. Da die Zeitmessung eine derart große Rolle spielt, wurde für das GPS eine eigene Zeitskala definiert. Für deren Verständnis sind Kenntnisse über das julianische Datum und die mittelalterliche *Komputistik* hilfreich.

Die Satellitensignale sind für eine hohe Redundanz relativ aufwendig und interessant codiert. Um diese Codierung verstehen zu können, sind entsprechende Kenntnisse aus der *Elektro- und Nachrichtentechnik* unabdingbar.

Für die Ortsbestimmung des Empfängers muss man die exakte Position von mindestens vier Satelliten kennen. Zu diesem Zweck übermitteln die Satelliten *Ephemeriden,* mit deren Hilfe die exakte Satellitenposition zu jeder beliebigen Uhrzeit berechnet werden kann. Will man diese Berechnung nachvollziehen, ist eine eingehende Beschäftigung mit der *Himmelsmechanik* notwendig.

Das notwendige *mathematische Werkzeug* zur Bewältigung der anstehenden Aufgaben für eine Positionsbestimmung aus vorliegenden Rohdaten umfasst tatsächlich eine größere Bandbreite, als sie im Buchtitel zum Ausdruck kommt: So benötigt man vom ehrwürdigen Pythagoras und der Trigonometrie über mehrdimensionale Funktionen und deren partielle Ableitungen sowie totale Differentiale hinaus Kenntnisse zur Linearisierung von Funktionen, die Methode der kleinsten Quadrate sowie eine gewisse Portion lineare Algebra und analytische Geometrie.

Aufgrund der Datenmenge, die verarbeitet werden muss, und den hierfür benötigten, durchaus komplexen Operationen ist dies kaum mit dem Taschenrechner und schon gar nicht mehr von Hand sinnvoll zu erledigen. Hierfür braucht es mächtigere mathematische Werkzeuge wie beispielsweise *Matlab* oder *Maxima*. Während Borre und Strang (2012) zur Erläuterung ihrer Vorgehensweise und für die Umsetzung ihrer Algorithmen *Matlab* verwenden, wurde im Rahmen dieses Projekts das *Computer-Algebra-System Maxima* gewählt. *Maxima* hat als Open-Source-Software den vor allem für den Studienbetrieb unbestreitbaren Vorteil, dass es kostenlos ist. Zudem ist es auf allen gängigen Plattformen lauffähig. Mindestens grundlegende Kenntnisse solcher Systeme sind für das hier vorgestellte Projekt unabdingbar.

Im Übrigen teile ich uneingeschränkt Kai Borres Ansicht (Borre und Strang 2012, S. ix), dass sich komplexe naturwissenschaftliche Sachverhalte durch deren gleichzeitige Präsentation sowohl beschrieben (in einem Buch) als auch dargestellt (in Softwareroutinen) besonders gut vermitteln lassen. Zum einen ergänzen sich Herleitung und Programm wirkungsvoll und die Richtigkeit von Überlegungen kann sofort verifiziert werden – wie dies beispielsweise bei der Positionsbestimmung von Satelliten aus den übermittelten Ephemeriden der Fall ist. Zum anderen lassen sich mit Rechnerhilfe technische Prozesse einfach simulieren und damit einem wirklichen Verstehen näherbringen – zu denken ist in unserem Zusammenhang konkret an die Generierung der PRN-Codes und die Darstellung der Autokorrelation zur Signaltrennung.

Viele GPS-Empfänger bieten die Möglichkeit, die empfangenen Signale in einem herstellerspezifischen Format abzuspeichern. Diese proprietären Formate müssen zunächst in ein allgemein lesbares Format transferiert werden, schließlich müssen die Daten in das verwendete Computer-Algebra-System eingelesen und dort für einen komfortablen Zugriff strukturiert abgelegt werden. Damit spielen Kenntnisse über grundlegende Methoden der *Datenverarbeitung* eine wichtige Rolle bei einer Bestimmung der Empfängerposition aus Rohdaten.

Bei der Vielschichtigkeit und Komplexität des Themas stellt sich natürlich die Frage, wie all die tangierten verschiedenartigen Bereiche möglichst didaktisch geschickt in die für ein Buch notwendige sequenzielle Abfolge gebracht werden können. Nach mehreren verschiedenen Ansätzen habe ich mich für die nun vorliegende Darstellung entschieden, sie zeichnet im Groben den eigenen genetischen Prozess bei der Bestimmung der Empfängerposition nach:

Da wir für unser Vorhaben ein leistungsfähiges Werkzeug benötigen, ist das zweite Kapitel einer kurzen Einführung in das Computer-Algebra-System Maxima gewidmet. Diese Einführung ist tatsächlich sehr kurz gehalten. All diejenigen, welche erstmals mit Maxima in Berührung kommen, finden in meiner *Elementaren Koordinatengeometrie* (Albrecht 2020) eine deutlich ausführlichere Anleitung; als deutschsprachige Referenz ist das Buch *Computeralgebra mit Maxima* von Wilhelm Haager (2019) unbedingt zu empfehlen.

Eine kurze historische Genese, das grundsätzliche Funktionsprinzip mit den daraus erwachsenden Problemen und die Systemarchitektur des GPS leiten anschließend über zur eigentlichen Thematik und einem ersten orientierenden Überblick.

Exakte Zeitangaben spielen eine immens wichtige Rolle bei der Ortsbestimmung mit dem GPS. Daher ist es naheliegend, im Weiteren das diesem System zugrunde liegende Zeitformat zu erläutern.

Ausgangspunkt für die Positionsbestimmung sind Satelliten, die kontinuierlich Daten aussenden. Dieser Datenstrom ist nachrichtentechnisch interessant codiert, das grundlegende Prinzip kann mit Maxima eindrucksvoll simuliert werden. Die Übermittlung der Daten ist dabei nicht nur Selbstzweck in dem Sinn, dass der Empfänger die für ihn notwendigen Informationen erhält, vielmehr werden durch die Art und Weise der Übertragung wesentliche Zeitangaben übermittelt.

Den Ausgangspunkt für unsere Bestimmung der Empfängerposition stellen sogenannte „Rohdaten" dar. Wir verwenden für die Berechnung der Empfängerposition ausschließlich die sogenannten Pseudoentfernungen und die Ephemeriden mit den zur Bestimmung der Satellitenposition notwendigen Angaben. Diese Daten werden nur von speziellen Empfängern zur Verfügung gestellt, sodass sich das darauffolgende Kapitel der Gewinnung dieser Rohdaten widmet.

Die Rohdaten müssen einen mehrfachen Konvertierungsprozess durchlaufen, bis sie schließlich strukturiert in Maxima vorliegen. Damit sind dann alle Voraussetzungen für die metergenaue Ermittlung der Satellitenpositionen zu einem bestimmten Zeitpunkt gegeben. Um die hierfür notwendigen Berechnungen nachvollziehen zu können, ist ein Kapitel über die Grundlagen der Himmelsmechanik vorgelagert.

Neben der exakten Positionsbestimmung einzelner Satelliten ist es interessant, einen groben Überblick über die Positionen aller Satelliten zu erhalten und diese Positionen geeignet darzustellen. Diese Werte zur Positionsbestimmung aller Satelliten sind im sogenannten Almanach enthalten.

Die eigentliche Aufgabe der Bestimmung der Empfängerposition aus Rohdaten ist mathematisch durchaus anspruchsvoll. Die hierfür notwendigen Grundlagen werden jeweils an Ort und Stelle ausführlich erläutert. So geht beispielsweise eine Darstellung der Entwicklung der Taylor-Reihe einem ersten Ansatz zur Berechnung der Empfängerposition aus den Daten von vier Satelliten voraus. Dieser erste Ansatz zeigt erfreulicherweise die prinzipielle Funktionsfähigkeit des zugrunde liegenden Verfahrens. Das konkrete Ergebnis ist jedoch noch relativ enttäuschend, da die gefundenen Positionen – je nach Auswahl der vier in die Berechnung eingehenden Satelliten – weit vom erwarteten Ort entfernt und sehr verstreut liegen.

Die Ungenauigkeit rührt daher, dass in diesem ersten Ansatz eine notwendige Zeitkorrektur noch nicht eingerechnet wurde. Berücksichtigt man die Signallaufzeit und den Uhrenfehler der Atomuhren in den Satelliten, so erhält man bereits Ergebnisse, die zwar vom tatsächlichen Aufnahmeort immer noch deutlich entfernt sind, aber nur noch um rund 100 Meter streuen.

In den weiteren Kapiteln geht es folglich darum, die Positionsbestimmung fortlaufend weiter zu verbessern, bis wir endlich eine Ablage von nur wenigen Metern vom tatsächlichen Empfängerort bei der Aufnahme erreichen. Für diese Verbesserungen sind Kenntnisse über die Methode der kleinsten Quadrate, das Newton'sche Näherungsverfahren und Abbildungsmatrizen nötig. Schließlich müssen gar relativistische Effekte berücksichtigt werden.

Haben wir alle Verbesserungsmöglichkeiten berücksichtigt und eine Bestimmung der Empfängerposition bis auf wenige Meter erreicht, so können wir die zum Aufnahmezeitpunkt herrschende Verteilung der Satelliten am Himmel über dem Aufnahmeort als Skyplot sichtbar machen.

Manche Leserin und mancher Leser wird hier im Buch vielleicht an der einen oder anderen Stelle eine tiefer gehende Darstellung der angesprochenen Themen vermissen. Jedoch könnte man bereits über Uhren und Atomuhren ein eigenes Buch schreiben. Eine lückenlose Darstellung der Methode der kleinsten Quadrate würde sofort in die weite Welt der linearen Algebra abschweifen und eine umfassende Darstellung der Taylor-Polynome und des Newton'schen Näherungsverfahrens ließe uns im Kosmos der Analysis verirren – um nur einige wenige markante Beispiele zu nennen. Es gibt genügend entsprechende Literatur und Fundstellen im Internet, sodass die Anrisse hier im Buch als Motivation dienen mögen, sich selbst intensiver mit diesen interessanten Themen auseinanderzusetzen. Und vielleicht ist es ja gerade der hier dargestellte Anwendungs-bezug der angesprochenen mathematischen Inhalte, der den einen oder anderen Leser veranlasst, sich überhaupt mit den hier nur angerissenen Themen eingehender zu beschäftigen.

Wer tiefer in die Geheimnisse des *Global Positioning System* eindringen und die zugrunde liegenden Prozesse verstehen will, der stößt schnell auf eine exponentiell anwachsende Anzahl von Fragen, Problemen und Themen, weil jeder Versuch der Generierung einer Antwort seinerseits neue Fragestellungen aufwirft. Damit ist der Problemkreis der Satellitennavigation hervorragend geeignet, um ganz unterschiedliche Themen aus Physik, Astronomie, Nachrichtentechnik und Mathematik anzureißen und eine grundlegende Auseinandersetzung mit diesen Themen zu motivieren. Schließlich bietet die Beschäftigung mit der Satellitennavigation eine starke Antwort auf die häufige Frage von einzelne mathematische Verfahren isoliert betrachtenden Schülern und Studierenden, wofür man denn „das alles" überhaupt braucht.

Verwendung von Maxima

Maxima wurde aus dem legendären Computer-Algebra-System Macsyma weiterentwickelt, das in den späten 1960er-Jahren am MIT entstanden ist. Auch Maple und
Mathematica sind stark durch Macsyma beeinflusst worden. Maxima hat für den Einsatz in der Hochschullehre den unbestreitbaren Vorteil, dass sein Code frei verfügbar ist
und es daher kostenlos zur Verfügung steht. Eine aktive Usergruppe sorgt für häufige
Updates. Nicht zuletzt ist Maxima auf allen gängigen Plattformen lauffähig.

Das Programm, das wir hier allgemein mit *Maxima* bezeichnen, besteht genauer
betrachtet aus mehreren Komponenten: Da ist zunächst das eigentliche Programm
Maxima, das die mathematischen Manipulationen und Berechnungen ausführt. Dieser
Programmteil läuft jedoch nur auf der in der Windows-Welt inzwischen nahezu
unbekannten DOS-Ebene oder in einem Terminal und entspricht somit nicht den
heutigen Erwartungen an moderne grafische Benutzerschnittstellen. Daher wurde von
den Entwicklern ein komfortabler Editor namens *wxMaxima* geschaffen, welcher die
vom Benutzer eingegebenen Kommandos an Maxima weiterreicht und die von Maxima
generierten Ergebnisse übersichtlich und zeitgemäß darstellt. Die Darstellung grafischer
Aufgaben übernimmt das Programm *Gnuplot*. Alle benötigten Komponenten sind in
einem Installationspaket integriert, das man im Internet[1] in verschiedenen Versionen für
die Betriebssysteme UNIX, Windows, macOS und Android findet.

---

[1] https://maxima.sourceforge.io (letzter Aufruf: 31.10.2021).

H. Albrecht, *Geometrie und GPS,* Mathematik Primarstufe und Sekundarstufe I + II,
https://doi.org/10.1007/978-3-662-64871-1_2

2.1   Erste Schritte in Maxima

Nach dem Start bietet Maxima eine weitgehend leere Fensterfläche für die Eingabe an.
Das auszuführende Kommando tippt man in diese freie Fläche des Maxima-Fensters ein;
falls gewünscht, können für eine optische Gliederung Leerzeichen eingefügt werden.
Die Auswertung wird schließlich mit der Tastenkombination <Shift><Return> gestartet.
Die getätigte Eingabe wird automatisch um ein Semikolon ergänzt, darunter erscheint
das errechnete Ergebnis. Soll die Ausgabe eines Ergebnisses unterdrückt werden, was bei
sehr umfangreichen Ausgaben sinnvoll sein kann, so muss man am Zeilenende von Hand
das Dollarzeichen ($) einfügen.

Maxima nummeriert die Ein- und Ausgabezeilen mit (%i…) bzw. (%o…) auto-
matisch durch. Dies hat den Vorteil, dass man jederzeit auf früher generierte Ergebnisse
zugreifen kann. Einige Eingaben und die zugehörigen Ausgaben von Maxima sind in
Abb. 2.1 dargestellt. Weitere mathematische Operationen werden durch den Aufruf von
Funktionen initiiert, wobei diese in Maxima durch deren Namen und anschließende
Aufrufparameter in runden Klammern bezeichnet werden. So liefert beispielsweise
der Funktionsaufruf sqrt(2) die Quadratwurzel von 2, worauf Maxima mit dem
Symbol $\sqrt{2}$ antwortet. Eine numerische Ausgabe kann mit dem geschachtelten Aufruf
float(sqrt(2)) erreicht werden.

Das größte Problem beim Arbeiten mit Maxima ist anfangs dessen Funktions-
vielfalt. Um eine Funktion anwenden zu können, muss man deren Namen und Syntax
kennen. Häufig handelt es sich um die meist abgekürzten englischen Bezeichnungen
mathematischer Operationen. So steht beispielsweise der eben erwähnte Funktionsname sqrt für *square root*, und zur Ermittlung des größten gemeinsamen Teilers (ggT)
dient die Funktion gcd als Akronym für *greatest common divisor*. Eine große Hilfe ist,
dass viele häufig benötigten Funktionen über die Menüs „Gleichungen", „Algebra",

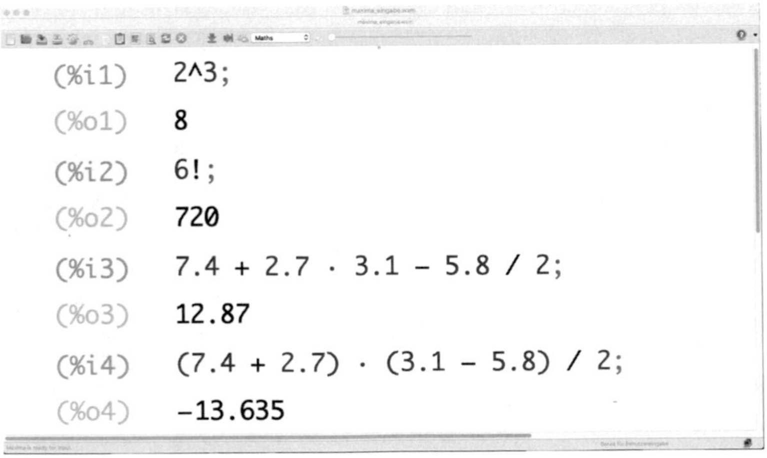

```
(%i1)    2^3;
(%o1)    8
(%i2)    6!;
(%o2)    720
(%i3)    7.4 + 2.7 · 3.1 − 5.8 / 2;
(%o3)    12.87
(%i4)    (7.4 + 2.7) · (3.1 − 5.8) / 2;
(%o4)    −13.635
```

Abb. 2.1 Erste Eingaben in Maxima

„Rechnen" und „Vereinfachen" aufgerufen werden können. Hier werden die benötigten Parameter in einem kleinen Fenster abgefragt und daraus die korrekte Syntax erstellt. Eine gute deutschsprachige Referenz findet sich bei Haager (2019) und eine schrittweise Einführung in die Arbeit mit Maxima bei Albrecht (2020). In der Folge wird davon ausgegangen, dass Sie bereits grundlegende Kenntnisse im Umgang und der Arbeit mit Maxima erworben haben.

2.2   Listen in Maxima

Bei der Berechnung der Empfängerposition muss eine Vielzahl von Daten verarbeitet werden. Diese Daten sind zum einen die Ephemeriden mehrerer Satelliten und die Pseudoentfernungen dieser Satelliten zu verschiedenen Zeitpunkten. Für einen schnellen und strukturierten Zugriff auf diese Daten werden letztere in verschachtelten Listen organisiert. Aus diesem Grund werden einige grundlegende Techniken zur Verarbeitung von Listen in Maxima in den nächsten Abschnitten erläutert.

2.2.1   Listen erstellen und auf Elemente zugreifen

Listen werden in Maxima in eckige Klammern eingeschlossen. Daher kann eine Liste durch Aufzählen der Elemente in eckigen Klammern und die Zuweisung an eine Variable erstellt werden:

```
alphabet:[a,b,c,d,e,f,g]
```

Handelt es sich bei einer Liste um eine Zahlenfolge mit einem expliziten Bildungsgesetz, so kann man die Listenerstellung der Funktion `makelist()` übertragen. Diese hat folgende Syntax:

```
makelist(<term>,<laufvariable>,<beginn>,<ende>)
```

Beispielsweise liefert der Aufruf

```
folge:makelist(2*k+1,k,0,9)
```

die Folge der ersten zehn ungeraden natürlichen Zahlen.

Der Zugriff auf einzelne Listenelemente kann grundsätzlich durch einen Index erfolgen, der in eckigen Klammern direkt an den Listennamen angefügt wird:

```
alphabet[1] oder folge[3]
```

Auf diese Weise kann man auch schreibend auf die Listenelemente zugreifen:

```
alphabet[3]:z
```

Manchmal ist es hilfreich, direkt auf das erste bzw. letzte Listenelement zugreifen zu können:

   `first(alphabet)` bzw. `last(folge)`

   Geschachtelte Listen enthalten als Elemente ebenfalls Listen oder auch Einzelelemente:

```
nestlist:[[1,2,3,4],7,[hans,fritz,susi],[x,y,z]]
```

Der Zugriff erfolgt, wie bereits erwähnt, über den Index. So liefert die Anweisung

```
nestlist[3]
```

die Liste `[hans,fritz,susi]`. Möchte man direkt auf das Element `fritz` zugreifen, so kann dies mit der Anweisung

```
nestlist[3][2]
```

geschehen.

2.2.2   Listenverarbeitung

Das erste Element in Listen kann einfach entfernt und auch eingefügt werden. Probieren Sie es aus:

```
pop(alphabet)
alphabet
push(a,alphabet)²
```

Möchte man mehrere Elemente am Anfang bzw. am Ende entfernen, so geschieht dies über die Funktion `rest()`:

   `rest(folge,3)` bzw. `rest(folge,-3)`

   Zwei Folgen können mit der Funktion `append()` zusammengefügt werden:

```
append(alphabet,folge)
```

---

[2] Jede dieser drei Zeilen muss nach der Eingabe in Maxima mit <Shift><Return> abgeschlossen werden.

Mithilfe der Funktion `length()` erfährt man die Anzahl der in einer Folge enthaltenen Elemente:

```
length(folge)
```

Ob ein bestimmtes Element in einer Liste enthalten ist, überprüft die Funktion `member()`:

```
member(g,alphabet)
```

Um Elemente am Ende einer Liste einzufügen, verwendet man die Funktion `endcons()`:

```
alphabet:endcons(h,alphabet)
```

Auf diese Funktion wird später häufig zurückgegriffen, wenn es um den sukzessiven Aufbau von Listen geht. Ein einfaches Beispiel ist nachfolgend dargestellt. Nach der Initialisierung der zunächst noch leeren Liste

```
quadrate:[]
```

wird diese entsprechend den Elementen der Liste `folge` in der `for`-Schleife sukzessive mit deren Quadraten gefüllt:

```
for i:1 thru length(folge) do
quadrate:endcons(folge[i]^2,quadrate)
```

Wenn – wie in diesem Beispiel – sukzessive auf alle Elemente einer Folge zugegriffen wird, dann kann dies in Maxima auf eine etwas einfachere Weise geschehen:

```
for i in folge do
quadrate:endcons(i^2,quadrate)
```

In dieser Version der Schleife wird die Laufvariable `i` nacheinander mit allen Elementen der angegebenen Folge belegt.

2.3   Lineare Algebra mit Maxima

Für die Bestimmung der Empfängerposition greifen wir hauptsächlich auf die Methoden der linearen Algebra zurück. Daher wird im Folgenden dargestellt, wie man in Maxima Vektoren und Matrizen erzeugt und wie mit diesen Objekten operiert wird.

2.3.1 Erstellen von Vektoren und Matrizen

Eine Matrix wird mit der Funktion `matrix()` erstellt. Dabei werden die späteren Zeilen der Matrix als Listen gleicher Länge übergeben. So liefert die Anweisung

```
A:matrix([1,1],[7,1],[13,2])
```

die Matrix

$$\begin{bmatrix} 1 & 1 \\ 7 & 1 \\ 13 & 2 \end{bmatrix},$$

auf deren einzelne Elemente man über Indizierung zugreifen kann. Das Ergebnis des Aufrufs

```
A[3,2]
```

ist das zweite Element der dritten Zeile. Auf diese Weise kann auch schreibend auf Matrixelemente zugegriffen werden. Die Anweisung

```
A[3,2]:1
```

überschreibt den Wert 2 in der dritten Zeile und zweiten Spalte mit dem Wert 1 und führt damit zur Matrix

$$\begin{bmatrix} 1 & 1 \\ 7 & 1 \\ 13 & 1 \end{bmatrix}.$$

Der Zugriff auf Matrixelemente kann ebenso über in getrennte Klammern gesetzte Indizes erfolgen, beispielsweise:

   `A[3][2]` bez. `A[3][2]:1`

Vektoren sind einzeilige bzw. einspaltige Matrizen, sie lassen sich mit

```
zv:matrix([3,10,8])
```

$$\begin{bmatrix} 3 & 10 & 8 \end{bmatrix}$$

bzw. mit

```
sv:matrix([3],[10],[8])
```

$$\begin{bmatrix} 3 \\ 10 \\ 8 \end{bmatrix}$$

erzeugen.

2.3.2   Operieren mit Vektoren und Matrizen

Bei größeren Spaltenvektoren kann es vorteilhaft sein, sie als Zeilenvektoren anzulegen und diese danach mit der Funktion `transpose()` zu transponieren.

```
transpose(zv)
```

$$\begin{bmatrix} 3 \\ 10 \\ 8 \end{bmatrix}$$

Schließlich erzeugt die Funktion `invert(M)` die zu einer quadratischen Matrix M gehörende inverse Matrix.

```
M:matrix([3,6,2],[1,9,5],[4,7,8])
```

$$\begin{bmatrix} 3 & 6 & 2 \\ 1 & 9 & 5 \\ 4 & 7 & 8 \end{bmatrix}$$

```
invert(M)
```

$$\begin{bmatrix} \frac{37}{125} & \frac{-34}{125} & \frac{12}{125} \\ \frac{12}{125} & \frac{16}{125} & \frac{-13}{125} \\ \frac{-29}{125} & \frac{3}{125} & \frac{21}{125} \end{bmatrix}$$

Die Multiplikation zweier Matrizen wird in Maxima mit dem Punkt-Operator – also mit dem üblichen Punkt am Satzende – ausgeführt.

```
M.A
```

$$\begin{bmatrix} 71 & 11 \\ 129 & 15 \\ 157 & 19 \end{bmatrix}$$

Diese Multiplikation benötigen wir für die Lösung eines linearen Gleichungssystems. Das lineare Gleichungssystem

$$7 \cdot x + 5 \cdot y + 8 \cdot z = 81$$
$$2 \cdot x + 6 \cdot y + 1 \cdot z = 35$$
$$9 \cdot x + 4 \cdot y + 3 \cdot z = 58$$

wird dargestellt durch die Gleichung

$$\begin{bmatrix} 7 & 5 & 8 \\ 2 & 6 & 1 \\ 9 & 4 & 3 \end{bmatrix} \cdot \begin{bmatrix} x \\ y \\ z \end{bmatrix} = \begin{bmatrix} 81 \\ 35 \\ 58 \end{bmatrix}$$

und gelöst durch Multiplikation der invertierten Koeffizientenmatrix K von links mit dem Ergebnisvektor e:

```
K:matrix([7,5,8],[2,6,1],[9,4,3])
e:matrix([81],[35],[58])
invert(K).e
```

$$\begin{bmatrix} 3 \\ 4 \\ 5 \end{bmatrix}$$

Maxima verwendet für die Notation von Matrizen und Vektoren von Haus aus runde Klammernpaare. Dies kann man über die Systemvariablen `lmxchar` und `rmxchar` ändern:

```
lmxchar:"["$
rmxchar:"]"$
```

2.4   Erstellen eigener Funktionen

Trotz des riesigen Funktionsumfangs von Maxima ist es hin und wieder notwendig, für spezielle Bedürfnisse eigene Funktionen zu definieren. Dies gilt ganz besonders in unserem Zusammenhang mit der Errechnung von Positionen aufgrund von Satellitendaten. Wir werden deshalb bereits an dieser Stelle einige kleine Funktionen definieren, auf die wir später immer wieder zurückgreifen.

2.4.1   Winkel im Grad- und Bogenmaß

Winkelangaben können sowohl im Grad- als auch im Bogenmaß erfolgen. Während man aus der Schule das Gradmaß gewohnt ist, wird im technischen Bereich in der Regel das Bogenmaß genutzt. Taschenrechner bieten häufig die Möglichkeit, zwischen Grad- und Bogenmaß umzuschalten. Anwendungen auf dem Computer erwarten Winkelgrößen meist im Bogenmaß; dies ist auch bei Maxima der Fall. Für die Positionsangabe auf der Erdoberfläche mithilfe der geografischen Länge und Breite sind allerdings Gradangaben nötig, sodass wir zunächst Möglichkeiten schaffen wollen, in Maxima komfortabel zwischen beiden Winkelmaßen umzurechnen. Einer solchen Umrechnung liegt die Beziehung

$$\frac{\alpha}{360°} = \frac{b}{2\pi} \Leftrightarrow \frac{\alpha}{180°} = \frac{b}{\pi}$$

zugrunde. Daraus erhalten wir für die Berechnung des Bogenmaßes b aus der Grad-angabe α die Gleichung

$$b = \frac{\alpha \cdot \pi}{180°},$$

die umgekehrte Bestimmung der Gradangabe aus dem Bogenmaß erfolgt über die Beziehung

$$\alpha = \frac{b \cdot 180°}{\pi}.$$

Eine eigene Funktion in Maxima wird erstellt, indem zunächst deren Name angegeben wird, gefolgt von einem runden Klammerpaar. Der Funktionsname muss natürlich ein-malig sein. Verwendet man den Namen einer bereits vorhandenen Funktion, so wird diese mit der neuen Version überschrieben. Da Maxima aus dem angelsächsischen Sprachraum stammt, muss man diese Gefahr nicht fürchten, wenn man für eigene Funktionen deutsche Namen vergibt. Grundsätzlich müssen wir beachten, dass Maxima Groß- und Kleinschreibung unterscheidet!

Auf den Namen der Funktion und den bzw. die Aufrufparameter in den runden Klammern folgt der Zuweisungsoperator für Funktionsdefinitionen, dies ist die Kombination aus dem Doppelpunkt und dem Gleichheitszeichen.

Danach folgt in unseren einfachen Fällen jeweils der einzige von der Funktion aus-zuführende Berechnungsschritt. Um das Bogenmaß aus dem Gradmaß zu berechnen, definieren wir die Funktion:

```
bogen(grad):=grad*%pi/180
```

Die umgekehrte Bestimmung leistet die Funktion:

```
grad(bogen):=bogen*180/%pi
```

Die Eingabe des Funktionstexts wird – wie in Maxima üblich – mit der Tasten-kombination <Shift><Return> abgeschlossen. Sofern keine Schreibfehler enthalten sind, wie beispielsweise nicht zusammengehörige Klammerpaare, steht diese Funktion ab sofort in Maxima zur Verfügung. Es ist nach der Definition einer eigenen Funktion dringend geraten, dieselbe auf ihr korrektes Funktionieren zu überprüfen. Hierzu ruft man die Funktion mit einigen Werten auf, deren Funktionsergebnis man im Kopf hat oder leicht durch Nachrechnen überprüfen kann.

Erwähnenswert ist an dieser Stelle, dass gebräuchliche Konstanten in Maxima mit einem führenden Prozentzeichen angelegt sind. So ist neben der Kreiszahl π auch die Euler'sche Zahl e in Maxima als %e enthalten. Wenn Sie wissen wollen, welchen Wert Maxima für e verwendet, so geben Sie %e,numer ein.

2.4.2   Berechnung des Hauptwerts

Bei Berechnungen mit trigonometrischen Funktionen kann es vorkommen, dass Winkelwerte den Bereich von $0°$ bis $360°$ – bzw. von 0 bis 2π – verlassen. Denken Sie beispielsweise an eine geometrische Drehung: Sie drehen zuerst um $270°$ und dann nochmals um $180°$, insgesamt also – wenn Sie beide Zahlen addieren – um $450°$. Effektiv haben Sie aber nur um $90°$ gedreht. Wir benötigen daher eine Möglichkeit, Winkelmaße, die aufgrund von Berechnungen aus dem genannten Intervall entschwunden sind, wieder genau dorthin zurückzuholen.

Winkelmaße in diesem Bereich werden *Hauptwert* genannt, und so nennen wir auch die zu definierende Funktion. Da in der Astronomie Winkel häufig im Bogenmaß angegeben werden, erstellen wir unsere Funktion für dieses Winkelmaß.

Der Aufrufparameter besteht in diesem Fall aus dem Wert desjenigen Winkels, dessen Hauptwert wir bestimmen wollen. Wir nennen ihn einfach X. Auch bei der Angabe der Aufrufparameter achtet Maxima streng auf Groß- und Kleinschreibung!

Das Zurückholen in den Bereich von 0 bis 2π geschieht mit der Restfunktion mod(). Der Winkelwert wird durch 2π dividiert und der dabei verbleibende Rest ist der zugehörige Hauptwert.

Insgesamt lautet damit die Funktion zur Bestimmung des Hauptwerts:

```
hauptwert(X):=float(mod(X,2*%pi))
```

Die Eingabe wird wieder mit der Tastenkombination <Shift><Return> abgeschlossen.

Für den Test der Funktion hauptwert() bietet sich eine grafische Überprüfung an. Man plottet mit der Anweisung

```
wxplot2d([hauptwert(x)], [x,-25,25],
[gnuplot_postamble,"set zeroaxis;"])$
```

den Graphen der Funktion. Das Ergebnis ist in Abb. 2.2 wiedergegeben.

Wie man sofort sieht, werden alle Werte des Definitionsbereichs konsequent in das Intervall von 0 bis 2π zurückgeholt.

2.4.3   Bestimmung der Differenznorm

Bei der Berechnung der Empfängerposition müssen wir später die Entfernung zwischen zwei Punkten im Raum bestimmen. Fasst man die beiden Punkte als Enden zweier Ortsvektoren V_1 und V_2 auf, so benötigen wir die Länge des Differenzvektors zwischen beiden Ortsvektoren, welche über den Satz des Pythagoras

$$\sqrt{\left(V_{1,1} - V_{2,1}\right)^2 + \left(V_{1,2} - V_{2,2}\right)^2 + \left(V_{1,3} - V_{2,3}\right)^2}$$

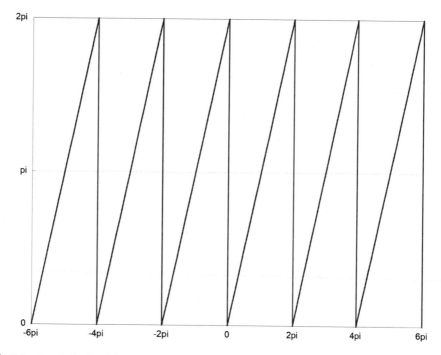

Abb. 2.2 Graph der Funktion `hauptwert()`

errechnet wird. Die zu erstellende Funktion benötigt nun mit den zwei Vektoren zwei Aufrufparameter. Die zugehörige Maxima-Funktion lautet:

```
norm(V1,V2):= sqrt((V1[1]-V2[1])^2+(V1[2]-V2[2])^2+(V1[3]-V2[3])^2)
```

Zum Testen der Funktion lassen Sie die Länge der Raumdiagonalen beliebiger Quader berechnen, wobei die Vektoren der Eckpunkte nur als Tripel angegeben werden, beispielsweise:

```
norm([0,0,0],[3,4,5])
```

Wie man in diesem Fall leicht im Kopf berechnet, lautet das Ergebnis $\sqrt{50}$, Maxima liefert es in der Form $5\sqrt{2}$.

2.4.4   Die Funktion check_t()

Eine weitere selbst zu erstellende Maxima-Funktion betrifft die Zeitrechnung. Laut Vorgabe im *user interface* muss der Zeitpunkt t_k, für den eine Satellitenposition bestimmt

werden soll, im Intervall zwischen −302 400 und +302 400 liegen. Die Überprüfung und
die ggf. nötige Korrektur erfolgen mit folgender Funktion:

```
check_t(sek):=
if sek>302400 then sek-604800
        elseif sek<-302400 then sek+604800
        else sek
```

Sie verwendet die bedingte Verzweigung if … then … else … in der wiederholten Form, mit welcher der Eingabeparameter untersucht und je nach dessen Größe der
passende Wert bestimmt und ausgegeben wird.

Diese Funktion sollte nach ihrer Definition ebenfalls eingehend getestet werden,
wobei auch dieser Test grafisch erfolgen kann.

2.5 Anlegen einer Makrobibliothek

Damit all diese selbst erstellten Funktionen nicht bei jedem Neustart erneut eingegeben
werden müssen, bietet Maxima die Möglichkeit, eigene Funktionen in einer Makro-
bibliothek zu speichern. Beim Beginn der Arbeit wird die gesamte Bibliothek durch
einen Befehl in den Speicher geladen, damit stehen alle dort definierten Funktionen für
die weitere Arbeit zur Verfügung.

Die Neuanlage einer solchen Funktionenbibliothek geschieht am einfachsten derart, dass in Maxima alle weiteren getätigten Eingaben bis auf die selbst geschriebenen
Funktionen bogen(), grad(), hauptwert(), norm() und check_t() gelöscht
werden. Alternativ können Sie auch die Funktionstexte sukzessive kopieren und in ein
zweites, noch leeres Maxima-Arbeitsblatt einfügen.

Dann wählen Sie im Menü „Datei" die Option „Exportieren …" und exportieren die
Datei unter einem selbst gewählten Namen. Achten Sie darauf, als „File type" die Option
„maxima batch file (*.mac)" auszuwählen. Damit erhalten Sie am gewählten Ort eine
Datei, die jederzeit mit einem einfachen Texteditor geöffnet und bearbeitet werden kann.
So können Sie alle weiteren, im Lauf der Zeit selbst erstellten Maxima-Funktionen durch
Kopieren aus dem Maxima-Arbeitsblatt dort hinzufügen.

Beim Start einer neuen Maxima-Sitzung öffnen Sie Ihre Bibliothek über die Menüoption „Datei/Load Package…", womit dann alle bisher definierten Funktionen in
Maxima geladen werden. So keine Fehlermeldungen erzeugt werden, stehen Ihnen die
in der Bibliothek aufgeführten Funktionen sofort zur Verfügung, diese können mit dem
vergebenen Namen genauso aufgerufen werden wie eine von Haus aus in Maxima enthaltene Funktion. Sollte beim Laden der Funktionsbibliothek eine Fehlermeldung ausgegeben werden, so muss man dieser nachgehen und die Bibliotheksdatei mit einem
einfachen Texteditor verbessern. In aller Regel handelt es sich um Schreibfehler bei den
zuletzt eingefügten Funktionen.

Da Maxima beim Laden der Bibliothek die dort enthaltenen Funktionen in der aufgeführten Reihenfolge sukzessive einliest, kann man in umfangreichen Bibliotheken den Fehlerort eingrenzen, indem man nach dem Laden die Anweisung

```
functions()
```

aufruft. Damit werden alle eingelesenen Funktionen in genau der Reihenfolge aufgelistet, in welcher diese in der Bibliothek enthalten sind. Der Fehler muss dann in der Bibliothek direkt nach der zuletzt von Maxima gelisteten Funktion gesucht werden.

NAVSTAR GPS

3

Die Entwicklung der Satellitennavigation markiert ein interessantes Stück Technik-geschichte, das noch lange nicht abgeschlossen ist. Beständig wird NAVSTAR GPS zu einer immer höheren Präzision weiterentwickelt. Wiewohl wir uns hier im Buch auf die Basisfähigkeiten des Systems beschränken, ist doch ein kurzer Blick in die Entwicklungs-geschichte und die anstehenden Verbesserungen aufschlussreich. Um die grundsätzliche Funktion des GPS verstehen und damit die in den nachfolgenden Kapiteln erörterten Verfahren nachvollziehen zu können, muss eine Vielzahl von Begriffen und Zusammen-hängen geklärt werden. Bereits bei der Diskussion der prinzipiellen Funktionsweise des GPS stößt man auf einige Probleme, die einen technisch Interessierten mindestens zum Nachdenken anregen dürften. Ein kurzer Abriss der Genese der Satellitennavigation, die Klärung von Begriffen und Verfahren sowie einige markante Probleme und deren Lösungsansätze sind in den folgenden Abschnitten zusammengefasst.

3.1   Die Anfänge

Den Anlass für Überlegungen, Satellitensignale zur Positionsbestimmung auf der Erde zu nutzen, gab bereits der erste Satellit überhaupt: Die russische Raumsonde Sputnik erreichte am 4. Oktober 1957 als erster Satellit eine Erdumlaufbahn. Mit seinem Sender strahlte er 21 Tage lang auf zwei Frequenzen Funksignale aus, die überall auf der Welt empfangen werden konnten. Wissenschaftler der Johns Hopkins University empfingen die Sputnik-Signale an drei verschiedenen Bodenstationen. Durch die Auswertung dieser Signale gelang es ihnen, die von der UdSSR geheim gehaltenen Sputnik-Bahnparameter zu errechnen.

H. Albrecht, *Geometrie und GPS,* Mathematik Primarstufe und Sekundarstufe I + II, https://doi.org/10.1007/978-3-662-64871-1_3

Wenn es durch die Auswertung von Satelliten-Funksignalen an drei Stellen auf der Erde möglich ist, einen Satelliten zu orten, dann muss es umgekehrt auch möglich sein, aufgrund der Signale dreier Satelliten im All auf eine Position auf oder nahe der Erdoberfläche zu schließen! Bereits im Jahr 1958 begann die US-Marine mit der Entwicklung des ersten Satelliten-Navigationssystems *Transit*. Es war das erste funktionierende Satelliten-Navigationssystem überhaupt und wurde unter dem Namen *Navy Navigation Satellite System (NNSS)* ursprünglich zur Zielführung ballistischer Raketen entwickelt. *Transit* war von 1964 bis 1996 in Betrieb.

Im Jahr 1973 erteilte das Verteidigungsministerium der USA den Auftrag, zwei verschiedene und bereits laufende Versuchsprogramme – Timation der US-Navy und System 621 der US-Airforce – in ein weiteres satellitengestütztes System zur Positionsbestimmung auf der Erde zusammenzufassen. Dieses neue System sollte eine unbegrenzte Anzahl gleichzeitiger Nutzer erlauben und unabhängig von den meteorologischen Verhältnissen durch die Auswertung von Entfernungen eine auf etwa 30 m genaue Positionsbestimmung ermöglichen. Außerdem sollte es exakte Zeitinformationen liefern. Die Auswertung von Entfernungen und Zeitsignalen zur Positionsbestimmung gab dem Ganzen seinen Namen: *Navigational Satellite Timing and Ranging – Global Positioning System (NAVSTAR GPS)*.

Von 1974 bis 1979 wurde anhand einiger Testsatelliten überprüft, ob die vorgesehene Konzeption die Erwartungen erfüllen kann. Bereits am 22. Februar 1978 startete der erste GPS-Satellit ins All. Die *initial operation capability* wurde im Dezember 1993 erreicht und die *full operational capability* am 17. Juli 1995 verkündet.

Die Satelliten wurden über die Jahre weiterentwickelt und verbessert. Von den ersten prototypischen Block-I-Satelliten mit einer Masse von 845 kg ist längst keiner mehr in Betrieb. 1989 wurde der erste Block-II-Satellit gestartet. Am 26. November 1990 folgte der erste Start eines verbesserten Block-IIA-Satelliten. Die Entwicklung lief weiter über die Versionen IIR (17.01.1997), IIR-M (20.09.2005) und IIF (28.05.2010) bis hin zu den momentan aktuellsten Block-III-Satelliten mit einer Masse von 2269 kg, deren erster Vertreter am 23. Dzember 2018 gestartet wurde. Abb. 3.1 zeigt einen solchen Block-III-Satelliten.

Bis zum 31. Oktober 2021 sind insgesamt 77 GPS-Satelliten gestartet worden, der bisher letzte am 17. Juni 2021. Von diesen 77 Satelliten sind 30 in Betrieb und 41 inzwischen wieder außer Dienst gestellt worden, vier in Reserve bzw. im Testbetrieb und zwei gingen beim Start verloren. Im Internet[1] findet sich eine aktuelle und ausführliche Aufstellung aller bisher gestarteten Satelliten.

Die Weiterentwicklungen dieser Satellitengenerationen und die dadurch erreichten Verbesserungen bei der Positionsbestimmung werden hier im Buch allenfalls am Rand erwähnt, da wir uns auf die Positionsbestimmung allein aufgrund von Pseudoentfernungen beschränken, und dies war bereits mit der ersten Satellitengeneration möglich.

---

[1] https://en.wikipedia.org/wiki/List_of_GPS_satellites (letzter Aufruf: 31.10.2021).

Abb. 3.1 GPS-III-Satellit im Orbit. (Quelle: gps.gov)

Als Väter des NAVSTAR-Systems gelten Bradford W. Parkinson, Hugo Fruehauf und Richard Schwartz, die dafür 2019 den *Queen Elizabeth Prize for Engineering* erhalten haben. Roger Easton und Ivan Getting haben maßgeblich zur zivilen Nutzung von GPS beigetragen.

Ursprünglich wurde NAVSTAR GPS ausschließlich als militärische Anwendung konzipiert. Das Militär glaubte anfangs überhaupt nicht, dass das System aufgrund seiner Komplexität jemals zivil genutzt werden könnte. Deshalb und weil man auch glaubte, dass mit nur einer der beiden von den Satelliten ausgestrahlten Frequenzen ohnehin keine bzw. keine ausreichend genaue Positionsbestimmung möglich wäre, ließ man eine der beiden Frequenzen unverschlüsselt und veröffentlichte einfach den auf dieser Frequenz übertragenen Code nicht.

Dies empfanden einige Wissenschaftler amerikanischer Universitäten genauso als Herausforderung wie damals die Positionsbestimmung von Sputnik. Jedenfalls konnte bald der Code auf der unverschlüsselten Frequenz geknackt und dessen Bedeutung ermittelt werden. Zusammen mit der damals rasanten Entwicklung der Mikroprozessortechnologie wurde es so möglich, zivile Empfänger zu bauen, die mit der Auswertung nur einer Frequenz erstaunlich genaue Positionsbestimmungen ermöglichten.

Der weitere Weg für die zivile Nutzung des GPS wurde durch ein tragisches Unglück geebnet: Am 1. September 1983 wurde ein koreanischer Jumbo von der russischen Luftwaffe abgeschossen, weil er in russisches Hoheitsgebiet eingedrungen war. Diese Kursabweichung erfolgte, weil die im Flugzeug für die Navigation verwendeten Trägheitsplattformen fehlerhaft arbeiteten. Um solche Unglücke für die Zukunft auszuschließen, gab der damalige amerikanische Präsident Ronald Reagan NAVSTAR GPS ausdrücklich auch für die zivile Nutzung frei.

Längst ist das GPS im Privatbereich angekommen. Neben der Nutzung in der zivilen Luft- und Seefahrt ist es in jedem Mobiltelefon und beinahe jedem Auto zu finden und führt dort – insbesondere bei der Navigation in Großstädten – zu einem deutlich entspannteren Fahren.

3.2   Das Prinzip und die Probleme

Neben dem amerikanischen NAVSTAR GPS gibt es inzwischen weitere globale Navigationssatellitensysteme *(Global Navigation Satellite Sytem – GNSS)*, so zum Beispiel *GLONASS* der Russischen Föderation, *Galileo* der Europäischen Union und *Beidou* in China. Die prinzipielle Arbeitsweise aller Systeme ist dieselbe:

Die Satelliten senden fortlaufend Nachrichten aus, in denen die Identität des Satelliten enthalten ist und der Zeitpunkt, zu welchem der Satellit diese Nachricht ausgesandt hat. Außerdem senden sie sogenannte Navigationsdaten, aus denen der Empfänger die genaue Position des Satelliten errechnen kann.

3.2.1   Verwendete Frequenzen

Ausgesendet werden die GPS-Signale auf zwei verschiedenen Frequenzen, einer militärischen und einer zivilen. Um einer prinzipiell unbegrenzten Anzahl von Nutzern den Gebrauch des GPS zu ermöglichen, ist die Beschränkung auf eine Einwegkommunikation von den Satelliten zu den Empfängern nötig. Dies bedeutet, dass die Satelliten gegenüber den Nutzern ausschließlich als Sender auftreten und das Nutzerequipment die Satellitensignale ausschließlich empfängt.

Bei der Auswahl der Sendefrequenzen müssen konkurrierende Anforderungen beachtet werden. Je höher die Sendefrequenz gewählt wird, umso mehr Daten können über diese Frequenz übertragen werden. Für die Übertragung der GPS-Daten wird eine Frequenz von mindestens 1 GHz benötigt. Höhere Frequenzen können außerdem die Ionosphäre der Erde besser durchdringen. Auf der anderen Seite werden sehr hohe Frequenzen stark von der Erdatmosphäre insgesamt gedämpft und ab etwa 2 GHz sind für den Empfang Richtantennen nötig.

Dies bedeutet, dass die benutzten Frequenzen im sogenannten L-Band zwischen 1 GHz und 2 GHz angesiedelt sein müssen. Konkret wurde die zivile Frequenz auf 1575,42 MHz festgelegt und abgekürzt L1-Frequenz genannt. Die militärische L2-Frequenz arbeitet mit 1227,60 MHz. Beide Frequenzen werden aus der im Satelliten von den Atomuhren erzeugten Grundfrequenz $f_0 = 10,23$ MHz abgeleitet. Die L1-Frequenz erhält man im Frequenzvervielfacher aus der Grundfrequenz durch Multiplikation mit 154 und die L2-Frequenz durch Multiplikation mit 120. Durch die Gleichung

$$c = f \cdot \lambda,$$

die eine einfache Beziehung zwischen der Frequenz f und der Wellenlänge λ einer elektromagnetischen Welle mit der Lichtgeschwindigkeit c beschreibt, kann man eine Wellenlänge von 19,042 cm für die L1-Frequenz und von 24,437 cm für die L2-Frequenz errechnen.

Sicher ist bekannt, dass Radiosender ihre Programme auf unterschiedlichen Frequenzen ausstrahlen. Möchte man einen bestimmten Sender im Radio empfangen, so muss man das Empfangsgerät auf eben die gewünschte Sendefrequenz einstellen. Es ist daher ein wenig verblüffend, dass alle Satelliten auf ein und derselben Frequenz senden und beim Empfänger daher ein Signal-Wirrwarr ankommt. Dies ist in etwa vergleichbar mit einer Situation, in der 32 Menschen, die sich im selben Raum befinden, gleichzeitig reden. Trotzdem gelingt es dem Empfänger, die Daten der einzelnen Satelliten voneinander zu trennen und auszuwerten.

Man fragt sich natürlich, warum sich das GPS auf jeweils eine militärische und eine zivile Frequenz beschränkt. Bei den heute im All befindlichen 32 GPS-Satelliten müsste es jedoch bereits 64 verschiedene Funkkanäle geben, auf denen die militärischen und zivilen Daten der GPS-Satelliten zu den Empfängern gesandt werden. Die weiteren Systeme GLONASS, Galileo und Beidou hätten etwa denselben Frequenzbedarf, und dies in einem Frequenzband, das aufgrund der erwähnten konkurrierenden Anforderungen relativ schmalbandig ist. Auf der Empfängerseite müsste ein ziviler GPS-Empfänger mindestens 32 verschiedene Frequenzen empfangen können. Unter Berücksichtigung dieser Faktoren ist die Nutzung einer gemeinsamen zivilen Frequenz durch alle GPS-Satelliten recht naheliegend. Wie ein Empfänger dieses bei ihm eintreffende Signal-Wirrwarr wieder entwirrt, wird weiter unten geklärt.

Eine von einem Sender ausgehende elektromagnetische Welle wird recht gut durch eine Sinusschwingung beschrieben. Um mit solchen elektromagnetischen Schwingungen Daten übertragen zu können, muss die jeweilige Information auf die elektromagnetische Welle übertragen werden. Diese Übertragung nennt man Modulation, und nach einer Modulation ist aus einer elektromagnetischen Welle ein informationstragendes elektromagnetisches Signal geworden. Für die Modulation gibt es mehrere Möglichkeiten. So werden beispielsweise die Radiosignale der Mittelwellensender amplitudenmoduliert. Dies bedeutet, dass die Amplitude der elektromagnetischen Welle verändert wird. Für UKW-Sender ist die Frequenzmodulation gebräuchlich, bei der die Frequenz der Welle in gewissen Grenzen variiert wird.

Die zu übertragenden Satellitendaten sind binär in Einsen und Nullen codiert. Für deren Übertragung wendet man zur Modulation ein Verfahren an, das *binary phase shift*

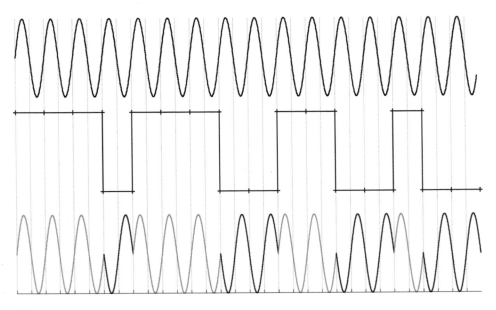

Abb. 3.2 Binäre Phasenumtastung

keying (BPSK) genannt wird. Übersetzt heißt dies *binäre Phasenumtastung,* was den Vorgang bereits recht gut umschreibt; erläutert wird dieser anhand von Abb. 3.2.

Oben ist in Blau die reine Trägerwelle als Sinusschwingung dargestellt. Das rote Rechtecksignal in der Mitte repräsentiere die zu übertragenden Daten, in diesem Fall die Bitfolge 1, 1, 1, 0, 1, 1, 1, 0, 0, 1, 1, 0, 0, 1, 0, 0. Aus diesen beiden Signalen wird das Sendesignal erzeugt, indem bei zu sendenden Eins-Bits das Trägersignal unverändert gelassen wird. Sind Null-Bits zu übertragen, wird die Phase des Trägersignals um 180° gewechselt, was geometrisch dazu führt, dass die zu sendende Welle in Ausbreitungs-richtung gespiegelt wird. Dieses Springen in der Phase wird in der Abbildung an den scharfen Knicken im unteren Graphen deutlich. Zusätzlich sind dort die verschiedenen Phasen noch unterschiedlich gefärbt.

3.2.2   Satellitendaten

Die funktionsfähigen Satelliten werden in der GPS-Terminologie als *space vehicles* (SV) bezeichnet und von 1 bis 32 durchnummeriert. Für den Nutzer sind die Satelliten nichts anderes als im All befindliche Radiosender, die fortwährend Datenpakete aussenden, mit deren Inhalt der Empfänger beispielsweise die Position des Satelliten zu einem beliebigen Zeitpunkt in der näheren Gegenwart berechnen kann. Außerdem kann über die Laufzeit des Signals die Entfernung zum jeweiligen Sender bestimmt werden.

Die Daten sind binär codiert und ein komplettes Datenpaket besteht aus insgesamt 37.500 Bit. Die Übertragung dieser Daten geschieht relativ langsam mit 50 Hz, wobei diese niedrige Sendefrequenz der äußerst geringen Signalstärke geschuldet ist. Bei 50 Bit, die pro Sekunde übertragen werden, dauert die Übertragung eines Bit 0,02 s und man kann leicht ausrechnen, dass die gesamte Übertragung eines Datenpakets 12,5 min dauert. Danach wird nahtlos das nächste Datenpaket ausgesandt.

Für eine bessere Auswertung der Daten im Empfänger werden die Pakete strukturiert. So ist jedes Datenpaket in 25 Rahmen unterteilt, diese wiederum jeweils in 5 Unterrahmen und jeder Unterrahmen seinerseits in 10 Worte zu je 30 Bit. Dadurch, dass jeder Unterrahmen mit einem charakteristischen Bitmuster eingeleitet wird, gelingt es dem Empfänger, die empfangenen Daten korrekt auszuwerten. Der Aufbau der kompletten Nachricht und deren Strukturierung werden detailliert in Kap. 5 erläutert.

3.2.3 Datencodierung

Wir nähern uns der noch offenen Frage, wie es ein Empfänger schafft, die auf derselben Frequenz bei ihm eintreffenden Daten aller momentan empfangbaren Satelliten wieder voneinander zu trennen. Eine wesentliche Voraussetzung hierfür ist, dass die Daten, bevor man sie auf die Trägerwelle moduliert, mit einem speziellen Code überlagert werden. Den zivilen und auf der L1-Frequenz frei verfügbaren Daten ist der sogenannte C/A-Code aufmoduliert, wobei C/A für coarse/acquisition steht. Das Adjektiv *coarse* lässt sich mit *grob* übersetzen und *acquisition* bedeutet *Beschaffung* oder *Erwerb*. Damit ist der eigentliche Zweck der frei verfügbaren Daten der L1-Frequenz treffend umschrieben: Diese sollten nach der ursprünglichen Auslegung des Systems nur dazu dienen, den wesentlich präziseren P-Code auswerten zu können, welcher nach wie vor verschlüsselt auf der L2-Frequenz übertragen wird. Ursprünglich ging man davon aus, dass mit dem C/A-Code keine oder nur eine sehr ungenaue Ortsbestimmung möglich sei. Jedem Satelliten ist ein eigener C/A-Code zugeteilt und all diese Codes sind frei zugänglich, sodass der Datenstrom auf der zivilen Frequenz von jedermann empfang- und auswertbar ist. Dieser für alle Nutzer offene Dienst wird *standard positioning service* (SPS) genannt.

Während die eigentlichen Datenbits mit einer Frequenz von 50 Hz gesendet werden, ist der überlagerte Code deutlich schneller angelegt. Der C/A-Code besteht aus einer Sequenz von 1023 Einsen und Nullen, die selbst keine Nachricht tragen. Daher werden diese Einsen und Nullen nicht Bit, sondern Chip genannt. Die Chips werden fortlaufend mit einer Frequenz von 1,023 MHz erzeugt, was dazu führt, dass jede Codesequenz exakt 1 ms lang ist. Während der Zeitdauer eines Datenbits von 20 ms werden somit 20 vollständige Codesequenzen und damit 20.460 Chips gesendet.

Die Codesequenzen werden auch PRN-Codes genannt. Dies ist das Akronym für *pseudo random noise*. Diese Bezeichnung rührt daher, dass die Aufeinanderfolge der Chips völlig zufällig (*random*) anmutet, dies jedoch nicht ist, da sie jederzeit reproduziert werden kann. Durch die vermeintliche Zufälligkeit und die gegenüber den Datenbits deutlich höhere Frequenz wird die Information in den Datenbits unleserlich gemacht, beim Empfänger kommt lediglich ein Rauschen (*noise*) an. Nur wenn man das

Codemuster kennt und dieses genau mit dem empfangenen Signal synchronisieren kann, kommt die Information wieder zum Vorschein.

Die Überlagerung der Datenbits durch die Codechips geschieht durch die logische Verknüpfung XOR. Diese logische Verknüpfung kann man sich auch als Addition im Binärsystem vorstellen, bei der es nur auf die Einerstelle ankommt. Es gilt nämlich.

$$
\begin{array}{cccc}
0 & 0 & 1 & 1 \\
+\ 0 & +\ 1 & +\ 0 & +\ 1 \\
\hline
0 & 1 & 1 & \cancel{1}\ 0
\end{array}
$$

Den Vorgang des Codierens der Datenbits mit einer PRN-Sequenz zeigt Abb. 3.3. Aufgrund der enormen Frequenzunterschiede zwischen den Daten und dem C/A-Code kann diese Darstellung natürlich nicht maßstäblich sein, das Prinzip sollte jedoch deutlich werden. In der oberen Zeile sind in Grün die Datenbits dargestellt, darunter in Blau und Rot die sich ständig wiederholende PRN-Sequenz. Die verschiedenen Farben dienen nur dazu, die Wiederholungen der stets gleichen Sequenz sichtbar zu machen.

In der untersten Zeile ist schließlich die XOR-Verknüpfung der Daten mit dem C/A-Code dargestellt. Bei näherem Hinsehen wird schnell deutlich, dass sich das zusammengesetzte Signal gegenüber dem C/A-Code nicht ändert, wenn und solange die Datenbits den Wert null haben. Dort, wo die Datenbits jedoch den Wert eins haben, ist das zusammengesetzte Signal genau invertiert.

Das Signal der dritten Zeile, in dem die Datenbits völlig untergegangen sind, wird mit dem oben dargestellten BPSK-Verfahren auf die Trägerwelle moduliert und ausgesendet.

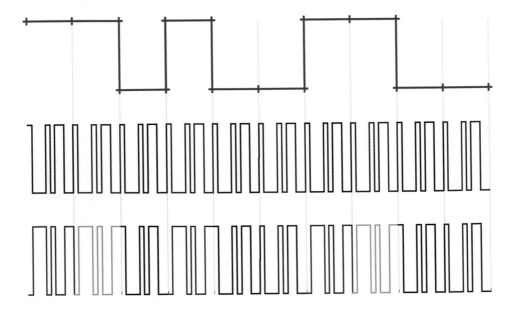

Abb. 3.3 Überlagerung von Daten mit dem C/A-Code

Im Empfänger kann durch Demodulation des Trägers zunächst wieder das Signal der dritten Zeile erzeugt werden. Wenn dort auch der C/A-Code bekannt ist und dieser perfekt mit dem Empfangssignal synchronisiert wurde, wird durch eine erneute XOR-Verknüpfung des Empfangssignals der dritten Zeile mit dem bekannten C/A-Code der zweiten Zeile wieder das reine Datensignal der ersten Zeile sichtbar. Wie solche PRN-Codes erzeugt und untereinander synchronisiert werden können, wird ausführlich in Kap. 5 erläutert.

Die Überlagerung einer niederfrequenten Datennachricht mit einem höherfrequenten Code wird in der Nachrichtentechnik *Frequenzspreizung* genannt. Das Verfahren der Frequenzspreizung kommt auch beim WLAN und bei Fernsteueranlagen im Modellbau zum Einsatz. Die Sendeenergie wird dabei auf einen größeren Frequenzbereich verteilt, was das Signal unempfindlicher gegen schmalbandige Störungen macht. Die Sendeleistung der Satelliten beträgt etwa 50 W. Durch die Frequenzspreizung beträgt der auf der Erde empfangbare Signalpegel etwa −158 dBW bis −160 dBW. Damit verschwindet das Signal im thermischen Rauschen und wird erst im Empfänger durch den umgekehrten Prozess der Rückspreizung wieder sichtbar.

Bei der angegebenen Größe handelt es sich um einen Leistungspegel L_P der das logarithmische Verhältnis einer Leistung P zu einer Bezugsleistung P_0 nach der Beziehung

$$L_P = 10 \cdot \lg\left(\frac{P}{P_0}\right)$$

angibt. Verwendet man die Einheit dBW, so wird dadurch ausgedrückt, dass die Bezugsleistung P_0 genau 1 W beträgt. Die bei einem Leistungspegel von −160 dBW tatsächlich ankommende Leistung kann nach der Umkehrung

$$P = 10^{\left(\frac{L_P}{10}\right)} \cdot 1\,\text{W}$$

berechnet werden, was 10^{-16} W ergibt.

In amerikanischen Publikationen[2] wird die geringe Energie des beim Empfänger eintreffenden Satellitensignals gerne mit anschaulichen Vergleichen beschrieben. So entspräche die Energiedichte des auf der Erde ankommenden Signals in etwa derjenigen einer 15-Watt-Glühbirne in San Francisco, die von der Aussichtsplattform des Sears Tower in Chicago betrachtet wird.

Die militärisch genutzte Frequenz L2 ist mit dem sogenannten P-Code moduliert, wobei P für *precision* steht. Der zugehörige Dienst wird deshalb *precise position service* (PPS) genannt. Das grundsätzliche Prinzip ist genau dasselbe wie eben für den C/A-Code dargestellt. Jeder Satellit hat ebenfalls einen eigenen, individuellen P-Code zugeteilt bekommen. Während der C/A-Code jedoch nur 1023 Chips lang ist,

---

[2] Z. B. Logsdon (1995, S. 49).

mit einer Frequenz von 1,023 MHz ausgesandt wird und die Übertragung einer Code-sequenz daher nur 1 ms dauert, ist der P-Code viel länger. Er besteht aus $6,1871 \cdot 10^{12}$ Chips, entsprechend etwa 720.213 Gigabytes. Er wird mit 10,23 MHz ausgestrahlt und man kann daraus leicht errechnen, dass die Sendezeit für ein komplettes Codesegment 604.799,609 s beträgt. Eine Woche dauert genau 604.800 s, somit benötigt die Über-tragung des P-Codes ziemlich genau eine Woche! Exakt mit jedem Wochenbeginn startet die Übertragung des P-Codes aufs Neue.

Eine solch extreme Länge des Codes vermeidet Doppeldeutigkeiten und führt zu einer hohen Präzision. Allerdings ist bzw. war es für einen Empfänger in der Anfangszeit des GPS schwierig bis unmöglich, sich in einer vertretbaren Zeitspanne mit einem solchen Monster-Code zu synchronisieren. Dies ist letztlich auch der Grund für den C/A-Code: Der Empfänger sollte sich zuerst mit dem kurzen C/A-Code synchronisieren und erst, nachdem er daraus ein Zeitsignal und eine erste Position hat ableiten können, mit diesen Angaben den P-Code korrelieren. Moderne Empfänger schaffen es heute, direkt mit dem P-Code zu synchronisieren.

Der jedem Satelliten eigene P-Code ist ein kleiner Teil eines Master-P-Codes mit $2,35 \cdot 10^{14}$ Chips, entsprechend etwa 26.716 Terabytes. Für die militärische Geheim-haltung ist der P-Code mit einem geheimen W-Code verschlüsselt; den so erzeugten Code nennt man den P(Y)-Code. Der W-Code wird wöchentlich gewechselt und nur den Verbündeten der USA zur Verfügung gestellt. Somit ist eine Verwendung des PPS ausschließlich militärischen Nutzern vorbehalten. Wir werden uns daher nicht weiter mit dem P-Code beschäftigen.

Herausgestellt werden muss schließlich aber noch, dass alle genannten periodischen Vorgänge von der Datenfrequenz der Nachrichtenbits über die Chipfrequenzen bis hin zu den Trägerfrequenzen aus ein und derselben Grundfrequenz $f_0 = 10,23$ MHz abgeleitet sind. Dies hat zur Folge, dass die Anfänge aller periodischen Vorgänge immer exakt zusammenfallen. Mit dem Beginn eines Datenbits fällt auch immer der Beginn eines Chips zusammen und mit diesem wiederum der Beginn einer Trägerschwingung. Diese *Kohärenz* der Schwingungen ist eine wichtige Voraussetzung, die es ermöglicht, Zeitspannen durch Auszählen von Bits, Chips und Trägerschwingungen sehr exakt zu bestimmen.

3.2.4 Die Ortsbestimmung

Zur Ortsbestimmung stellt der Empfänger die Uhrzeit fest, zu welcher er eine Nach-richt erhält. Die Sendezeit ist in den Daten selbst enthalten. Aus der Differenz zwischen Empfangs- und Sendezeit – also der Zeitdauer, während der das Signal unterwegs war – rechnet er durch Multiplikation mit der Lichtgeschwindigkeit die Entfernung zum jeweiligen Satelliten aus. Außerdem bestimmt er über die Bahndaten des Satelliten dessen Position, die dieser beim Versenden der Nachricht hatte. Kennt der Empfänger

die Entfernung zu und die genaue Position von drei Satelliten, so kann er daraus seine
eigene Position bestimmen:

Kennt der Empfänger die Entfernung zu einem Satelliten, so ist klar, dass er
sich auf einer Kugelschale um diesen Satelliten als Mittelpunkt mit dem Radius der
berechneten Entfernung befinden muss. Kennt er zusätzlich die Entfernung zu einem
zweiten Satelliten, so muss er sich gleichzeitig auf einer Kugelschale um diesen zweiten
Satelliten befinden. Die Schnittfigur zweier sich durchdringender Kugelschalen ist
ein Kreis, und auf eben diesem Schnittkreis der beiden Kugelschalen muss sich der
Empfänger folglich befinden. Um eine genaue Position zu finden, sind daher ein weiterer
Satellit und eine definierte Entfernung zu diesem nötig. Schneidet man den Schnittkreis
der beiden erstgenannten Satelliten mit der Kugelschale des letztgenannten, so erhält
man in aller Regel zwei Schnittpunkte. Damit ist der Empfängerort wohl immer noch
nicht eindeutig bestimmt, in der Praxis kommt aber nur einer der beiden Schnittpunkte
in Betracht, weil der andere viel zu weit von der Erde entfernt irgendwo im Weltall
außerhalb der Satellitenumlaufbahnen liegt.

Was einfach erklärt werden kann und durchaus einleuchtend ist, erweist sich in der
Praxis als ein durchaus kniffliges Problem: Da sich die Signale mit Lichtgeschwindigkeit ausbreiten, kommt der genauen Zeitmessung eine immens hohe Bedeutung zu. Die
Lichtgeschwindigkeit im Vakuum beträgt 299.792.458 m/s. Macht man bei der Zeitmessung einen Fehler von 1 ms, so weicht die daraus berechnete Entfernung schon um
300 km von der tatsächlichen Entfernung ab! Die exakte Zeitmessung spielt somit tatsächlich eine herausragende Rolle. Wohl kann man die GPS-Satelliten mit hochpräzisen
Atomuhren ausstatten, die Empfänger jedoch nicht. Da es wenig Sinn macht, die Start-
zeit des Satellitensignals auf der Basis einer hochpräzisen Atomuhr anzugeben, den Ein-
gang des Signals am Empfänger aber mit einer ungenau gehenden Quarzuhr zu messen,
braucht man auch für dieses Problem eine Lösung. Das grundlegende Prinzip dafür lässt
sich in einer Dimension sehr anschaulich darstellen[3]:

Dazu stellen wir uns als Sender ein lautes Signalhorn vor, das zu jeder vollen
Minute – also jeweils zur Sekunde 0 – einen kurzen Hupton abgibt. Wenn wir als
Empfänger diesen Ton hören, schauen wir auf unsere Uhr und lesen dort ab, wie viele
Sekunden seit dem Minutenwechsel vergangen sind. Multiplizieren wir diese Zeitdauer
mit der Schallgeschwindigkeit, so erhalten wir unsere Entfernung vom Sender. Dieses
Vorgehen funktioniert aber nur, wenn wir sicher sein können, dass sowohl die Uhr im
Sender als auch unsere Uhr genau synchron laufen. Ist dies nicht der Fall, so ist unsere
Messung und die Entfernungsbestimmung sinnlos.

Um einen Uhrenfehler zu eliminieren, benötigen wir zwei untereinander zeit-
synchronisierte Sender im gegebenen Abstand A. Wenn sich der Empfänger genau auf
der Geraden zwischen den beiden Sendern befindet, dann kann die Entfernung durch

---

[3] Vgl. Zogg (2009, S. 12 ff.).

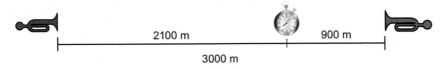

Abb. 3.4 Prinzip der Ortsbestimmung aus Laufzeiten

eine Laufzeitmessung der ausgesendeten Signale bestimmt werden – auch wenn die Empfängeruhr „falsch" geht, also nicht mit den Senderuhren synchronisiert ist.

Die Entfernung zwischen den Sendern betrage, wie in Abb. 3.4 dargestellt, $A = 3000$ m. Die beiden Sender sollen exakt zu jeder vollen Minute in der Tonhöhe unterscheidbare Schallsignale aussenden. Die Schallgeschwindigkeit setzen wir grob auf $v = 300$ m/s fest. Der Empfänger befinde sich genau auf der Linie zwischen den beiden Sendern, 2100 m vom ersten und damit 900 m vom zweiten Sender entfernt. Wenn der Empfänger eine genau mit den Sendern synchronisierte Uhr hat, dann stellt er fest, dass das Signal des ersten Senders 7 s nach der vollen Minute und das Signal des zweiten Senders bereits 3 s nach der vollen Minute bei ihm eintrifft. Es gibt nun zwei Möglichkeiten, die Entfernung R des Empfängers vom ersten Sender zu berechnen.

Nach der ersten Möglichkeit multipliziert man die Laufzeit des Signals des ersten Senders $\Delta t_1 = 7$ s mit der Schallgeschwindigkeit v:

$$R = \Delta t_1 \cdot v$$

Die zweite Möglichkeit besteht darin, die Laufzeit des Signals des zweiten Senders $\Delta t_2 = 3$ s mit der Schallgeschwindigkeit zu multiplizieren und die dadurch erhaltene Strecke von der Entfernung der beiden Sender A zu subtrahieren:

$$R = A - \Delta t_2 \cdot v$$

Addiert man beide Gleichungen, so erhält man eine Aussage über die doppelte Entfernung R

$$2 \cdot R = \Delta t_1 \cdot v + A - \Delta t_2 \cdot v = (\Delta t_1 - \Delta t_2) \cdot v + A,$$

damit gilt für R die Gleichung

$$R = \frac{(\Delta t_1 - \Delta t_2) \cdot v + A}{2}.$$

Setzen wir in diese Gleichung die oben angegebenen Laufzeiten ein

$$R = \frac{(7\,\text{s} - 3\,\text{s}) \cdot 300\frac{\text{m}}{\text{s}} + 3000\,\text{m}}{2} = 2100\,\text{m},$$

so errechnen wir damit den bereits genannten Abstandswert vom ersten Sender.

Der Vorteil dieser auf den ersten Blick etwas umständlich anmutenden Berechnung wird bereits aus der Gleichung deutlich, weil durch die Differenzbildung der gemessenen

Zeiten ein Uhrenfehler eliminiert wird[4]. Ein solcher Uhrenfehler entsteht, wenn wir nicht mehr davon ausgehen können, dass die Empfängeruhr mit den Senderuhren einwandfrei synchronisiert ist. Wir verdeutlichen dies an zwei Beispielen und legen für unser erstes Beispiel fest, dass die Empfängeruhr den Senderuhren genau 2 s vorauseilt. Zur vollen Minute der Senderuhren zeige die Empfängeruhr bereits 2 s nach dem Minutenbeginn an. Wenn wir mit dieser Uhr dieselbe Messung durchführen, dann messen wir eine Laufzeit von 9 s für das Signal des ersten Senders und von 5 s für das Signal des zweiten Senders. Eingesetzt in unsere Gleichung zur Entfernungsbestimmung R erhalten wir nun

$$R = \frac{(9\,\text{s} - 5\,\text{s}) \cdot 300\frac{\text{m}}{\text{s}} + 3000\,\text{m}}{2} = 2100\,\text{m}$$

und damit dasselbe Ergebnis wie im obigen Beispiel mit exakt gehender Uhr. Wir können aus diesem Ergebnis sogar noch den Uhrenfehler Δt_0 berechnen. Es gilt nämlich

$$\Delta t_0 = \Delta t_1 - \frac{R}{v}.$$

Dabei ist Δt_1 die falsch gemessene Schalllaufzeit vom ersten Sender, in unserem Beispiel also 9 s. Die Größe R ist die (trotzdem) richtig berechnete Entfernung und v die Schallgeschwindigkeit. Damit ergibt der Bruch $\frac{R}{v}$ die korrekte Laufzeit des Signals vom ersten Sender und die Differenz folglich den Uhrenfehler

$$\Delta t_0 = 9\,\text{s} - \frac{2100\,\text{m}}{300\frac{\text{m}}{\text{s}}} = 2\,\text{s}.$$

Wir denken dieses Beispiel ein weiteres Mal durch und nehmen nun an, dass die Uhr im Empfänger 3 s nachläuft. Wenn die synchronisierten Senderuhren bereits die volle Minute anzeigen, dann zeige die Empfängeruhr erst Sekunde 57 an. Diese Empfängeruhr misst nun für die Laufzeit des Signals vom ersten Sender $\Delta t_1 = 4$ s und für das Signal des zweiten Senders $\Delta t_2 = 0$ s. Unsere Formel ergibt nun mit

$$R = \frac{(4\,\text{s} - 0\,\text{s}) \cdot 300\frac{\text{m}}{\text{s}} + 3000\,\text{m}}{2} = 2100\,\text{m}$$

wiederum die korrekte Entfernung. Den Uhrenfehler bestimmen wir jetzt mit

$$\Delta t_0 = 4\,s - \frac{2100\,m}{300\frac{m}{s}} = -3\,s$$

ebenfalls wieder korrekt, wobei ein negativer Fehler eine Uhr beschreibt, die der korrekten Zeit hinterherhinkt, und ein positiver Fehler eine Uhr, die der korrekten Zeit voraus ist.

---

[4] Konstanz der Differenz beim gleichsinnigen Verändern.

3.2.5   Eliminierung des Laufzeitproblems

Wir haben mit dem zweiten Sender das Problem der ungenauen Empfängeruhr für den eindimensionalen Fall gelöst, wenn sich der Empfänger auf einer Geraden zwischen den Sendern befindet. Analog benötigt man für den zweidimensionalen Fall, wenn sich der Empfänger zwar mit den Sendern in einer Ebene, aber nicht mehr genau zwischen diesen befindet, einen dritten Sender, und für die Entfernungsbestimmung im Raum eben einen vierten Sender. Mit diesem ist es möglich, den Uhrenfehler zwischen der genauen Satellitenuhrzeit und der ungenauen Empfängeruhr zu ermitteln und somit zu eliminieren.

Diese induktiv aufgestellte Regel können wir für das Problem der Ortsbestimmung mittels GPS mit einfachen Gleichungssystemen mathematisch nachvollziehen. Dazu stellen wir ein Gleichungssystem auf, das prinzipiell auch bei der tatsächlichen Bestimmung der Empfängerposition zum Einsatz kommt. Die drei Unbekannten des Gleichungssystems seien die Raumkoordinaten x, y und z der Empfängerposition, welche aus den Entfernungen zu den Satelliten berechnet werden müssen. Diese Entfernungen sind jeweils auf der rechten Gleichungsseite angegeben:

$$\text{Gleichung } 1: 3x + 5y + 8z = 212$$
$$\text{Gleichung } 2: 8x + 2y - 3z = 27$$
$$\text{Gleichung } 3: 6x + 4y + 1z = 103$$

Dieses Gleichungssystem lässt sich mit den Mitteln der linearen Algebra leicht lösen. Das System

$$\begin{bmatrix} 3 & 5 & 8 \\ 8 & 2 & -3 \\ 6 & 4 & 1 \end{bmatrix} \cdot \begin{bmatrix} x \\ y \\ z \end{bmatrix} = \begin{bmatrix} 212 \\ 27 \\ 103 \end{bmatrix}$$

hat die Lösung

$$\begin{bmatrix} 7 \\ 11 \\ 17 \end{bmatrix}.$$

Nun ist es aber so, dass in der realen Welt nicht die tatsächlichen Entfernungen 212, 27 und 103 zu den Satelliten bekannt sind, sondern nur Pseudoentfernungen, die durch den unbekannten Uhrenfehler im Empfänger verfälscht sind. Statt der korrekten Entfernungsangaben haben wir lediglich die Pseudoentfernungen 225, 40 und 116 zur Verfügung. Lösen wir aber dieses System

$$\begin{bmatrix} 3 & 5 & 8 \\ 8 & 2 & -3 \\ 6 & 4 & 1 \end{bmatrix} \cdot \begin{bmatrix} x \\ y \\ z \end{bmatrix} = \begin{bmatrix} 225 \\ 40 \\ 116 \end{bmatrix},$$

so erhalten wir die von den korrekten Werten abweichenden Ergebnisse

$$\begin{bmatrix} 8,8 \\ 11,4 \\ 17,7 \end{bmatrix}.$$

Da die Satellitenuhren untereinander exakt synchronisiert sind, ist die Abweichung der Pseudoentfernungen von den tatsächlichen Entfernungen in allen drei Gleichungen genau dieselbe. Diese Abweichung a ist unbekannt, wir benötigen somit eine weitere Gleichung. Diese erhalten wir über einen vierten Satelliten und dessen Pseudoentfernung:

$$\text{Gleichung 4: } 9x - 3y + 2z = 77$$

Die Abweichung a muss in allen vier Gleichungen berücksichtigt werden, damit ergibt sich das Gleichungssystem

$$\begin{bmatrix} 3 & 5 & 8 & 1 \\ 8 & 2 & -3 & 1 \\ 6 & 4 & 1 & 1 \\ 9 & -3 & 2 & 1 \end{bmatrix} \cdot \begin{bmatrix} x \\ y \\ z \\ a \end{bmatrix} = \begin{bmatrix} 225 \\ 40 \\ 116 \\ 77 \end{bmatrix}.$$

Dessen Lösung lautet

$$\begin{bmatrix} 7 \\ 11 \\ 17 \\ 13 \end{bmatrix}.$$

Wir haben damit nicht nur unsere ursprünglichen Lösungen für x, y und z wieder korrekt erhalten, sondern darüber hinaus auch den in allen Pseudoentfernungen enthaltenen Fehler a ermittelt.

Die gesamte Problematik könnte man prinzipiell umgehen, wenn eine Zweiwegmessung möglich wäre: Damit müsste von einer Bodenstation auf der Erde ein Signal an die Satelliten gesandt und dieses Signal von den Satelliten wieder zurück zur Bodenstation gesandt werden. Die Station am Boden kann dann die Laufzeit exakt feststellen und daraus die Entfernung berechnen. Genau dieses System wird beim Radar verwendet. Allerdings müsste dann die Bodenstation sowohl Sender als auch Empfänger sein und die Satelliten müssten mit jeder Bodenstation auf einer eigenen Frequenz kommunizieren. Dies aber sind allesamt Anforderungen, die sich nicht realisieren lassen.

3.2.6   Das Intermezzo der Selective Availability

Die Entschlüsselung des C/A-Codes und die Fortschritte in der Mikroprozessor-technik ermöglichten beachtliche Fortschritte bei der Positionsbestimmung allein durch den Empfang der L1-Frequenz. Die ursprünglich erwartete Positionsgenauigkeit bei ausschließlicher Nutzung der unverschlüsselten Frequenz und Verwendung der daraus generierten Pseudoentfernungen lag bei einer Unsicherheit von 400 m. Die technischen Fortschritte ermöglichten jedoch bald deutlich bessere Ergebnisse mit Unsicherheiten von etwa 20 m. Die USA erkannten darin eine nationale Bedrohung, weil damit die Vorzüge des Systems auch militärisch gegen dessen Eigentümer genutzt werden konnten. Sie ersannen als Abwehrmaßnahme die sogenannte *selective availability* (SA). Bei diesem Verfahren werden die auf der L1-Frequenz ausgestrahlten Satellitensignale so verändert, dass von den Empfängern nur eine Genauigkeit im Bereich von bestenfalls 100 m erzielt werden kann. Konkret wurden die von den Satelliten ausgesandten Zeitinformationen und die Angaben über die Bahndaten der Satelliten verfälscht. Eine genaue Positionsbestimmung war damit nur noch militärischen Empfängern möglich, die auch die L2-Frequenz empfangen und das darauf verschlüsselt übertragene Signal auswerten konnten. In Betrieb genommen wurde die künstliche Verfälschung am 25. März 1990.

Ironischerweise musste die Signalverfälschung bereits am 10. August desselben Jahres wieder zurückgenommen werden, als sich der Zweite Golfkrieg abzeichnete. NAVSTAR GPS war Ende 1990 mit 16 Satelliten im Orbit bereits eingeschränkt einsatzfähig, allerdings soll das amerikanische Militär zu diesem Zeitpunkt nur 500 militärische GPS-Empfangsgeräte besessen haben. Man war daher auf zivile Empfangsgeräte und eine möglichst hohe Genauigkeit auf der L1-Frequenz angewiesen. Logsdon (1995, S. XIX) berichtet, dass sich die im Einsatz befindlichen Soldaten von ihren Angehörigen über die Feldpost mit privaten zivilen GPS-Empfängern ausstatten ließen. Die so ins Kriegsgebiet gelangten rund 5000 zivilen Empfänger verschafften insbesondere den Bodentruppen deutliche Vorteile beim Operieren in der weglosen Wüste. Nach Ende des Kriegs wurde die *selective availability* im Juli 1991 wieder eingeschaltet.

Dies rief nun findige Köpfe auf den Plan, die daran arbeiteten, wie die Ungenauigkeiten in den Positionsangaben zu umgehen seien. Eine Möglichkeit besteht darin, Referenz-GPS-Empfänger stationär an exakt bekannten Positionen zu montieren. Durch Vergleich mit dem tatsächlichen und dem von den Referenzempfängern errechneten Standort kann man auf den Positionsfehler schließen. Diesem Fehler unterliegen auch die errechneten Positionen anderer Empfänger in der Umgebung der Referenzstationen. Wenn man diesen Fehler an die umliegenden Empfänger kommuniziert, dann können diese den Fehler aus ihren Ergebnissen herausrechnen und somit selbst Positionen mit einer sehr hohen Genauigkeit liefern. Diese Technik wird *Differential GPS* (DGPS) genannt. Insbesondere auf Betreiben der US-Küstenwache wurde das differentielle GPS weiterentwickelt. Heute ist der gesamte Küstenbereich der USA über DGPS abgedeckt.

Insgesamt gesehen kam es zu der paradoxen Situation, dass das amerikanische Verteidigungsministerium Geld für die Etablierung und Implementierung der SA in die Satelliten des Blocks II sowie für die dadurch benötigten, deutlich teureren militärische Empfänger ausgab, während die Küstenwache, das Verkehrsministerium und die amerikanische Luftfahrtbehörde ebenfalls enorme Summen aufwendeten, um die entstandenen Nachteile auszumerzen. Irgendwann schien man diesen Irrsinn erkannt zu haben, jedenfalls wurde die *selective availability* am 2. Mai 2000 durch Präsident Clinton ausgeschaltet – zunächst lediglich unter dem Vorbehalt der jederzeitigen Aktivierung. Erst im September 2007 erklärten die USA den endgültigen Verzicht. Die Block-III-Satelliten sollen jedenfalls die Möglichkeit einer künstlichen Signalverschlechterung nicht mehr enthalten. Es wird vermutet, dass die damals aufkeimenden Pläne der EU und der ESA zum Aufbau eines eigenen Satellitennavigationssystems die Entscheidung der USA zum Verzicht auf die *selective availability* unterstützt haben. Die Technik des DGPS ist geblieben, sie ermöglicht heute Positionsgenauigkeiten im Millimeterbereich.

3.2.7 Satellitenbahnen

Die eben genannte Voraussetzung, wonach für eine Positionsbestimmung immer mindestens vier Satelliten sichtbar sein müssen, definiert die Geometrie der Satellitenbahnen. Dabei muss natürlich auch der Kostenrahmen im Auge behalten werden, die geforderte Abdeckung soll mit möglichst wenigen Satelliten erreicht werden.

NAVSTAR GPS war auf 24 Satelliten ausgelegt, je vier Satelliten sollten eine von sechs kreisförmigen Bahnen 20.200 km über der Erdoberfläche einnehmen. Alle sechs Bahnen sind gegen die Äquatorebene um 55° geneigt, dies nennt man ihre Inklination. Um die Erdachse sind alle Bahnen um jeweils 60° zueinander versetzt. Heute sind 32 GPS-Satelliten im All. Dies ist insbesondere der Tatsache zu verdanken, dass die Satellitenlebensdauer deutlich länger als angenommen ist.

Die Umlaufzeit der GPS-Satelliten beträgt zwölf Stunden. Dabei sind sie mit einer Geschwindigkeit von knapp 4 km/s unterwegs und unterliegen denselben Gesetzen wie Planeten, die ihr Zentralgestirn umlaufen. Diese Gesetze wurden von Kepler 1609 und 1619 gefunden und es ist faszinierend, wie auf deren Grundlage und mithilfe der auf ihnen fußenden Kepler-Gleichung die Position eines Satelliten für jeden beliebigen Zeitpunkt bis auf den Meter genau berechnet werden kann. Für die Berechnung sind sogenannte *Ephemeriden* nötig. Mit diesem Begriff bezeichnet man die Zusammenstellung von Bahnparametern von Planeten oder eben auch von Satelliten, mit denen die Position eines solchen Himmelskörpers zu einem beliebigen Zeitpunkt exakt berechnet werden kann. Die Ephemeriden eines Satelliten sind daher in denjenigen Daten enthalten, welche dieser pausenlos zur Erde funkt. Neben seinen eigenen, hochpräzisen

Bahndaten sendet jeder Satellit zudem eine Sammlung der Bahndaten aller Satelliten in etwas geringerer Genauigkeit. Diese Sammlung wird *Almanach* genannt.

3.3   Das NAVSTAR-System

Das amerikanische NAVSTAR-System ist – genau wie auch die anderen Navigationssysteme – in drei Segmente unterteilt. Dies sind das *Space Segment,* das *Control Segment* und das *User Segment.* Das Space Segment umfasst den im Weltraum befindlichen Teil des Systems, also die Satelliten, und definiert genau deren Bahnen und Umlaufdaten, die wir im Kap. 8 näher diskutieren werden. Das User Segment definiert Anforderungen an die Hardware zur Positionsbestimmung und gibt Aufschluss über die Möglichkeiten und Grenzen der Positionsbestimmung. Wenn wir aus Rohdaten Positionen errechnen, dann bewegen wir uns an der Schnittstelle zwischen dem *Space Segment* und dem *User Segment.* Genau für diese Schnittstelle hat das amerikanische GPS-Konsortium das hier im Buch häufig referenzierte *Navstar GPS Space Segment/Navigation User Segment Interface* (kurz *user interface*) herausgegeben, welches die notwendigen Angaben enthält, um aus den Satellitensignalen die Empfängerposition berechnen zu können.

Das *Space Segment* und das *User Segment* sind die beiden Teile, welche am ehesten im Bewusstsein der Anwender präsent sind. Es ist schließlich so gut wie jedem Anwender geläufig, dass zur GPS-Positionsbestimmung Satelliten im Weltraum und ein Empfänger auf der Erde nötig sind. Was allerdings kaum jemand weiß, ist die Tatsache, dass zum Funktionieren des Ganzen zusätzlich ein ungemein aufwendiges

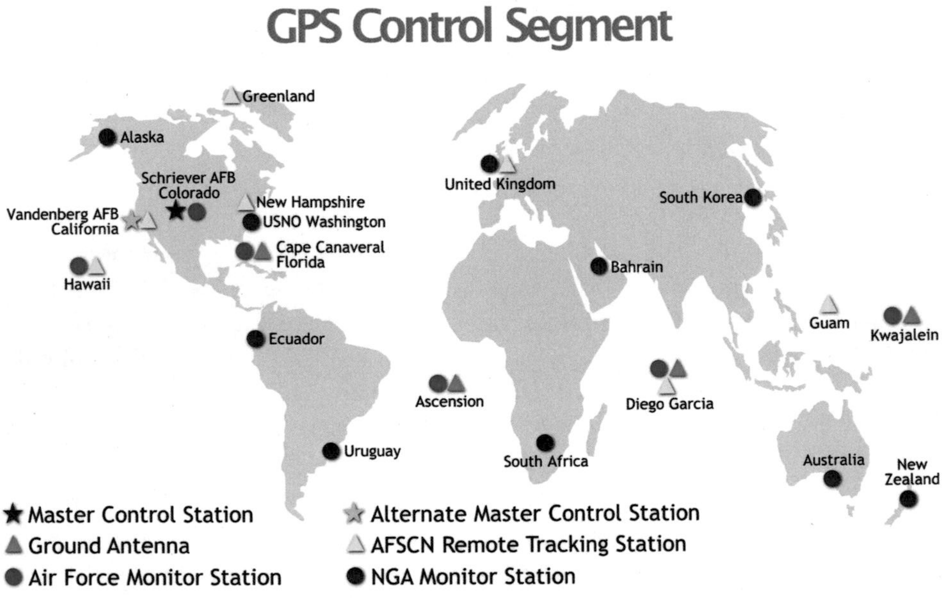

Abb. 3.5 Das weltumspannende *Control Segment.* (Quelle: gps.gov)

Control Segment betrieben wird! Dieses besteht aus über die ganze Welt verstreuten Überwachungs- und Steuerungsstationen, welche die Bahn der Satelliten genau verfolgen und nötigenfalls korrigieren. Außerdem justieren sie laufend die Satellitenuhren. Die globale Verteilung der Stationen ist in Abb. 3.5 dargestellt. Momentan (2021) besteht das *Control Segment* aus einer *Master Control Station* auf der Shriever Air Force Base in Colorado und einer *Alternate Master Control Station* auf der Vandenberg Air Force Base in Kalifornien. Auf den ganzen Globus verteilt sind 16 Überwachungsstationen: Sechs Stationen werden von der *Air Force* und zehn Stationen von der *National Geospatial-Intelligence Agency (NGA)* betrieben. Die Kommunikation mit den Satelliten halten elf Antennen aufrecht: Vier von ihnen sind spezielle GPS-Antennen, sieben weitere gehören zum allgemeinen *Air Force Satellite Control Network (AFSCN)*.

Größere Bahnabweichungen der Satelliten können von den Kontrollstationen durch Steuerkommandos korrigiert werden. Kleinere Abweichungen werden nur quantifiziert und zu den Satelliten übertragen, sodass diese ihrerseits den Empfängern Korrekturhinweise für die Berechnung ihres Standorts übermitteln können.

Zeitangaben im GPS

4

Bei der GPS-Positionsbestimmung spielt die exakte Zeit eine so große Rolle, dass letztlich sogar relativistische Effekte berücksichtigt werden müssen. Unabdingbar ist eine stabile und hochexakte gemeinsame Zeitbasis für alle Satelliten, die ausschließlich über *Atomuhren* gewährleistet werden kann. Außerdem geht es darum, für alle Systemkomponenten eine einheitliche Zeitbasis zu schaffen. Bei diesen hohen Anforderungen an eine exakte Zeitbasis verwundert es nicht, dass die Entwickler des GPS eine eigene Zeitrechnung verwenden. Diese Zeitrechnung zählt die Wochen und innerhalb einer Woche die Sekunden. Als Basis für diese GPS-Zeit dient das *julianische Datum*.

4.1 Zeitmessung

Ausgehend von den Jahreszeiten und dem täglichen Lauf der Sonne haben die Menschen die Messung der Zeit immer weiter perfektioniert und exakter gemacht. Eine zeitliche Orientierung fanden die Menschen schon sehr früh am Stand der Sonne. Im Altertum verwendeten sie den Fluss des Wassers als Zeitmaßstab und im Mittelalter waren es Kerzenuhren, bis dann die Beobachtung der gleichmäßigen Schwingungsdauer eines Pendels zu entsprechenden Uhren führte. Als sich Anfang des 20. Jahrhunderts der Rundfunk ausbreitete, verwendete man elektrisch angeregte Quarze zum Erzeugen einer stabilen Frequenz, und bald wurde diese Technik auch für Uhren verwendet.

4.1.1 Eine kleine Uhrengeschichte

Der kontinuierliche Fluss der Zeit wurde bereits in grauer Vorzeit von den Menschen in Abschnitte unterteilt. Maßgeblich für die Unterteilung waren anfangs astronomische

H. Albrecht, *Geometrie und GPS*, Mathematik Primarstufe und Sekundarstufe I + II, https://doi.org/10.1007/978-3-662-64871-1_4

Vorgänge: So ist das Jahr diejenige Zeitdauer, die zwischen zwei Höchstständen der
Sonne verstreicht. Die periodische Abfolge der Mondphasen liefert den Monat. Der
tägliche Auf- und Untergang der Sonne markiert Tag und Nacht. Die Tageslänge lässt
sich durch den Sonnenstand am Himmel unterteilen. Diese Beobachtung mündete in
die Sonnenuhr. Ein erstes Exemplar soll Aristarch von Samos etwa 400 v. Chr. gebaut
haben. Heute noch findet man Sonnenuhren an den Fassaden mancher und nicht nur
alter Häuser. In Heidenheim an der Brenz wurde eine große Sonnenuhr mit Sonnenpfad
errichtet, die neben der Zeit auch den Gang der Sonne durch die Jahreszeiten anzeigt.
Abb. 4.1 vermittelt eine Vorstellung von der Größe dieser Anlage. Es sei an dieser Stelle
bereits verraten, dass sich der Empfänger bei der Aufzeichnung der hier im Buch verwendeten Beispieldaten inmitten dieser Anlage befunden hat.

Nachts und bei bedecktem Himmel versagt die Sonnenuhr und man kann den Sonnenstand auch nicht direkt am Himmel beobachten. Bereits im 16. Jahrhundert v. Chr. gab
es in Ägypten daher die Wasseruhr: Man lässt Wasser gleichmäßig in ein Gefäß ein-
oder aus diesem herauslaufen und kann am Wasserstand des Gefäßes die Zeit ablesen.
Da die Menge des auslaufenden Wassers vom Wasserdruck und damit vom Wasserstand abhängt, wird bei einem zylindrischen Gefäß der Wasserspiegel am Beginn der

Abb. 4.1 Sonnenuhr und Sonnenpfad bei Heidenheim an der Brenz

Zeitmessung schneller sinken als gegen Ende. Um ein gleichmäßiges Sinken des Wasserspiegels zu erreichen, muss sich das verwendete Gefäß daher nach unten verjüngen.

Bei manchen Wasseruhren wurde der Stand eines Schwimmers auf einen Zeiger übertragen, sodass eine komfortablere Ablesung möglich war. Noch heute erinnert die Redensart „Die Zeit ist abgelaufen" an diesen Uhrentyp und auch heute findet man gelegentlich Sanduhren, die nach demselben Prinzip arbeiten. Ein gleichmäßig ablaufender Vorgang als Messprinzip für den Ablauf der Zeit wurde im Mittelalter auch in damals gebräuchlichen Kerzenuhren verwirklicht.

Offenbar bestand bereits zur damaligen Zeit Bedarf an einer möglichst exakten Zeitmessung. Im 13. Jahrhundert entstanden in Europa die ersten Räderuhren auf Kirchtürmen, die jedoch noch sehr ungenau waren. Galileo Galilei (1564–1642) soll bereits in jungen Jahren durch die Beobachtung von schwingenden Kronleuchtern im Dom zu Pisa herausgefunden haben, dass die Schwingungsdauer eines Pendels unabhängig von dessen Gewicht und – bei kleinen Auslenkungen – nur abhängig von dessen Länge ist. Er beschäftigte sich sein restliches Leben lang vergeblich damit, wie diese *Isochronie* für eine genaue Zeitmessung genutzt werden könnte. Erst Christian Huygens (1629–1695) präsentierte 1657 seine bahnbrechende Idee, mit der gleichmäßigen Bewegung des Pendels schrittweise Zahn für Zahn ein Zahnrad weiterdrehen zu lassen. Er hatte damit die Pendeluhr geschaffen. Die von ihm entworfene und von Salomon Koster gebaute Uhr hatte eine Ganggenauigkeit von 10 s pro Tag. Für eine exakte Zeitmessung muss eine Pendeluhr jedoch exakt lotrecht aufgestellt werden, was ihren Einsatz auf Schiffen unmöglich machte. Dort waren daher noch viele Jahre Sanduhren in Gebrauch, die halbstündlich gewendet werden mussten.

John Harrison (1693–1776) entwickelte zwischen 1722 und 1737 die sogenannte Grashüpfer-Hemmung, mit der auch auf schwankenden Schiffen eine hohe Konstanz erreicht werden konnte. Nachdem das englische Parlament 1714 ein Preisgeld von 20.000 Pfund für eine praktikable Lösung des Längenproblems ausgelobt hatte, erkannte Harrison seine Chance, dieses Problem mit einer auch auf Schiffen genau gehenden Uhr zu lösen und das Preisgeld zu erhalten.

Bei der Ermittlung des Standorts eines Schiffs auf dem offenen Meer konnte zwar durch das Anpeilen der Sonne oder von Sternen mit dem Sextant sehr genau die geografische Breite des Standorts bestimmt werden. Damit ist eine Aussage darüber möglich, wie weit nördlich oder südlich vom Äquator sich das Schiff befindet. Die östliche bzw. westliche Länge konnte jedoch nicht bestimmt werden, dies war das sogenannte *Längenproblem*. Zunächst wurde versucht, auch das Längenproblem mit astronomischen Methoden zu lösen, indem beispielsweise der Abstand des Mondes von bestimmten Fixsternen bestimmt wird. Dieser Ansatz führte jedoch aufgrund der hierfür notwendigen Messgenauigkeit, die auf schwankenden Schiffen nicht erreichbar war, zu keinen befriedigenden Resultaten. Ebenso vergeblich blieben die Versuche, das Längenproblem mithilfe magnetischer Deklinationskarten zu lösen, auf welchen die jeweilige magnetische Ortsmissweisung eingetragen ist.

Harrison setzte hingegen auf genügend genau gehende Uhren. Wenn man eine solche Uhr auf die Sonnenzeit des Greenwich-Meridians einstellt, so muss man am fraglichen Ort die Ortszeit durch Peilung der Sonne oder der Gestirne feststellen und kann aus dem Zeitunterschied zwischen angezeigter Uhrzeit und bestimmter Ortszeit die benötigte geografische Länge bestimmen.

Insgesamt vier fortlaufend verbesserte Uhren wurden von John Harrison in den Jahren 1727 bis 1759 entwickelt und gebaut. Bereits sein erstes Modell hatte die nötigen Genauigkeitsanforderungen erfüllt, das ausgelobte Preisgeld erhielt er jedoch sehr zögerlich und nur in Teilen ausbezahlt. Erst als sich König Georg III. für Harrison einsetzte, bekam dieser, drei Jahre vor seinem Tod, den letzten noch ausstehenden Betrag in Höhe von 8750 Pfund ausbezahlt.

Als James Cook 1775 von seiner zweiten Weltreise zurückkehrte und die Gangtreue der mitgeführten vierten Uhr bestätigte, war das Längenproblem auch für die skeptischen Astronomen gelöst und Harrisons Leistung endgültig anerkannt. Harrison hatte mit dieser Uhr eine Gangabweichung von gerade einmal 5 s über 81 Tage erreicht. Sie hat ein Größe von 165 mm × 124 mm × 28 mm und wiegt 1,45 kg.

Mit den Pendeluhren von Sigmund Riefler (1880) und William Hamilton Shortt (1921) konnten Gangabweichungen von wenigen Millisekunden pro Tag erreicht werden.

Ein weiterer Meilenstein in der Ganggenauigkeit von Uhren wurde in den 20er-Jahren des vorigen Jahrhunderts durch die Entwicklung der Quarzuhr erreicht. Quarzkristalle können in elektrischen Schwingkreisen die erzeugte Frequenz durch Resonanz sehr stabil halten. Damit dient diese konstante Schwingung als Taktgeber für eine sehr präzise Uhr. Eine Gangabweichung von 5 s pro Jahr ist selbst für preiswerte Quarz-Armbanduhren realistisch. Temperaturstabilisierte Quarze erreichen Genauigkeiten im Bereich von wenigen Mikrosekunden pro Tag.

4.1.2   Das Funktionsprinzip einer Atomuhr

Beim Hören oder Lesen des Begriffes *Atomuhr* schwingt unwillkürlich auch der Terminus Atomkraft im Hintergrund mit. Jedoch spielt in einer Atomuhr die Radioaktivität keine Rolle, es werden dort vielmehr unterschiedliche Energiepotenziale von Atomen zur Gewinnung einer stabilen Frequenz verwendet. Genutzt werden daher auch keine radioaktiven Elemente, vielmehr kommt meist das stabile Alkalimetall Caesium zum Einsatz.

Grundsätzlich können die Atome beliebiger Stoffe unterschiedliche, aber deutlich gegeneinander abgegrenzte Energieniveaus einnehmen. Unterschiedliche Energieniveaus kommen in den klar abgegrenzten Spektrallinien der Stoffe zum Ausdruck, sie unterscheiden sich durch die Elektronenkonfiguration und deren Bewegung in der Schale. Die Energieniveaus sind somit diskret, sie können je nach Stoff nur klar definierte Werte annehmen. Um ein Atom von einem Energiezustand in einen höheren zu bringen, ist dafür ein genau passender Energiebetrag nötig. Wechselt das Atom von einem höheren in ein niedrigeres Energieniveau, so wird genau dieser Energiebetrag in Form von Licht

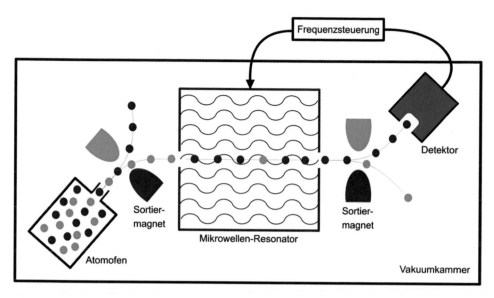

Abb. 4.2 Funktionsprinzip einer Atomuhr

frei, was zu den Spektrallinien im Emissionsspektrum führt. Der Übergang zwischen zwei diskreten Energieniveaus erfolgt somit durch die Aufnahme oder Abgabe von Energie in Form elektromagnetischer Strahlung einer ganz bestimmten Frequenz. Für das Element Caesium beträgt die Frequenz der elektromagnetischen Strahlung für den Wechsel zwischen zwei Energieniveaus genau 9.129.631.770 Hz.

In einer Caesium-Atomuhr werden Caesiumatome in einem Ofen verdampft. Bei diesem Verdampfen nehmen die Atome eines von zwei möglichen Energieniveaus ein, das sie ohne äußere Einwirkung nicht mehr verändern. In Abb. 4.2 sind die Atome verschiedener Energieniveaus durch grüne bzw. rote Kreise dargestellt. Je nach Energieniveau haben die Atome unterschiedliche magnetische Eigenschaften. Die Atome können daher nach dem Verlassen des Ofens in einem Magnetfeld nach ihren Energieniveaus separiert werden.

Die Atome des niedrigeren Energieniveaus werden in einen Resonator geleitet, wo sie mit Mikrowellen bestrahlt werden, was sie in den höheren Energiezustand wechseln lässt. Je genauer die Frequenz im Resonator die oben angegebene Frequenz einhält, umso mehr der in den Resonator eingespeisten Atome können auf den höheren Energiezustand gehoben werden.

Dies wird festgestellt, indem hinter dem Resonator mit einem weiteren Magnetfeld die noch auf dem niedrigen Level verbliebenen Atome ausgesondert werden und so nur jene Atome, die im Resonator das höhere Energieniveau erreicht haben, in einen Detektor gelangen. Aufgrund des Ergebnisses in der Zählkammer wird die Frequenz im Resonator fortwährend nachgeregelt, sodass immer ein Maximum gezählt wird, und in diesem Fall wird die Frequenz im Resonator genau 9.129.631.770 Hz betragen.

Basierend auf der Caesium-Atomuhr lautet die Definition einer Sekunde heute: „Die Sekunde ist das 9.129.631.770-Fache der Periodendauer der dem Übergang zwischen den beiden Hyperfeinstrukturniveaus des Grundzustands von Atomen des Nuklids ^{133}Cs entsprechenden Strahlung."

Für die Caesium-Atomuhr wird eine Standardabweichung von 10^{-13} angegeben. Dies bedeutet, dass sie in einem Jahr um $365{,}25 \cdot 86.400 \, \text{s} \cdot 10^{-13} \approx 3.16 \cdot 10^{-6}$ s, also rund $3 \, \mu$s abweichen kann. Die Genauigkeit von Atomuhren konnte inzwischen durch die Verwendung anderer Atome (Rubidium, Wasserstoff, Strontium) weiter gesteigert werden.

4.2   Das julianische Datum

Im Jahr 45 v. Chr. hat Gajus Julius Cäsar den nach ihm benannten julianischen Kalender im Römischen Reich eingeführt, der 365 Tage im Jahr hat. Außerdem wurde in jedes durch vier teilbare Jahr ein Schalttag eingefügt. Da der Umlauf der Erde um die Sonne genau 365 Tage, 5 h, 48 min und 45 s dauert, ergaben sich im Lauf der Jahrhunderte Differenzen gegenüber den Jahreszeiten. Das mittlere julianische Jahr mit 365 Tagen und 6 h war 11 min und 15 s zu lang. Dies hatte zur Folge, dass die Erde auf ihrer Bahn dem Kalender vorauseilte. Bis ins 16. Jahrhundert war dieser Vorsprung auf zehn Tage angewachsen. Dieses Problem löste Papst Gregor XIII. mit seiner Kalenderreform im Jahr 1582: Auf den 4. Oktober folgte sofort der 15. Oktober. Außerdem wurde im gregorianischen Kalender die Schaltjahresregelung neu gefasst: Nach wie vor ist jedes durch vier teilbare Jahr ein Schaltjahr, jedoch nicht, wenn es auch durch 100 teilbar ist. Allerdings sind durch 400 teilbare Jahre wieder Schaltjahre.

Versuchen Sie unter Berücksichtigung aller Regeln die Zeitspanne zwischen dem 25. Mai 1422 und dem 5. November 2017 auf den Tag genau zu bestimmen! Die exakte Angabe von Zeitspannen über große Zeiträume hinweg wird nämlich in der Astronomie häufig benötigt. Deshalb schlug der französische Philosoph Joseph Justus Scaliger 1583 eine kontinuierliche Tageszählung vor. Vermutlich nannte er diese Zählung zu Ehren seines Vaters Julius Caesar Scaliger julianisches Datum. Als Beginn der Zählung legte er den 1. Januar −4712, 12:00 Uhr fest. Die Tage werden innerhalb der *julianischen Periode* von 7980 Jahren fortlaufend gezählt. Damit sind beispielsweise Zeitspannen durch Subtraktionen einfach zu berechnen.

Die julianische Periode ergibt sich als kleinstes gemeinsames Vielfaches aus der 15-jährigen Indiktion[1], der Goldenen Zahl[2] 19 und dem 28-jährigen Sonnenzyklus[3]. Dass

---

[1] 15-jähriger Zyklus zur Jahreszählung im alten Rom, Zinsfestlegung nach jedem dritten Zensus.

[2] Mondzirkel, wichtig für die Berechnung des Osterdatums.

[3] Zahl der Jahre, nach denen sich das Zusammenfallen von Kalenderdatum und Wochentag vollständig wiederholt. Im julianischen Kalender dauert der Sonnenzyklus 28 Jahre.

das julianische Datum um 12 Uhr mittags wechselt, hat seinen Grund ebenfalls in der Astronomie: Sternbeobachtungen finden nachts statt, und diese Zeitspanne sollte nicht auf zwei verschiedene Tage aufgeteilt werden. Das Jahr 4713 v. Chr. wurde gewählt, weil das letzte Zusammenfallen der drei Zyklen (also das letzte Mal, dass alle drei Zyklen zugleich die Jahresnummer 1 hatten) im Jahr 4713 v. Chr. stattgefunden hatte.

Um ein heutiges Datum aus Jahreszahl, Monat und Tag in ein julianisches Datum umzurechnen, muss man die seit dem 1. Januar 4713 v. Chr. vergangenen Jahre, Monate und Tage in die entsprechende Anzahl von Tagen umrechnen und dabei die Schaltjahre und Monate mit ihren unterschiedlichen Tagesanzahlen sowie die 1582 erfolgte Kalenderreform korrekt berücksichtigen. Während der julianische Kalender bei den durch vier teilbaren Jahren grundsätzlich einen Schalttag einfügte, verbesserte Papst Gregor diese Regel insoweit, als bei den durch 100 teilbaren Jahren der Schalttag ausgelassen, bei den durch 400 teilbaren Jahren jedoch wieder eingefügt wird.

Das julianische Datum eines beliebigen Tages zu bestimmen, ist daher nicht trivial. Im Internet ist der dazu nötige Algorithmus aufgeführt und beschrieben[4]. Wir machen die Sache deutlich einfacher, da wir das julianische Datum im Rahmen der GPS-Positionsbestimmung ausschließlich für die Jetztzeit benötigen.

Wenn wir uns auf einen klug gewählten Zeitraum von 200 Jahren beschränken, dann brauchen wir die gregorianische Schaltjahresregel nicht zu beachten. Das Jahr 2000 war ein durch 100 und durch 400 teilbares Schaltjahr. Somit gilt für die Zeit vom 1. März 1900 bis zum 28. Februar 2100 die einfache Regel, dass alle durch vier teilbaren Jahre Schaltjahre sind.

Anstatt alle vier Jahre einen ganzen Schalttag einzufügen, können wir jedem Jahr, beginnend mit dem 28. Februar 1900, rechnerisch eine Länge von 365,25 Tagen geben. Dann haben wir Ende Februar 1901 genau 365,25 Tage erreicht, Ende Februar 1902 sind 730,5 Tage aufsummiert, Ende Februar 1903 sind es 1095,75 Tage und 1904 – im nächsten Schaltjahr – schließlich korrekt 1461 Tage. Bei den Zwischenergebnissen schneiden wir durch die Abrunden-Funktion die erhaltenen Nachkommastellen ab und haben dann für die Jahre 1901, 1902 und 1903 die in der Summe angefallenen Tage ebenfalls korrekt aufsummiert.

Um unsere Idee umsetzen zu können, ermitteln wir zunächst mit einem im Internet aufgefundenen Programm[5] das julianische Datum des 28. Februar 1900, 0:00 Uhr und erhalten den Wert 2.415.078,5. Dies ist somit das Startdatum, von dem aus wir weiterzählen:

```
jdy(year):=floor(365.25*(year-1900))+ 2415078.5
```

---

[4] http://de.wikipedia.org/wiki/Julianisches_Datum (letzter Aufruf: 31.10.2021).

[5] http://www.nabkal.de/kalrechJD.html (letzter Aufruf: 31.10.2021) oder
     http://www.fourmilab.ch/documents/calendar (letzter Aufruf: 31.10.2021).

Von der eingegebenen Jahreszahl, die nicht kleiner als 1900 sein darf, subtrahieren wir zuerst unser Startjahr 1900 und multiplizieren die seither verstrichenen Jahre mit 365,25. Das Ergebnis wird, wie eben dargestellt, abgerundet. Zu diesem addieren wir die seit 4713 v. Chr. bis zum 28. Februar 1900 verflossenen 2.415.078,5 Tage und erhalten somit das julianische Datum des letzten Februartags des angegebenen Jahres um 0:00 Uhr. So liefert der Aufruf

```
jdy(2020)
```

das Ergebnis 2.458.908,5. Um das julianische Datum des 5. März 2020, 0:00 Uhr zu erhalten, addieren wir die fünf Tage des März und erhalten 2.458.913,5. Problematisch sind aufgrund der unterschiedlichen Monatslängen Daten in den Folgemonaten. Die Abfolge der Monatslängen mit 30, 31 und gar 28 bzw. 29 Tagen mutet zudem recht willkürlich an.

Beginnt man jedoch, wie in Tab. 4.1 gezeigt, mit der Aufzählung im März, so erhält man ein sich wiederholendes periodisches Muster. Hinzu kommt, dass der Sonder-fall *Februar* am Ende der Folge steht und sich so einfacher behandeln lässt. Wir werden sehen, dass dieser Fall gar keiner besonderen Behandlung bedarf! Für unsere Berechnung des julianischen Datums beginnt ein Jahr somit nicht mit dem Monat Januar, sondern mit dem Monat März. Die Monate Januar und Februar hängen wir als 13. und 14. Monat an das vorhergehende Jahr an. In die zu erstellende Funktion muss somit zunächst eine Abfrage aufgenommen werden, welche ggf. diese Umorganisation vornimmt:

```
jdf(y,m):=if m<3 then [y-1,m+12] else [y,m]
```

Der Aufruf `jdf(2012,1)` liefert das Ergebnis `[2011,13]` und der Aufruf `jdf(2012,2)` das Ergebnis `[2011,14]`. Der Januar 2012 wird dadurch zum 13. und der Februar 2012 zum 14. Monat des Jahres 2011.

Wir haben oben bereits eine einfache Möglichkeit gefunden, das julianische Datum des jeweils letzten Februartags eines beliebigen Jahres zu bestimmen. Für ein anders Tagesdatum müssen wir die seit dem 1. März vergangenen Tage bestimmen. Es wird deutlich, dass wir so der Schaltjahresproblematik aus dem Weg gegangen sind, da ein möglicher Schalttag ganz am Ende unseres umorganisierten Jahres stattfinden und somit keine anderen Daten beeinflussen kann. Um nun die in den seit dem letzten Februartag

Tab. 4.1 Abfolge der Monate

Jan	Feb	Mär	Apr	Mai	Jun	Jul	Aug	Sep	Okt	Nov	Dez	Jan	Feb
31	28/29	31	30	31	30	31	31	30	31	30	31	31	28/29
		31	30	31	30	31	31	30	31	30	31		
kum. Tage		0	31	61	92	122	153	184	214	245	275	306	337

vergangenen vollständigen Monaten enthaltenen Tage ermitteln zu können, bedienen wir uns wieder des Abrunden-Tricks: Summiert man die Tage von März bis Januar (je einschließlich), so erhält man 337 Tage für diese elf Monate, daraus errechnen wir eine durchschnittliche Monatslänge von 30,636.363… Tagen. Ein genäherter Durchschnittswert von 30,61 Tagen sorgt in Verbindung mit der Abrunden-Funktion dafür, dass für jeden weiteren vollständig absolvierten Monat die seit Februarende korrekte Anzahl an Tagen ermittelt wird:

```
jdm(m):=floor(30.61*(m+1))-122
```

Ruft man diese Funktion mit den Monatszahlen von 3 bis 14 auf …

```
map(jdm,[3,4,5,6,7,8,9,10,11,12,13,14])
```

so erhält man jeweils die aufaddierten Tage, die seit Ende Februar in vollständig vergangenen Monaten verflossen sind:

```
[0,31,61,92,122,153,184,214,245,275,306,337]
```

Bei einem Datum im März – beispielsweise am 19. März – ist der März noch nicht vollständig vorbei, das Funktionsergebnis 0 somit korrekt, die im März verflossenen 19 Tage müssen separat behandelt werden. Ruft man die Funktion für ein Datum im April – bspw. den 19. April – auf, so bekommt man die 31 Tage des März korrekt geliefert und muss dazu die 19 im April vergangenen Tage addieren. Ruft man die Funktion für ein Datum im Mai auf, so werden die im März und April vergangenen 61 Tage geliefert. Schließlich und endlich müssen somit noch die Tage des laufenden Monats addiert werden, dies ist ganz einfach das Tagesdatum.

Die Uhrzeit wird als Nachkommaanteil mit einbezogen. Dabei ist eine Stunde 1/24, eine Minute 1/1440 und eine Sekunde 1/86400 eines Tages.

Die nachfolgende Funktion `julday()` zur Berechnung des julianischen Datums unterscheidet sich in ihrer Struktur wesentlich von allen bisher erstellten Maxima-Funktionen, da zur Ermittlung des Funktionsergebnisses erstmals mehr als eine Anweisung benötigt wird. Ist dies der Fall, so müssen alle benötigten Anweisungen in ein `block()`-Statement eingeschlossen und durch Kommata voneinander getrennt werden.

```
julday(year,m,day,h,min,sec):=block(
[year,m]:jdf(year,m),
(jdy(year)+jdm(m)+day+h/24+min/1440+sec/86400))
```

Das julianische Datum des 19. Januar 2020 um 11:34:32 Uhr wird mit dieser Funktion problemlos ermittelt. Der Aufruf

```
jd:julday(2020,1,19,11,34,32)
```

liefert das Ergebnis 2458867.982314815. Allerdings liefert diese Funktion aufgrund der oben beschriebenen Einschränkungen nur im Intervall vom 1. März 1900 bis zum 28. Februar 2100 korrekte Daten.

4.3   Die GPS-Zeit

Die GPS-Zeit startete am Samstag, den 5. Januar 1980 um 24:00:00, bzw. am Sonntag, den 6. Januar 1980 um 0:00:00 Uhr, oder – als julianisches Datum ausgedrückt – zum Zeitpunkt 2.444.244,5. Für die GPS-Zeit zählt man fortlaufend die Wochen und innerhalb der Woche die seit Wochenbeginn vergangenen Sekunden. Der Sekundenzähler beginnt immer um Mitternacht zwischen Samstag und Sonntag zu laufen und zählt dann innerhalb einer Woche auf $7 \cdot 24 \cdot 3600 = 604.800$ s.

Die seit dem Start der GPS-Zeit verstrichenen Wochen lassen sich einfach errechnen, indem man vom julianischen Datum des aktuellen Tages das julianische Datum des Startzeitpunkts subtrahiert, die erhaltene Anzahl der seither verstrichenen Tage durch 7 dividiert und den Quotienten abrundet:

```
gps_week(jd):=floor((jd-2444244.5)/7)
```

Der Aufruf

```
gps_week(2458867.982314815)
```

mit dem julianischen Datum des 19. Januar 2020 um 11:34:32 Uhr liefert die GPS-Woche 2089.

Um herauszufinden, an welcher Sekunde man sich innerhalb der Woche befindet, muss man den Wochentag bzw. die Anzahl der seit Sa./So.-Nacht verstrichenen ganzen Tage kennen und den Bruchteil des aktuellen Tages, welcher in der Nachkommastelle des julianischen Datums zum Ausdruck kommt.

Den Wochentag findet man, indem man die Anzahl der seit dem 6. Januar 1980 ($= 2.444.244,5$) verstrichenen ganzen Tage modulo 7 berechnet. Da der 6. Januar 1980 ein Sonntag war, werden durch die dargestellte Rechnung die Wochentage von Sonntag $= 0$ bis Samstag $= 6$ durchnummeriert:

```
wotag(jd):=mod(floor(jd-2444244.5),7)
```

Der Bruchteil des laufenden Tages kommt in der Nachkommastelle des julianischen Datums zum Ausdruck. Da das julianische Datum bereits um 12 Uhr mittags wechselt, die Sekunden der GPS-Zeit aber immer um Mitternacht zwischen Samstag und Sonntag zu laufen beginnen, addieren wir zum julianischen Datum 0,5. Damit haben wir den

Tageswechsel des julianischen Datums ebenfalls auf Mitternacht verschoben. Von dieser Summe nehmen wir die Nachkommastelle, die damit den Tagesbruchteil angibt, der seit Mitternacht verstrichen ist. Diesen Tagesbruchteil addieren wir zur Anzahl der seit Sa./ So.-Nacht verstrichenen ganzen Tage – die wir als Wochentag bestimmt haben – und multiplizieren das Ganze mit 86.400, der Anzahl der Sekunden eines Tages:

```
sow(jd):=block(
[tbt],
tbt:mod(jd+0.5,1),
round((tbt+wotag(jd))*86400))
```

Eine Anmerkung verdient noch die erste Zeile nach dem Funktionskopf mit dem in eckigen Klammern eingeschlossenen Variablennamen *tbt*. Hierbei handelt es sich um eine lokale Variable, die nur innerhalb der Funktion sichtbar ist. Die Deklaration aller innerhalb einer Funktion verwendeten Variablen als lokale Variablen ist nötig, um nicht unabsichtlich Werte gleichnamiger globaler Variablen zu überschreiben.

Insgesamt ermittelt die Funktion gps_time(jd) aus dem übergebenen julianischen Datum die zugehörige GPS-Zeit als geordnetes Paar mit Wochenzahl und der in dieser Woche verstrichenen Sekunden:

```
gps_time(jd):=[gps_week(jd),sow(jd)]
```

Der Aufruf

```
gps_time(2458867.982314815)
```

liefert

```
[2089,41672]
```

als Ergebnis. Der 19. Januar 2020 um 11:34:32 lag somit in der 2089. Woche seit Einführung der GPS-Zeit am 6. Januar 1980 und in dieser Woche waren bis zum angegebenen Zeitpunkt 41.672 s verflossen. Bei unseren nachfolgenden Positionsbestimmungen wird insbesondere die Sekundenangabe innerhalb der Woche als *second of week (sow)* eine Rolle spielen.

Datenübertragung und Entfernungsbestimmung

5

Jeder Satellit sendet fortlaufend einen Datenstrom mit den zur Entfernungsbestimmung benötigten Daten aus. Von besonderem Interesse sind für uns die Ephemeriden- und Almanach-Daten, aus denen wir die Position der Satelliten berechnen werden. Darüber hinaus enthält jede Nachricht die Nummer des aussendenden Satelliten und natürlich die Angabe des Zeitpunkts, zu dem die Nachricht ausgesandt wurde. Da eine exakte Zeit-messung von besonderer Bedeutung für die Positionsbestimmung ist, werden – ebenfalls für uns relevant – verschiedene Parameter zur Korrektur der Zeitangabe übermittelt. Alle Daten werden digital als Folge von Einsen und Nullen gesendet. Dabei kommt diesem Datenstrom nicht nur die Aufgabe der Informationsübertragung zu, vielmehr kann aus der Signallaufzeit auch die Entfernung des Satelliten bestimmt werden. Nachrichten-technisch ist interessant, dass alle Satelliten auf ein und derselben Frequenz senden.

5.1 Datenstrom von den Satelliten

Im Datenstrom der Satelliten ist die darin übertragene Information binär codiert. Es handelt sich somit um einen kontinuierlichen Bitstrom aus Einsen und Nullen. Für die Übermittlung aller für den Empfänger relevanten Daten werden insgesamt 37.500 Bits benötigt. Bei einer Übertragungsrate von 50 Bits/s dauert die gesamte Übertragung einer kompletten Nachricht somit 12,5 min. Unterteilt ist die gesamte Nachricht in 25 Rahmen *(frames)* von jeweils 1500 Bits, die Übertragung eines Rahmens benötigt daher 30 s. Ein jeder dieser Rahmen ist seinerseits in fünf Unterrahmen *(subframes)* von 300 Bits mit einer Übertragungsdauer von je 6 s strukturiert. Schließlich ist jeder Unterrahmen in zehn Worte *(words)* zu je 30 Bits unterteilt, deren Übertragung 0,6 s benötigt. Die ersten beiden Worte eines jeden Subframes sind das *telemetry word* (TLM) und das *handover word* (HOW), die restlichen acht Worte enthalten die eigentlichen Daten. Die korrekte Übertragung eines

H. Albrecht, *Geometrie und GPS,* Mathematik Primarstufe und Sekundarstufe I + II, https://doi.org/10.1007/978-3-662-64871-1_5

jeden Worts ist durch sechs Paritätsbits an deren jeweiligem Ende abgesichert, sodass nur 24 Bits pro Wort für die Übertragung von Nutzdaten zur Verfügung stehen. Der Aufbau einer kompletten Satellitennachricht ist in Abb. 5.2 schematisch dargestellt.

Der Datenstrom von den Satelliten zu den Empfängern dient jedoch nicht nur der Übermittlung von numerischen Werten allein, er liefert dem Empfänger vielmehr ganz wesentliche Zeitinformationen! Die Aussendung der Daten ist nämlich in allen Satelliten exakt auf die GPS-Zeit synchronisiert: Genau zum Beginn der GPS-Woche um 0:00:00 Uhr zwischen Samstag und Sonntag beginnt bitgenau die Aussendung des ersten Rahmens der zu übertragenden Nachricht! Um 0:12:30 Uhr beginnt die Aussendung des ersten Rahmens der zweiten Nachricht usw.

Da die Nachricht in 25 Rahmen mit einer Übertragungsdauer von jeweils 30 s aufgeteilt ist, beginnt die Aussendung des ersten Rahmens der ersten Nachricht ebenfalls um 0:00:00 Uhr. Die Aussendung des zweiten Rahmens beginnt um 0:00:30 Uhr, die des dritten um 0:01:00 Uhr usw.

Jeder Rahmen ist seinerseits in fünf Unterrahmen mit einer Übertragungsdauer von 6 s unterteilt. Der erste Unterrahmen wird ebenfalls um 0:00:00 Uhr ausgesendet, der zweite folgt um 0:00:06 Uhr, der dritte um 0:00:12 Uhr usw.

Damit geben die Zeitpunkte, zu denen mit dem Senden der Rahmen und Unterrahmen begonnen wird, einen groben Zeittakt für den Empfänger vor. Tatsächlich trägt jeder Unterrahmen einen Zeitstempel, aus welchem der Empfänger die Sendezeit auf 6 s genau bestimmen kann.

Diese Kopplung von Daten mit einer Zeitangabe war einst auch im Rundfunk üblich. Noch heute werden die Nachrichten in aller Regel zur vollen Stunde ausgesendet. Früher war es gang und gäbe, exakt parallel zu den letzten Sekunden der vorausgehenden Stunde ein Tonsignal auszusenden: „piep – piep – piep – piiiiep". Das letzte Tonsignal war etwas länger und der Nachrichtensprecher begann seinen Beitrag immer mit den Worten: „Beim Beginn des letzten Zeitzeichens war es exakt xx Uhr." Damit konnte man seine Uhren in der Wohnung überprüfen und ggf. nachstellen. Bis zur nächsten Nachrichtensendung war man dann auf die Gangtreue dieser Uhren angewiesen. Auch heute hört man auf manchen Sendern vor den stündlichen Nachrichten noch das Zeitsignal – allerdings ohne weitere Hinweise.

Ein GPS-Empfänger bekommt bereits nach 6 s wieder eine neue Zeitmarke. Im dazwischenliegenden Zeitraum behilft er sich über die Zeitdauer eines Bits. Bei 50 Bits/s dauert ein Bit genau 20 ms, der Empfänger verfügt daher aus der Auswertung des Bitstroms über eine auf 20 ms genaue Uhrzeit. Dieses Zeitraster ist allerdings noch viel zu grob, da eine elektromagnetische Welle in dieser Zeitspanne rund 6000 km zurücklegt. Die Zeitdauer, die für das Senden bzw. Empfangen eines kompletten C/A-Codes benötigt wird, beträgt genau 1 ms. Damit erhöht sich die Positionsgenauigkeit bereits auf 300 km. Die Übertragung eines Chips des C/A-Codes benötigt $1,023 \cdot 10^{-6}$ s und damit 1,023 ms, dies steigert die Genauigkeit auf 300 m. Ist der Empfänger gar in der Lage, die Zeitdauer für eine Schwingung der Trägerwelle aufzulösen, dann ist eine Messung auf etwa 20 cm genau möglich.

5.1.1   TLM und HOW

Die Unterrahmen sind, wie erwähnt, zur Bestimmung der Uhrzeit für den Empfänger wesentlich. Der Beginn eines jeden Unterrahmens muss daher vom Empfänger eindeutig identifiziert werden können. Dafür dienen das *telemetry word* (TLM) sowie das *handover word* (HOW) am Anfang eines jeden Unterrahmens. Sie ermöglichen dem Empfänger die Synchronisation des Datenstroms und die korrekte Zuordnung der jeweiligen Unterrahmen. Außerdem ist die Aussendezeit des nächstfolgenden Unterrahmens enthalten. Der schematische Aufbau der ersten beiden Worte eines Unterrahmens in Abb. 5.1 ist dem *user interface* entnommen.

Am Anfang des TLM und damit am Anfang eines jeden Unterrahmens steht eine Präambel von acht Bits in der Folge 10001011. Dies ist quasi das Erkennungsmerkmal eines jeden Unterrahmens. Da dieses Bitmuster jedoch auch noch an anderer Stelle inmitten des Datenstroms vorkommen kann, muss dieser noch nach weiteren signifikanten Stellen abgesucht werden. So stehen beispielsweise am Ende des HOW und damit 51 und 52 Bits nach dem Ende der Präambel die letzten beiden Bits immer auf null. Auch die beiden der Präambel vorausgehenden Bits müssen zwei Nullbits sein, da jeder Unterrahmen auf zwei Nullbits endet. Genau 292 Bits nach dem (vermeintlichen) Präambelmuster muss dasselbe Muster als Präambel des nächsten Unterrahmens wieder erscheinen.

Die ersten 17 Bits des HOW enthalten eine Zeitangabe, die ebenfalls auf Plausibilität überprüft wird. Waren alle Überprüfungen erfolgreich, so ist der Empfänger auf den Datenstrom

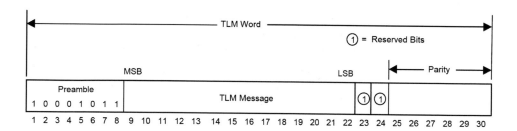

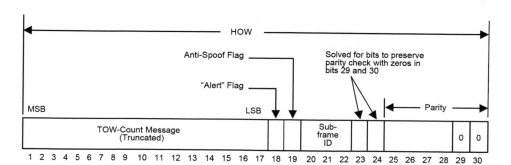

Abb. 5.1   TLM und HOW. (Quelle: *user interface*)

synchronisiert und kann aus diesem die enthaltenen Daten extrahieren. Welcher der fünf Unterrahmen gerade übertragen wird, kann er den Bits 20 bis 22 des HOW entnehmen.

Mit den 17 Bits der Zeitangabe im HOW können Werte von 0 bis 131 071 dargestellt werden. Tatsächlich handelt es sich um einen Zähler, der von 0 bis 100 799 zählt und bei jeder Aussendung eines Unterrahmens um eins inkrementiert wird. Mit diesem Zähler werden somit alle seit dem Wochenbeginn ausgesandten Unterrahmen fortlaufend durchnummeriert. Bei einer Datenrate von 50 Bits/s und einer Unterframelänge von 300 Bits dauert die Übertragung eines Unterrahmens – wie bereits erwähnt – genau 6 s. Multipliziert man daher den Zählerstand mit sechs, so erhält man die seit Wochenbeginn verstrichenen Sekunden und damit den Sendezeitpunkt des ersten Bits des folgenden Unterrahmens, angegeben in der Satellitenzeit.

Diese Zeitangabe wurde von früheren Empfängern benötigt, um den weitaus komplexeren P-Code synchronisieren zu können. Diese Zeitinformation konnte nach erfolgter C/A-Code-Synchronisierung ausgelesen und zur Decodierung des P-Codes an die dafür zuständige Elektronik „weitergegeben" werden. Daraus leitet sich auch der Name *handover word* (Übergabewort) ab. Heute können allerdings Empfänger direkt auf den P-Code synchronisieren.

5.1.2   Rahmen und Unterrahmen

Wie bereits erwähnt, sind die von den einzelnen Satelliten ausgesandten Daten in 25 Rahmen und diese wiederum in jeweils fünf Unterrahmen aufgeteilt.

Die Unterrahmen eins bis drei sind in allen 25 Rahmen gleich aufgebaut: Unterrahmen eins enthält Angaben zur Uhrzeit und zur Genauigkeit der übermittelten Satellitendaten. In den Unterrahmen zwei und drei eines jeden der 25 Rahmen sind die Ephemeridendaten des sendenden Satelliten in steter Wiederholung enthalten. Bei einer Unterrahmengröße von 300 Bits hat der Empfänger somit bereits nach 18 s die nötigen Angaben erhalten, um die Position des empfangenen Satelliten exakt berechnen zu können.

Die Unterrahmen vier und fünf enthalten je nach Rahmen, in dem sie verortet sind, unterschiedliche Daten. Ohne näher auf die umfangreichen Details einzugehen, handelt es sich hierbei vor allem um eine Sammlung der Ephemeriden aller Satelliten in etwas geringerer Genauigkeit, den sogenannten Almanach. Für den kompletten Almanach muss der Empfänger somit alle 25 Rahmen vollständig empfangen haben. War ein Empfänger längere Zeit ausgeschaltet, so kann es in ungünstigen Fällen 12,5 min dauern, bis der Almanach komplett empfangen wurde und eine Positionsbestimmung möglich ist. Einen Überblick über die in der Satellitennachricht enthaltenen Elemente bietet Abb. 5.2. Eine detaillierte und erschöpfende Darstellung der Datenverortung in den Rahmen und Unterrahmen findet sich auf den speziell zum GPS eingerichteten Seiten der US-Regierung[1] und im *user interface*.

---

[1] https://www.gps.gov/technical/ (letzter Aufruf: 31.10.2021).

	300 Bits	300 Bits	300 Bits	300 Bits	300 Bits	
	6 Sekunden	6 Sekunden	6 Sekunden	6 Sekunden	6 Sekunden	
Frame:	**Subframe 1**	**Subframe 2**	**Subframe 3**	**Subframe 4**	**Subframe 5**	
1:	GPS-Woche, Status, a_{f0}–a_{f2}	Ephemeriden 1	Ephemeriden 2	reserviert	Almanach SV 1	
2:	GPS-Woche, Status, a_{f0}–a_{f2}	Ephemeriden 1	Ephemeriden 2	Almanach SV 25	Almanach SV 2	
3:	GPS-Woche, Status, a_{f0}–a_{f2}	Ephemeriden 1	Ephemeriden 2	Almanach SV 26	Almanach SV 3	
4:	GPS-Woche, Status, a_{f0}–a_{f2}	Ephemeriden 1	Ephemeriden 2	Almanach SV 27	Almanach SV 4	
5:	GPS-Woche, Status, a_{f0}–a_{f2}	Ephemeriden 1	Ephemeriden 2	Almanach SV 28	Almanach SV 5	
6:	GPS-Woche, Status, a_{f0}–a_{f2}	Ephemeriden 1	Ephemeriden 2	reserviert	Almanach SV 6	
7:	GPS-Woche, Status, a_{f0}–a_{f2}	Ephemeriden 1	Ephemeriden 2	Almanach SV 29	Almanach SV 7	
8:	GPS-Woche, Status, a_{f0}–a_{f2}	Ephemeriden 1	Ephemeriden 2	Almanach SV 30	Almanach SV 8	
9:	GPS-Woche, Status, a_{f0}–a_{f2}	Ephemeriden 1	Ephemeriden 2	Almanach SV 31	Almanach SV 9	
10:	GPS-Woche, Status, a_{f0}–a_{f2}	Ephemeriden 1	Ephemeriden 2	Almanach SV 32	Almanach SV 10	
11:	GPS-Woche, Status, a_{f0}–a_{f2}	Ephemeriden 1	Ephemeriden 2	reserviert	Almanach SV 11	
12:	GPS-Woche, Status, a_{f0}–a_{f2}	Ephemeriden 1	Ephemeriden 2	reserviert	Almanach SV 12	12,5 Minuten
13:	GPS-Woche, Status, a_{f0}–a_{f2}	Ephemeriden 1	Ephemeriden 2	ERD01 – ERD30	Almanach SV 13	
14:	GPS-Woche, Status, a_{f0}–a_{f2}	Ephemeriden 1	Ephemeriden 2	reserviert	Almanach SV 14	
15:	GPS-Woche, Status, a_{f0}–a_{f2}	Ephemeriden 1	Ephemeriden 2	reserviert	Almanach SV 15	
16:	GPS-Woche, Status, a_{f0}–a_{f2}	Ephemeriden 1	Ephemeriden 2	reserviert	Almanach SV 16	
17:	GPS-Woche, Status, a_{f0}–a_{f2}	Ephemeriden 1	Ephemeriden 2	reserviert	Almanach SV 17	
18:	GPS-Woche, Status, a_{f0}–a_{f2}	Ephemeriden 1	Ephemeriden 2	α_0–α_3, β_0–β_3, A_0, A_1	Almanach SV 18	
19:	GPS-Woche, Status, a_{f0}–a_{f2}	Ephemeriden 1	Ephemeriden 2	reserviert	Almanach SV 19	
20:	GPS-Woche, Status, a_{f0}–a_{f2}	Ephemeriden 1	Ephemeriden 2	reserviert	Almanach SV 20	
21:	GPS-Woche, Status, a_{f0}–a_{f2}	Ephemeriden 1	Ephemeriden 2	reserviert	Almanach SV 21	
22:	GPS-Woche, Status, a_{f0}–a_{f2}	Ephemeriden 1	Ephemeriden 2	reserviert	Almanach SV 22	
23:	GPS-Woche, Status, a_{f0}–a_{f2}	Ephemeriden 1	Ephemeriden 2	reserviert	Almanach SV 23	
24:	GPS-Woche, Status, a_{f0}–a_{f2}	Ephemeriden 1	Ephemeriden 2	reserviert	Almanach SV 24	
25:	GPS-Woche, Status, a_{f0}–a_{f2}	Ephemeriden 1	Ephemeriden 2	spoof SV1–32, health SV25–32	health SV1–24, Almanach Zeit	

← ———————————— 30 Sekunden ———————————— →

Abb. 5.2 Aufbau einer Satellitennachricht

Ein großer Teil der Daten, die von den Satelliten ausgesandt werden, so zum Beispiel die Ephemeriden und der Almanach, wird den Satelliten von der Bodenstation, dem *Control Segment,* zur Verfügung gestellt. In der Regel findet ein solcher Datenupload alle 24 Stunden statt, wobei vorsichtshalber nicht nur die Daten für den nächsten Tag, sondern für eine größere Zeitspanne von bis zu 60 Tagen hochgeladen werden. Die täglichen Updates enthalten insbesondere die Ephemeriden, während der Almanach in der Regel ein wöchentliches Update erhält.

5.2   Code-Multiplex-Verfahren

Bei den Satelliten handelt es sich aus der Sicht eines Empfängers um Radiosender, welche die Erde auf elliptischen Bahnen umkreisen. Das Bitmuster der Satellitennachricht wird auf elektromagnetische Wellen aufmoduliert, die von den Satelliten ausgestrahlt werden.

Die Daten für die üblichen zivilen Geräte werden von allen Satelliten auf der genannten L1-Frequenz ausgesandt und es stellt sich die Frage, wie denn die verschiedenen Daten aller Satelliten auf einer einzigen Frequenz transportiert werden, um sie bei den Empfängern wieder zweifelsfrei den jeweiligen Sendern zuordnen zu können. Der Schlüssel hierfür ist das Code-Multiplex-Verfahren. Dieses Verfahren *(code division multiple access,* CDMA*)* ermöglicht die gleichzeitige Übertragung mehrerer verschiedener Nutzdaten auf ein und derselben Frequenz.

Bei der nachfolgenden Schilderung der hierfür notwendigen Verfahren wird deutlich, welcher technische Aufwand betrieben wird, um die auf ein und derselben Frequenz übertragenen Daten aller Satelliten voneinander zu trennen. Dieser Aufwand kann deutlich minimiert werden, wenn der Empfänger beim Wiedereinschalten „weiß" – bzw. aus dem gespeicherten Almanach berechnen kann –, von welchen Satelliten er im Moment überhaupt Daten empfangen kann. Alle für ihn nicht sichtbaren Satelliten kann er damit aus dem Datenempfang ausnehmen und so schneller Ergebnisse liefern. Dies werden wir an späterer Stelle wieder aufgreifen.

5.3   Generierung des PRN-Codes

Beim CDMA-Verfahren wird die Bitfolge der eigentlichen Daten in einer relativ niedrigen Frequenz mit einer höherfrequenten pseudozufälligen Folge aus Einsen und Nullen (sog. Chips[2]), dem C/A-Code, überlagert.

---

[2] Da diese zufällige 0-1-Folge keine Daten überträgt, verwendet man für eine Einheit nicht den Begriff Bit, sondern spricht von Chips.

Bei der Übertragung der GPS-Signale verwendet man eine Frequenz von 50 Hz für die Codierung der eigentlichen Daten. Ein Datenbit benötigt somit für seine Übertragung 1/50 s bzw. 20 ms. Der Pseudocode ist eine zufällig wirkende Folge aus 1023 Einsen und Nullen, der mit einer Frequenz von 1,023 MHz gesendet wird. Die 1023 Chips des Pseudocodes werden somit in 1 ms abgearbeitet und fortlaufend wiederholt. Man kann leicht errechnen, dass während der Übertragungsdauer eines Datenbits der Pseudocode mit seinen 1023 Chips insgesamt 20-mal gesendet wird. Dem Datensignal ist also ein Erkennungsmerkmal aufgeprägt, durch welches vom Empfänger die Daten wieder dem jeweiligen sendenden Satelliten zugeordnet werden können.

Damit dies geschehen kann, darf der Pseudocode der einzelnen Satelliten nicht wirklich zufällig sein. Er muss vielmehr auch vom Empfänger problemlos reproduziert werden können, damit die notwendige Zuordnung der Daten zu den Satelliten tatsächlich erfolgen kann.

Um verschiedene Folgen aus 1023 Einsen und Nullen zu erzeugen, gibt es 2^{1023} Möglichkeiten. Nur eine ganz spezielle Auswahl dieser Möglichkeiten wird verwendet: zum einen, weil – wie eben erwähnt – der zufällige Code auch vom Empfänger sicher reproduziert werden können muss. Zum anderen müssen die einzelnen Codes, die ja alle auf derselben Frequenz beim Empfänger eintreffen, von diesem aus dem Signalwirrwarr wieder sicher isoliert und zugeordnet werden können. Dies geschieht mithilfe der Autokorrelation, von der weiter unten die Rede sein wird. Diese Autokorrelation funktioniert allerdings nur, wenn die verwendeten Codes untereinander nur sehr geringe Korrelationen haben. Dies bedeutet letztlich, dass sie sich in ihren Eins-Null-Mustern möglichst stark voneinander unterscheiden müssen. Solche Folgen wurden 1967 von Robert Gold entwickelt, sie sind seither als *Gold-Codes* oder *Gold-Sequenzen* bekannt.

Die Generierung solcher pseudozufälliger Gold-Codes ist ungemein interessant, sie soll deshalb nachfolgend erläutert und in Maxima simuliert werden.

5.3.1 Erzeugung von Gold-Codes

Man verwendet für die Generierung linear rückgekoppelte Schieberegister *(linear feedback shift register, LFSR)*. Ein solches Schieberegister stellt man sich zunächst am besten als eine Zimmerflucht vor, in der man von einem Zimmer in das jeweils nächstfolgende gelangen kann. In jedem Zimmer befinde sich eine Person und auf Kommando geht jede Person genau ein Zimmer weiter. Die Person im letzten Zimmer verlässt die Zimmerflucht, dafür tritt eine neue Person in das erste Zimmer ein. In einem tatsächlichen Schieberegister sind die Zimmer kleine Speicherzellen, die jeweils eine Eins oder eine Null enthalten können, und diese Einsen und Nullen laufen taktgesteuert im Gänsemarsch durch das Schieberegister durch. Um den PRN-Code für die GPS-Daten zu erhalten, verwendet man Schieberegister mit zehn linear angeordneten Speicherzellen.

Diese Schieberegister sind *rückgekoppelt.* Dies bedeutet, dass der Zustand des bei jedem Takt in die erste Speicherstelle eintretenden Chips (also ob eine Eins oder eine Null eingeschoben wird) von der aktuellen Situation – dem momentanen Eins-Null-Muster – im Register abhängt. Wir verdeutlichen diesen Vorgang zunächst am einfach aufgebauten G1-Schieberegister, so wie es im GPS verwendet wird. Dieses ist in Abb. 5.3 dargestellt.

Das G1-Register hat zehn Zellen, die mit einer (beliebigen) Abfolge von Nullen und Einsen gefüllt seien. Mit dem nächsten Taktkommando wird die in Zelle 10 enthaltene Null als Output ausgegeben. Gleichzeitig werden die jetzigen Inhalte der Zellen 3 (eine Null) und 10 (ebenfalls eine Null) per XOR verknüpft – was in diesem Fall ebenfalls null ergibt – und diese Null als neuer Wert in die frei werdende Zelle 1 geschrieben.

Die Verknüpfung XOR steht für die logische *Kontravalenz,* welche umgangssprachlich als *entweder – oder* ausgedrückt wird. Eine Kontravalenz ist genau dann wahr, wenn beide durch sie verknüpften Aussagen unterschiedliche Wahrheitswerte haben. Dies kommt in der zugehörigen Wahrheitswertetafel in Tab. 5.1 zum Ausdruck.

Da Maxima nur die logischen Junktoren *and* ($\wedge$), *or* ($\vee$) und *not* ($\neg$) enthält, muss die XOR-Verknüpfung nachgebildet werden. Dies kann durch eine Verknüpfung der vorhandenen Junktoren in der Form $(a \vee b) \wedge \neg(a \wedge b)$ geschehen. Einfacher geschieht jedoch die konkrete Realisierung, wenn man die zu verknüpfenden Wahrheitswerte 0 bzw. 1 addiert und den Rest dieser Summe modulo 2 ermittelt.

Da die Ausgabe des Registers streng deterministisch ist und vollständig von seinem momentanen Zustand abhängt, das Register jedoch gleichzeitig nur eine endliche Anzahl an Zuständen hat, muss es zwangsläufig irgendwann wieder bei seinem Startwert ankommen. Ab diesem Zeitpunkt wiederholt sich die Ausgabesequenz, das Register

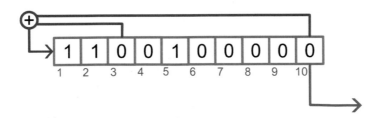

Abb. 5.3 Aufbau das G1-Schieberegisters

	a	b	XOR
Tab. 5.1 Exklusive ODER-Verknüpfung	0	0	0
	0	1	1
	1	0	1
	1	1	0

befindet sich in einem Wiederholzyklus. Im GPS sind die Regeln so gewählt, dass immer die maximale Anzahl bei zehn Registerzellen, nämlich genau 1023 Zustände möglich sind. Dies lässt sich mit einer noch zu erstellenden Maxima-Funktion einfach überprüfen: Wenn man sie in einer Schleife 1023-mal aufruft und danach den Inhalt des G1-Registers anzeigen lässt, dann wird dieses wieder genau auf seinem Ausgangsstatus stehen.

Damit ist das Prinzip der Erzeugung einer Pseudozufallsfolge mithilfe eines rückgekoppelten linearen Schieberegisters anschaulich beschrieben. Für den Zweck der GPS-Datenübertragung reicht diese einfache Generierung allerdings nicht aus, da mit dem dargestellten Schieberegister G1 immer nur dieselbe Zufallsfolge erzeugt werden kann.

Um für jeden Satelliten eine eindeutige Zufallsfolge zu erhalten, wird ein zweites Register G2 verwendet. Dieses ist mit seinen zehn Zellen prinzipiell genauso aufgebaut wie das Register G1, der Unterschied liegt jedoch in seiner Beschaltung. Der Rückkopplungswert wird nun nicht wie im G1-Register aus den Zellen 3 und 10 bestimmt, sondern aus den Zellen 2, 3, 6, 8, 9 und 10 errechnet. Dies geschieht wiederum mit einem logischen XOR, ersatzweise summieren wir die Inhalte modulo 2 auf.

Die eigentliche Differenzierung und Zuordnung der erzeugten Muster zu den einzelnen Satelliten erfolgt durch die gezielte Wahl der Ergebniszellen. Im G2-Register ist nicht der aus der zehnten Zelle herausfallende Wert das Ergebnis, vielmehr werden die Inhalte zweier bestimmter Zellen durch ein logisches XOR verbunden und das Ergebnis dieser Operation ist der Ausgabewert des G2-Registers.

In Abb. 5.4 werden die Inhalte der Zellen 2 und 6 für die Gewinnung des Ausgabewerts herangezogen. Die Wahl dieser Zellen ist für jeden Satelliten eine andere, die festgelegten Zuordnungen sind in Tab. 5.2 aufgeführt.

Mit dieser Zuordnung ist es jedem Empfänger möglich, die PRN-Codes aller Satelliten zu erzeugen und damit die erhaltenen Daten dem jeweiligen Sender zuzuordnen.

Für die Generierung des PRN-Codes werden beide Register G1 und G2 gekoppelt, indem die Outputs beider Register per XOR miteinander verknüpft werden. Die Zusammenschaltung beider Register zur Generierung des PRN-Codes für den Satelliten SV 1 ist in Abb. 5.5 dargestellt.

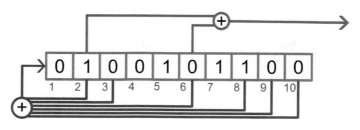

Abb. 5.4 Aufbau des G2-Schieberegisters

Tab. 5.2 Zuordnung der Ausgabezellen des G2-Registers zu den verschiedenen Satelliten

SV	1	2	3	4	5	6	7	8
	2, 6	3, 7	4, 8	5, 9	1, 9	2, 10	1, 8	2, 9
SV	9	10	11	12	13	14	15	16
	3, 10	2, 3	3, 4	5, 6	6, 7	7, 8	8, 9	9, 10
SV	17	18	19	20	21	22	23	24
	1, 4	2, 5	3, 6	4, 7	5, 8	6, 9	1, 3	4, 6
SV	25	26	27	28	29	30	31	32
	5, 7	6, 8	7, 9	8, 10	1, 6	2, 7	3, 8	4, 9

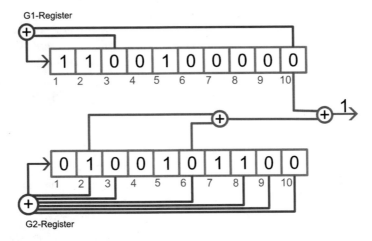

Abb. 5.5 Generierung des PRN-Codes für den Satelliten SV 1

5.3.2 Simulation in Maxima

5.3.2.1 Simulation des G1-Registers

Der oben dargestellte Prozess der Generierung von Gold-Sequenzen kann in Maxima relativ einfach nachgebildet werden. Zunächst soll es darum gehen, die Vorgänge im G1-Register nachzubilden. Dazu erstellen wir als Abbild des G1-Registers zunächst eine globale Liste mit einer willkürlichen Folge aus Einsen und Nullen:

```
G1:[1,1,0,0,1,0,0,0,0,0]
```

In jedem Takt werden die Inhalte dieses Registers jeweils um eine Stelle nach rechts verschoben. Der auf der rechten Seite herausfallende Wert ist das Ergebnis des Schiebevorgangs. Der Wert, der auf der linken Seite eingefügt wird, ergibt sich aus der

XOR-Verknüpfung der Inhalte der Zellen 3 und 10. Diese XOR-Verknüpfung kann einfach durch eine Addition modulo 2 nachgebildet werden. Die Maxima-Anweisung

```
input:mod(G1[3]+G1[10],2)
```

ermittelt diesen einzufügenden Wert und weist ihn der Variablen `input` zu. Das Ergebnis des Schiebens ist der in Zelle 10 befindliche Wert:

```
erg:G1[10]
```

Mit der Funktion `push()` kann in Maxima ein Element an die erste Stelle einer Liste eingefügt werden

```
push(input,G1)
```

und die Funktion

```
G1:rest(G1,-1)
```

entnimmt der Liste das letzte Element. Die Abfolge der aufgeführten Maxima-Befehle führt damit eine regelgerechte Verschiebung im G1-Register durch. Sie werden in der Funktion `shift_G1()` zusammengefasst.

```
shift_G1():=block(
[input,erg],
input:mod(G1[3]+G1[10],2),
erg:G1[10],
push(input,G1),
G1:rest(G1,-1),
erg)
```

Diese Funktion benötigt keine Aufrufparameter, das Funktionsergebnis ist der aus Zelle 10 hinausgeschobene Wert. Bei jedem Aufruf werden die Registerinhalte um eine Stelle nach rechts geschoben. Ein mehrfaches Schieben kann in einer Schleife simuliert werden:

```
for i:1 thru 10 do (shift_G1(),print(G1))
[0,1,1,0,0,1,0,0,0,0]
[1,0,1,1,0,0,1,0,0,0]
[1,1,0,1,1,0,0,1,0,0]
[0,1,1,0,1,1,0,0,1,0]
[1,0,1,1,0,1,1,0,0,1]
[0,1,0,1,1,0,1,1,0,0]
[0,0,1,0,1,1,0,1,1,0]
[1,0,0,1,0,1,1,0,1,1]
```

```
[1,1,0,0,1,0,1,1,0,1]
[1,1,1,0,0,1,0,1,1,0]
```

Damit können wir leicht nachweisen, dass nach 1023 Schiebevorgängen das Register wieder genau in seinen Ausgangszustand zurückgekehrt ist:

```
G1
for i:1 thru 1023 do shift_G1()
G1
```

Das im ersten Schieberegister erzeugte Muster aus 1023 Chips kann durch einen Aufruf der nachfolgenden Funktion dargestellt werden:

```
make_prn1():=block(
[prn1,chip],
prn1:[],
G1:[1,1,1,1,1,1,1,1,1,1],
for i:1 thru 1023 do
(
    chip:shift_G1(),
    prn1:endcons(chip,prn1)
),
prn1)
```

Da das im ersten Register gebildete Chipmuster immer dasselbe ist, wird beim Aufruf der Funktion kein Parameter angegeben.

5.3.2.2 Simulation des G2-Registers

Durch eine leichte Abwandlung kann aus der erstellten Maxima-Funktion `shift_G1()` zur Manipulation des G1-Registers die Funktion `shift_G2()` erstellt werden. Da das Ergebnis dieser Funktion aus zwei jeweils unterschiedlichen Zellen erstellt wird, benötigt diese Funktion zwei Aufrufparameter e_1 und e_2, mit denen angegeben wird, aus welchen Zellen die Werte für das Ergebnis entnommen werden sollen. Um die Chipsequenzen für alle 32 Satelliten erzeugen zu können, ist es sinnvoll, zunächst die den Satelliten zugeordneten Ausgabezellen in einer globalen, geschachtelten Liste zu speichern:

```
SV_PRN:[[2,6],[3,7],[4,8],[5,9],[1,9],[2,10],[1,8],[2,9],
[3,10],[2,3],[3,4],[5,6],[6,7],[7,8],[8,9],[9,10],[1,4],
[2,5],[3,6],[4,7],[5,8],[6,9],[1,3],[4,6],[5,7],[6,8],
[7,9],[8,10],[1,6],[2,7],[3,8],[4,9]]
```

Dabei ist das erste Paar dem ersten Satelliten zugeordnet, das zweite Paar dem zweiten usw.

Da sich der neu einzuschiebende Wert des G2-Registers aus insgesamt sechs Zellen errechnet, wird die Anweisung zur Berechnung dieses Eingabewerts etwas umfangreicher. Die Ermittlung des Ergebnisses erfolgt über eine XOR-Verknüpfung der Inhalte genau derjenigen beiden Zellen, deren Position über die beiden Aufrufparameter der Funktion angegeben wird. Damit bekommt die Funktion shift_G2() die folgende Form:

```
shift_G2(e1,e2):=block(
[input,erg],
input:mod(G2[2]+G2[3]+G2[6]+G2[8]+G2[9]+G2[10],2),
erg:mod(G2[e1]+G2[e2],2),
push(input,G2),
G2:rest(G2,-1),
erg)
```

Man kann nun das G2-Register beliebig initialisieren

```
G2:[0,1,0,0,1,0,1,1,0,0]
```

und dieses mit jedem Aufruf von shift_G2() um einen Takt weiterschieben:

```
shift_G2(2,6)
```

Erneut kann man den Aufruf in einer Schleife durchführen und feststellen, dass nach 1023 Schiebevorgängen wieder der ursprüngliche Inhalt des Registers G2 hergestellt ist.

```
for i:1 thru 1023 do shift_G2(2,6)
```

Die Chipfolge des G2-Registers kann durch die nachfolgend dargestellte Funktion make_prn2(SV) erzeugt werden. Als Aufrufparameter wird die Nummer desjenigen Satelliten benötigt, für den dieses Chipmuster erzeugt werden soll.

```
make_prn2(SV):=block(
[e1,e2,prn2,chip],
[e1,e2]:SV_PRN[SV],
prn2:[],
G2:[1,1,1,1,1,1,1,1,1,1],
for i:1 thru 1023 do
(
    chip:shift_G2(e1,e2),
    prn2:endcons(chip,prn2)
),
prn2)
```

Interessanterweise ist das G2-Schieberegister gerade so aufgebaut, dass – unabhängig von der Wahl der Ergebniszellen – immer dieselbe zyklisch verschobene Chipfolge erzeugt wird! Die Auswahl der Ergebniszellen hat lediglich einen Einfluss darauf, um wie viele Chips die verschiedenen Sequenzen gegeneinander verschoben sind. Bei der Codelänge von 1023 Chips ist die Richtigkeit dieser Behauptung allein durch genaues Hinsehen nur sehr schwer zu erkennen. Wir werden den Beweis später führen, wenn die dafür benötigten Maxima-Funktionen vorliegen.

5.3.2.3 Erzeugung der Gold-Sequenzen

Um schließlich die aus 1023 Chips bestehenden Gold-Sequenzen erzeugen zu können, müssen beide Schiebefunktionen gemeinsam aufgerufen und ihre Ergebnisse durch ein logisches XOR verknüpft werden:

```
chip:mod(shift_G1()+shift_G2(2,6),2)
```

Dies macht man 1023-mal hintereinander und schreibt die jeweiligen Ergebnisse sukzessive in eine Liste:

```
make_prn(SV):=block(
[e1,e2,prn_liste],
[e1,e2]:SV_PRN[SV],
prn_liste:[],
G1:[1,1,1,1,1,1,1,1,1,1],
G2:[1,1,1,1,1,1,1,1,1,1],
for i:1 thru 1023 do
(
    chip:mod(shift_G1()+shift_G2(e1,e2),2),
    prn_liste:endcons(chip,prn_liste)
),
prn_liste)
```

Der Aufruf der Funktion make_prn() kann mit der jeweiligen Satellitennummer erfolgen. Beispielsweise wird nachfolgend der PRN-Code des Satelliten 1 erzeugt, dessen Generierung von den Zellen 2 und 6 des G2-Registers abhängt:

```
make_prn(1)
[1,1,0,0,1,0,0,0,0,0,1,1,1,0,0,1,0,1,0,0,1,0,0,1,1,1,1,0,0,1,0,1,0,0,0
,1,0,0,1,1,1,1,1,0,1,0,1,0,1,1,0,1,0,0,0,1,0,0,0,1,0,1,0,1,0,1,0,1,1,0
,0,1,0,0,0,1,1,1,1,0,1,0,0,1,1,
…
0,0,0,1,1,0,1,0,1,0,0,0,1,0,0,0,0,1,0,0,0,1,0,0,1,0,0,1,1,1,0,0,0,0,1,
1,1,0,0,1,0,1,0,0,0,1,0,0,0,0,0]
```

Die Chipmuster aller Satelliten sind so aufgebaut, dass jedes Muster genau 512 Einsen und 511 Nullen enthält. Mit der folgenden Funktion kann man nachzählen:

```
chipsumme(liste):=block(
[summe],
summe:0,
for i in liste do summe:summe+i,
summe)
```

Der Aufruf

```
for i:1 thru 32 do print(i,chipsumme(make_prn(i)))
```

überprüft die Chipsumme aller PRN-Sequenzen.

5.3.2.4 Überprüfung der erzeugten Gold-Sequenzen

Ob unsere selbst erstellten Funktionen auch tatsächlich die korrekten, im GPS verwendeten Chipfolgen erzeugen, können wir überprüfen, indem die ersten zehn Chips ins Oktalsystem umgerechnet werden. Laut dem *user interface* erfolgt die Umrechnung derart, dass der erste Chipwert – dies ist bei allen Chipsequenzen immer eine Eins – auch tatsächlich als führende 1 oktal notiert wird. Die folgenden drei Triplets werden jeweils ins Oktalsystem umgerechnet und folgen als drei weitere Stellen. So ergeben beispielsweise die ersten zehn Chips der PRN-Sequenz des ersten Satelliten

1, 1,0,0, 1,0,0, 0,0,0,

den Oktalwert
   1 4 4 0.

Die korrekten Oktalwerte sind im *user interface* in Abschn. 3.2.1 in Tab. 3.1 wiedergegeben. Wer die Umwandlung ins Oktalsystem nicht von Hand durchführen will, kann hierfür die Funktion oktal() verwenden.

```
oktal(liste):=block(
[s1,s2,s3,s4],
s1:string(first(liste)),
s2:string(liste[2]*4+liste[3]*2+liste[4]),
s3:string(liste[5]*4+liste[6]*2+liste[7]),
s4:string(liste[8]*4+liste[9]*2+liste[10]),
concat(s1,s2,s3,s4))
```

Der Aufruf

```
for i:1 thru 32 do print(i,oktal(make_prn(i)))
```

überprüft schnell und komfortabel die PRN-Sequenzen aller Satelliten.

5.4   Laufzeiten feststellen durch Korrelation

Aufgrund der Entfernung eines Satelliten dauert es eine gewisse Zeit, bis dessen Signale beim Empfänger ankommen. Dies bedeutet, dass das im Empfänger eintreffende PRN-Muster um einige Stellen gegenüber dem im Empfänger generierten Signal verschoben ist. Aus der Kenntnis dieser Verschiebung lässt sich die Zeitverzögerung errechnen, um die das Signal später eintraf, und aus dieser Zeitdifferenz über die Ausbreitungsgeschwindigkeit der vom Signal zurückgelegte Weg und damit letztlich die Entfernung des Empfängers zum Satelliten. Außerdem ist die Korrelation des Satellitensignals mit dem im Empfänger generierten Muster nötig, um überhaupt die Daten aus dem ankommenden Signal wieder decodieren zu können.

Das Verfahren zur Bestimmung der Signalverschiebung heißt *Autokorrelation*. Das diesem Verfahren zugrunde liegende Prinzip wird nachfolgend dargestellt und kann ebenfalls durch Maxima-Funktionen realisiert werden. Der Übersichtlichkeit halber verwenden wir für diese Darstellung keinen vollständigen PRN-Code mit 1023 Chips, sondern beschränken uns für die prinzipielle Darstellung zunächst auf 30 Chips.

5.4.1   Das Prinzip der Autokorrelation eines Signals

Vom Satelliten empfangen wurde der nachfolgend dargestellte Code:

```
0,1,0,0,1,1,0,1,0,0,1,0,1,1,0,0,1,0,0,0,0,1,0,0,1,0,0,1,1,0
```

Der Originalcode, wie er vom Empfänger rekonstruiert wird, beginne mit der fett gedruckten Eins und laute:

```
1,0,0,1,1,0,0,1,0,0,1,1,0,1,0,0,1,0,1,1,0,0,1,0,0,0,0,1,0,0
```

Wie wir durch genaues Hinschauen und Abzählen feststellen können, eilt der vom Empfänger generierte Code dem empfangenen Satellitensignal um 24 Stellen voraus. Der Empfänger muss diese Verschiebung auf eine andere Art und Weise feststellen. Dazu „zählt" er die Einsen, die in beiden Codes übereinstimmen, also in den beiden oberen Chipfolgen direkt untereinanderstehen. In der Realität geschieht dies, indem alle untereinanderstehenden Werte multipliziert und die Produkte aufsummiert werden. Sie stimmen an insgesamt sechs Stellen überein, der Korrelationswert beträgt daher im gezeigten Beispiel sechs.

Nun verschiebt der Empfänger seine generierte Sequenz um eine Stelle nach rechts

0,**1**,0,0,1,1,0,0,1,0,0,1,1,0,1,0,0,1,0,1,1,0,0,1,0,0,0,0,1,0

und korreliert diese erneut mit dem empfangenen Satellitenmuster, indem wieder untereinanderstehende Werte multipliziert und die Produkte addiert werden.

0,1,0,0,1,1,0,1,0,0,1,0,1,1,0,0,1,0,0,0,0,1,0,0,**1**,0,0,1,1,0

Der Korrelationswert beträgt jetzt fünf.

Wieder wird das im Empfänger generierte Signal um eine Stelle verschoben

0,0,**1**,0,0,1,1,0,0,1,0,0,1,1,0,1,0,0,1,0,1,1,0,0,1,0,0,0,0,1

und mit dem empfangenen Signal verglichen:

0,1,0,0,1,1,0,1,0,0,1,0,1,1,0,0,1,0,0,0,0,1,0,0,**1**,0,0,1,1,0

Auch hier beträgt der Korrelationswert fünf.

So wird immer weiter um eine Stelle verschoben und die Anzahl der übereinstimmenden Einsen gezählt. Es ist einleuchtend, dass die Anzahl der Übereinstimmungen ihr Maximum hat, wenn beide Signale genau passend übereinanderliegen. Wir erhalten als Korrelationswert dann die Anzahl der im Signal enthaltenen Einsen, im Beispiel 12. Bei der Autokorrelation geht es somit darum, das Maximum der Übereinstimmungen festzustellen und dabei festzuhalten, wie oft man verschieben musste, um dieses Maximum zu erhalten. In unserem Beispiel muss man das erhaltene Signal 24-mal jeweils um eine Stelle weiterschieben.

5.4.2 Autokorrelation mehrerer Signale

Ein Empfänger empfängt immer mehrere Satelliten, deren Signale bei ihm als Konglomerat der einzelnen Satellitendaten eintreffen. Daher ist es nötig, die unterschiedlichen Laufzeiten exakt aus dieser Datenvielfalt herauszulesen. Auch dies funktioniert mit der dargestellten Methode der Autokorrelation. Nehmen wir an, dass die nachfolgenden Signale dreier Satelliten gleichzeitig beim Empfänger eintreffen:

1,1,1,0,0,1,1,0,**1**,0,1,1,1,1,0,0,0,1,1,0,0,1,1,0,1,0,0,1,0,0
1,1,1,1,1,1,0,0,1,0,1,0,**1**,0,0,1,0,1,1,0,0,1,1,0,1,1,0,1,0,0
1,**0**,0,0,0,1,1,1,0,0,1,1,1,1,0,1,1,0,1,1,1,1,1,1,1,1,0,1,0,0

Das resultierende empfangene Signal ist somit – je nach Anzahl der gleichzeitig eintreffenden Einsen – stärker oder schwächer. Dieses zusammengesetzte Eingangssignal
erzeugen wir durch eine einfache Addition untereinanderstehender Ziffern:

```
3,2,2,1,1,3,2,1,2,0,3,2,3,2,0,2,1,2,3,1,1,3,3,1,3,2,0,3,0,0
```

Wir nehmen weiter an, der Empfänger wisse, welche Satelliten er im Moment
empfangen kann. Aus dieser Kenntnis kann er deren Originalmuster erzeugen und damit
das empfangene (gemischte) Signal nach dem oben gezeigten Beispiel mit den von ihm
generierten Signalen korrelieren. Das im Empfänger erzeugte Originalmuster des ersten
Satelliten sei:

```
1,0,1,1,1,1,0,0,0,1,1,0,0,1,1,0,1,0,0,1,0,0,1,1,1,0,0,1,1,0
```

Dieses wird mit dem Empfangssignal

```
3,2,2,1,1,3,2,1,2,0,3,2,3,2,0,2,1,2,3,1,1,3,3,1,3,2,0,3,0,0
```

korreliert, indem übereinanderstehende Werte multipliziert werden:

```
3,0,2,1,1,3,0,0,0,0,3,0,0,2,0,0,1,0,0,1,0,0,3,1,3,0,0,3,0,0
```

Diese werden schließlich addiert, man erhält 27.

Dann schiebt man das selbst generierte Signal um eine Stelle weiter nach rechts und
korreliert erneut.

```
3,2,2,1,1,3,2,1,2,0,3,2,3,2,0,2,1,2,3,1,1,3,3,1,3,2,0,3,0,0
0,1,0,1,1,1,1,0,0,0,1,1,0,0,1,1,0,1,0,0,1,0,0,1,1,1,0,0,1,1
0,2,0,1,1,3,2,0,0,0,3,2,0,0,0,2,0,2,0,0,1,0,0,1,3,2,0,0,0,0
```

Nun ergibt die Addition 25.

Wieder wird sich ein Maximum des Korrelationswerts finden, und zwar genau dann,
wenn das verschobene Originalmuster genau mit dem im Empfangssignal enthaltenen
Muster übereinstimmt.

```
3,2,2,1,1,3,2,1,2,0,3,2,3,2,0,2,1,2,3,1,1,3,3,1,3,2,0,3,0,0
1,1,1,0,0,1,1,0,1,0,1,1,1,1,0,0,0,1,1,0,0,1,1,0,1,0,0,1,0,0
3,2,2,0,0,3,2,0,2,0,3,2,3,2,0,0,0,2,3,0,0,3,3,0,3,0,0,3,0,0
```

Die Korrelation beträgt nun 41. Im gezeigten Beispiel muss man insgesamt um acht
Stellen schieben, um eine maximale Korrelation und damit eine Übereinstimmung mit
dem Empfangssignal zu erhalten.

Das Muster des zweiten Satelliten lautet im Original:

```
1,0,0,1,0,1,1,0,0,1,1,0,1,1,0,1,0,0,1,1,1,1,1,1,0,0,1,0,1,0
```

Die Autokorrelation ergibt, dass die Daten dieses Satelliten beim Empfänger um zwölf Stellen versetzt angekommen sind.

Das Muster des dritten Satelliten lautet im Original:

```
0,0,0,0,1,1,1,0,0,1,1,1,1,0,1,1,0,1,1,1,1,1,1,1,1,0,1,0,0,1
```

Laut Autokorrelation kam dieses Muster im Empfänger eine Stelle später an.

5.4.3   Autokorrelation zweier Signale in Maxima

Um das Prinzip der Autokorrelation in Maxima darzustellen, ohne den Überblick zu verlieren, verwenden wir zunächst keine Gold-Codes mit 1023 Stellen, sondern erzeugen solche mit weniger Stellen. Gold-Codes können für beliebige Längen N mit

$$N = 2^n - 1 \quad \text{mit } n \neq 0 \bmod 4$$

erzeugt werden. Für die in den Satelliten verwendeten Codes wurde $n = 10$ gesetzt, um aus Schieberegistern mit zehn Zellen eine Codelänge von $2^{10} - 1 = 1023$ Chips zu erhalten. Wir verwenden für einen besseren Überblick $n = 5$ für eine Codelänge von 31 Chips. Hierfür benötigen wir Schieberegister mit fünf Zellen.

```
B1:[1,0,0,1,1]
```

Die Schiebefunktion muss leicht abgeändert werden:

```
shift_B1():=block(
[input,erg],
input:mod(B1[3]+B1[5],2),
erg:B1[5],
push(input,B1),
B1:rest(B1,-1),
erg)
```

Der Eingabewert des Registers wird jetzt aus den Inhalten der Zellen 3 und 5 gebildet. Nach 31-maligem Schieben

```
for i:1 thru 31 do shift_B1()
```

befindet sich das B1-Register wieder in seinem Ausgangszustand.

```
B1
```

Die Chipfolge des B1-Registers wird von der folgenden Funktion erzeugt:

```
make_bsp1():=block(
[bsp1,chip],
bsp1:[],
B1:[1,1,1,1,1],
for i:1 thru 31 do
(
    chip:shift_B1(),
    bsp1:endcons(chip,bsp1)
),
bsp1)
```

Ein Aufruf liefert die Chipfolge:

```
1,1,1,1,1,0,0,0,1,1,0,1,1,1,0,1,0,1,0,0,0,0,1,0,0,1,0,1,1,0,0
```

Entsprechend benötigen wir ein zweites Register B2:

```
B2:[0,1,0,1,0]
```

Bei jedem Schieben wird die Eingabe aus den Inhalten der Zellen 1–3 und 5 gebildet. Das Ergebnis des Schiebens ist die XOR-Verknüpfung derjenigen beiden Zellen, die als Aufrufparameter in einer Liste genannt werden. Unter den gegebenen Voraussetzungen sind die zehn Paarungen [1,2], [1,3], [1,4], [1,5], [2,3], [2,4], [2,5], [3,4], [3,5] und [4,5] möglich. Ein Schiebetakt wird durch die Funktion shift_B2() durchgeführt.

```
shift_B2(e1,e2):=block(
[input,erg],
input:mod(B2[1]+B2[2]+B2[3]+B2[5],2),
erg:mod(B2[e1]+B2[e2],2),
push(input,B2),
B2:rest(B2,-1),
erg)
```

Nach 31 Schiebetakten hat das B2-Register wieder seinen Ausgangszustand erreicht und dabei eine Codefolge von 31 Chips erzeugt.

```
make_bsp2(e1,e2):=block(
[bsp2,chip],
bsp2:[],
B2:[1,1,1,1,1],
for i:1 thru 31 do
(
    chip:shift_B2(e1,e2),
    bsp2:endcons(chip,bsp2)
),
bsp2)
```

Der Aufruf

```
make_bsp2(1,2)
```

liefert die Folge:

```
0,1,1,0,0,1,0,0,1,1,1,1,1,0,1,1,1,0,0,0,1,0,1,0,1,1,0,1,0,0,0
```

Um eine Gold-Sequenz zu erhalten, werden beide Folgen miteinander kombiniert.

```
make_bsp(e1,e2):=block(
[bsp_liste],
bsp_liste:[],
B1:[1,1,1,1,1],
B2:[1,1,1,1,1],
for i:1 thru 31 do
(
    chip:mod(shift_B1()+shift_B2(e1,e2),2),
    bsp_liste:endcons(chip,bsp_liste)
),
bsp_liste)
```

Der Aufruf

```
make_bsp(3,5)
```

liefert beispielsweise die Sequenz:

```
1,1,1,0,1,1,0,1,0,1,1,1,1,1,0,0,1,1,0,1,0,0,0,1,1,0,1,1,0,1,1
```

In der Realität werden die 1023 Chips einer Gold-Sequenz unaufhörlich immer und immer wieder direkt aufeinanderfolgend ohne Pause gesendet. Aufgrund der Signallaufzeit sind die vom Satelliten empfangenen und die im Empfänger erzeugten Sequenzen nicht deckungsgleich, sie haben vielmehr einen gewissen Zeitversatz.

Dies simulieren wir, indem wir die erzeugte zufällige Liste als Ringspeicher behandeln und deren Inhalt zyklisch weiterschieben. Dabei werden alle Elemente um eine Stelle weiter nach rechts gerückt, und was am rechten Ende herausfällt, wird links wieder eingefügt. Dieses zyklische Schieben erledigt die Funktion shift(). Als Aufrufparameter benötigt diese Funktion die zu bearbeitende Liste und die Anzahl der Stellen, um die zyklisch geschoben werden soll.

```
shift(liste,n):=block(
for i:1 thru n do
(
    push(last(liste),liste),
    liste:rest(liste,-1)
),
liste)
```

Damit kann eine Liste erzeugt werden:

```
receiver:make_bsp(1,2)
1,0,0,1,1,1,0,0,0,0,1,0,0,1,1,0,1,1,0,0,1,0,0,0,1,0,0,0,1,0,0
```

Diese Liste sei so im Empfänger erzeugt worden. Vom Satelliten erhält er aufgrund der Laufzeit ein um neun Stellen verschobenes Muster:

```
satellit:shift(receiver,9)
0,0,1,0,0,0,1,0,0,1,0,0,1,1,1,0,0,0,0,1,0,0,1,1,0,1,1,0,0,1,0
```

Nun muss der Empfänger genau diese Verschiebung feststellen, indem er das von ihm erzeugte Muster mit dem empfangenen Satellitenmuster korreliert. Dafür werden die jeweils i-ten Elemente beider Listen miteinander multipliziert und diese Produkte aufsummiert.

```
korrelation(liste1,liste2):=block(
[summe],
summe:0,
for i:1 thru length(liste1) do
        summe:summe+liste1[i]*liste2[i],
summe)
```

Nach jeder erfolgten Korrelation wird das vom Empfänger generierte Muster eine Stelle weitergeschoben und erneut korreliert. Dies muss so oft geschehen, bis die Sequenz des Empfängers einmal vollständig durchgeschoben wurde. Dies kann von Hand geschehen, indem man die Befehle

```
korrelation(receiver,satellit)
receiver:shift(receiver,1)
```

wiederholt aufruft und sich merkt, bei welchem Schritt die höchste Korrelationszahl ermittelt wurde. Man kann diese Arbeit aber auch einer Maxima-Funktion überlassen:

```
autokorr(recliste,satliste):=block(
[sum,sum_alt,merker],
sum:0,
sum_alt:0,
for i:1 thru length(recliste) do
(
    sum:korrelation(recliste,satliste),
    if sum>sum_alt then
    (
        sum_alt:sum,
        merker:i
    ),
    recliste:shift(recliste,1)
),
merker-1)
```

Die korrekte Funktionsweise wird überprüft, indem man eine zufällige Liste erstellt, diese um einen bestimmten Wert verschiebt und dann beide Listen autokorrelieren lässt:

```
receiver:make_bsp(1,2)
satellit:shift(receiver,17)
autokorr(receiver,satellit)
```

Als Ergebnis der Funktion `autokorr()` muss dann genau derjenige Wert erscheinen, um den man die Empfängerliste verschoben hat. In diesem Fall muss das Ergebnis also 17 lauten.

Etwas spannender wird das Ganze, wenn wir die Verschiebung nicht selbst vorgeben, sondern zufällig durchführen lassen und dann die Autokorrelation durchführen.

```
receiver:make_bsp(1,2)
satellit:shift(receiver,random(30))
ak:autokorr(receiver,satellit)
```

Mit dem ermittelten Autokorrelationswert wird nun die Liste des Empfängers verschoben:

```
shift(receiver,ak)
```

Die so erzeugte Liste muss genau mit der Liste des Satelliten übereinstimmen.

5.4.4 Autokorrelation mehrerer Signale in Maxima

Schließlich soll noch die Korrelation mit den Signalen mehrerer Satelliten simuliert werden.

Hierfür generieren wir – genau wie dies der Empfänger macht – die Zufallslisten mehrerer Satelliten, uns sollen zunächst drei Satelliten genügen:

```
receiver_sat1:make_bsp(1,2)
receiver_sat2:make_bsp(2,3)
receiver_sat3:make_bsp(3,4)
```

Die Verschiebung der Empfangssignale der drei Satelliten lassen wir zufällig ermitteln:

```
satellit1:shift(receiver_sat1,random(30))
satellit2:shift(receiver_sat2,random(30))
satellit3:shift(receiver_sat3,random(30))
```

Die i-ten Elemente aller drei verschobenen Listen der Satelliten werden jeweils aufsummiert und das Ergebnis in eine neue Liste geschrieben. Damit wird ein von drei Satelliten gleichzeitig ankommendes Eingangssignal simuliert. Dies erledigt die Funktion `make_sum()`. Damit wir später flexibel sind und auch Empfangsdaten von mehr oder weniger Satelliten aufsummieren können, müssen wir diese Funktion mit einer variablen Anzahl von Aufrufparametern ausstatten. Dies kann in Maxima realisiert werden, indem als Aufrufparameter eine Liste vereinbart wird. Weiter nutzen wir die Fähigkeit von Maxima, Listen elementweise zu addieren. Dafür legen wir eine Summenliste an, die wir anfangs mit so vielen Nullen füllen, wie es der jeweiligen Länge unserer aufzuaddierenden Listen entspricht. In dieser Summenliste werden dann in einer Schleife sukzessive die übergebenen Listen elementweise addiert. Zur Realisierung dieser Schleife nutzen wir eine weitere Fähigkeit von Maxima zur einfachen Abarbeitung von Listen innerhalb einer `for`-Schleife. Anstatt aufwendig zu schreiben:

```
for i:1 thru length(liste) do …
```

können wir dies abkürzend folgendermaßen formulieren:

```
for i in liste do …
```

Bei dieser Vorgehensweise enthält die Laufvariable praktischerweise nicht die Folge der natürlichen Zahlen, die von 1 aus sukzessive hochgezählt werden, sondern direkt das jeweils i-te Listenelement. Damit lässt sich die Bestimmung des Eingangssignals sehr elegant formulieren:

```
make_sum([satliste]):=block(
[summenliste],
summenliste:makelist(0,n,1,length(satliste[1])),
for i in satliste do summenliste:summenliste+i,
summenliste)
```

Der Aufruf

```
empfangssignal:make_sum(satellit1,satellit2,satellit3)
```

erzeugt ein Empfangssignal, das beispielsweise folgendermaßen aussieht:

```
2,2,1,1,1,2,2,1,0,1,0,3,1,2,2,1,0,1,2,2,1,1,1,0,1,0,1,2,3,1,2
```

Nun kann zunächst eine Korrelation von Hand durchgeführt werden. Dabei werden das vom Empfänger generierte Signal des ersten Satelliten mit diesem Empfangssignal fortlaufend korreliert und das vom Empfänger generierte Signal jeweils um eine Stelle weitergeschoben.

```
satellit1
korrelation(receiver_sat1,empfangssignal)
receiver_sat1:shift(receiver_sat1,1)
```

Die erste Anweisung dient nur dazu, das Satellitensignal nochmals vor Augen zu haben. In der Folge werden ausschließlich die zweite und dritte Anweisung fortlaufend wiederholt ausgeführt. Wenn der größte Korrelationswert ausgegeben wird, muss das Receiversignal mit dem Satellitensignal übereinstimmen.

Schließlich lassen wir diesen Prozess durch die Autokorrelation erledigen.

```
ak:autokorr(receiver_sat2,empfangssignal)
```

Die Funktion `autokorr()` ermittelt die Anzahl der Verschiebungen, die nötig sind, um beide Listen zur Deckung zu bringen. Dies kann man überprüfen, indem man diese notwendigen Verschiebungen durchführt

```
shift(receiver_sat2,ak)
```

und das erhaltene Muster mit demjenigen des zugehörigen Satelliten vergleicht:

```
satellit2
```

In der gezeigten Simulation der Autokorrelation mit den kurzen Gold-Sequenzen kann deren Funktionsweise dargestellt und insbesondere eine Überprüfung durch einen rein optischen Vergleich der Chipsequenzen am Bildschirm erfolgen. Grundsätzlich ist die Vorgehensweise auch für die langen Sequenzen dieselbe, allerdings können wir dies nicht mehr selbst überprüfen, sondern lassen den Vergleich Maxima durchführen. Eine Sequenz zur Autokorrelation tatsächlicher Satellitendaten könnte beispielsweise folgendermaßen aussehen. Zuerst werden die Gold-Sequenzen des Empfängers erzeugt:

```
receiver_sat1:make_prn(5)$
receiver_sat2:make_prn(9)$
receiver_sat3:make_prn(13)$
receiver_sat4:make_prn(17)$
```

Hilfreich ist das $-Zeichen am Ende eines jeden Befehls, da sonst jeweils alle 1023 Chips auf dem Bildschirm dargestellt werden. Anschließend können daraus die verzögert eintreffenden Satellitensignale erzeugt werden, wobei die Verzögerung wieder zufällig festgelegt wird:

```
satellit1:shift(receiver_sat1,random(1000))$
satellit2:shift(receiver_sat2,random(1000))$
satellit3:shift(receiver_sat3,random(1000))$
satellit4:shift(receiver_sat4,random(1000))$
```

Das Empfangssignal wird durch elementweises Aufsummieren aller vier Satellitensignallisten ermittelt:

```
empfangssignal: make_sum(satellit1,satellit2,satellit3,satellit4)$
```

Die Autokorrektion bestimmt man wie gehabt:

```
ak:autokorr(receiver_sat1,empfangssignal)
```

Allerdings dauert dieser Prozess aufgrund der nun deutlich erhöhten Listenlänge spürbar länger. Je nach Rechnerleistung erhält man nach etwa 10 s die Angabe, um wie viele Stellen die Empfängersequenz geschoben werden musste, um mit der Satellitensequenz zu korrelieren. Zur Überprüfung dieses Ergebnisses schiebt man das Empfängermuster genau um die ermittelte Anzahl von Stellen zyklisch weiter und vergleicht mit dem Satellitenmuster.

```
is(satellit1=shift(receiver_sat1,ak))
```

Bei Übereinstimmung liefert dieser Vergleich den Wahrheitswert *true*.

Die Korrelation des empfangenen Signals mit dem im Empfänger selbst erzeugten C/A-Code ist die Voraussetzung dafür, dass der C/A-Code wieder aus dem Empfangssignal entfernt werden kann und damit die eigentlichen Daten im Empfänger zur Verfügung stehen. Das Entfernen des C/A-Codes geschieht praktischerweise wieder durch eine XOR-Verknüpfung des im Empfänger erzeugten PRN-Codes mit dem korrelierten Satellitensignal. Um sich diesen Vorgang prinzipiell vor Augen zu führen, verknüpfe man die beiden in Abb. 3.3 in der zweiten und dritten Zeile dargestellten Signale durch die XOR-Verknüpfung miteinander, woraus sich das in der oberen Zeile dargestellte Datenbitmuster ergibt.

Es sollte deutlich geworden sein, dass die Synchronisation selbst des kurzen C/A-Codes ein durchaus aufwendiger Vorgang ist. Die Synchronisation des ungemein größeren und die ganze Woche andauernden P-Codes war für die damalige Empfängertechnologie in den Anfangszeiten des GPS ein aussichtsloses Unterfangen. Wenn jedoch der C/A-Code synchronisiert war, konnte mit den dort gewonnenen Daten die Synchronisation des P-Codes leicht vorgenommen werden. Genau diesem Zweck dient das *hand-over-word* in den Unterrahmen des C/A-Codes, das daraus seine Bezeichnung ableitet. Bedeutet doch das englische Verb *to hand over* so viel wie übergeben bzw. aushändigen. Inzwischen gibt es jedoch Empfänger, die den P-Code direkt synchronisieren können.

5.4.5 Korrelation der G2-Codes

Schließlich können wir mit der Funktion `autokorr()` die in Abschn. 5.3.2.2 aufgestellte Behauptung verifizieren, wonach die im G2-Register erzeugten Codes allesamt aus derselben Chipfolge bestehen, diese aber nur, je nach Wahl der Ausgaberegister, um eine bestimmte Sequenz gegeneinander verschoben sind.

Laut Tab. 3.1 in Abschn. 3.2.1 des *user interface* ist bereits der G2-Code von Satellit Nummer 1 um fünf Chips bezüglich des Ausgangscodes verschoben. Wir überlegen daher, wie wir diesen Ausgangs- bzw. Bezugscode erzeugen können. Dies kann mit der genannten Angabe im *user interface* dadurch geschehen, dass man den G2-Code des ersten Satelliten um 1018 Stellen weiterschiebt:

```
bezug:shift(make_prn2(1),1018)$
```

Mit ein paar weiteren Codezeilen in Maxima kann man nachweisen, dass dieser Bezugscode durch keine der 45 möglichen Kombinationen der Ausgangsregister erzeugt werden kann. Probiert man geduldig weiter, so stellt sich heraus, dass der Bezugscode erreicht werden kann, wenn man beim Schiebevorgang im G2-Register als Ergebnis einfach den Inhalt der zehnten Zelle verwendet, so wie das auch beim Schiebevorgang im G1-Register der Fall ist. Schreibt man eine alternative Funktion

```
shift_G2_alt():=block(
[input,erg],
```

```
input:mod(G2[2]+G2[3]+G2[6]+G2[8]+G2[9]+G2[10],2),
erg:G2[10],
push(input,G2),
G2:rest(G2,-1),
erg)
```

und darauf aufbauend eine alternative Funktion

```
make_prn2_alt():=block(
[prn2,chip],
prn2:[],
G2:[1,1,1,1,1,1,1,1,1,1],
for i:1 thru 1023 do
    (
    chip:shift_G2_alt(),
    prn2:endcons(chip,prn2)
    ),
prn2)
```

zur Erzeugung des G2-Codes, so lässt sich dies einfach nachweisen:

```
bezug1:make_prn2_alt()$
is(bezug=bezug1)
```

Die Verschiebung des G2-Codes des ersten Satelliten zum Bezugscode ergibt wie erwartet den Wert 5. Die Verschiebungen des zweiten und der weiteren Satelliten kann man mit dem Aufruf

```
autokorr(bezug,make_prn2(2))
```

überprüfen, wobei man lediglich den Index auf die Liste SV_PRN sukzessive hochzählt. Möchte man das von Maxima erledigen lassen, so leistet dies die Anweisung:

```
for j:1 thru 32 do print(j,autokorr(bezug,make_prn2(j)))
```

Allerdings dauert die Ausführung einige Zeit, da insgesamt 32 Autokorrelationen über die volle Codelänge von 1023 Chips durchgeführt werden müssen. Die aufgebrachte Geduld wird mit einer Liste der Code-Verschiebungen belohnt, die exakt mit den Angaben der Tab. 3.1 im *user interface* übereinstimmt.

Dasselbe Prinzip gilt auch für die oben verwendeten kürzeren Gold-Sequenzen mit 31 Chips. Die Vorgehensweise ist genau dieselbe, die kürzeren Sequenzen ermöglichen dabei eine direkte optische Kontrolle. Die konkrete Vorgehensweise ist in der zu diesem Kapitel gehörenden Maxima-Datei enthalten.

5.5   Zweck der Autokorrelation

Der Hauptzweck der Korrelation besteht darin, die Signale einzelner Satelliten aus dem Wirrwarr aller auf der einen L1-Frequenz empfangenen Signale herauszulösen. Um die eigentlichen, mit 50 Hz übertragenen Daten entziffern zu können, muss der überlagerte C/A-Code wieder entfernt werden. Dies geschieht – wie in Abb. 3.3 von unten nach oben lesbar –, wenn der im Empfänger erstellte und genau synchronisierte C/A-Code mit dem empfangenen Signal logisch per XOR verknüpft wird. Erst dann werden die Datenbits wieder sichtbar. Die Autokorrelation dient also dazu, die eigentlichen Daten verfügbar zu machen. Moderne Empfänger haben zwölf oder mehr Kanäle, und in jedem Kanal kann unabhängig von den anderen das Signal eines Satelliten decodiert werden.

Die Korrelation wird nötig, weil die vom Satelliten empfangenen C/A-Codes je nach Entfernung des Satelliten früher oder später beim Empfänger eintreffen, damit kommt auch die Dimension der Zeit ins Spiel!

Es wurde bereits erläutert, dass alle in den Satelliten erzeugten Frequenzen untereinander kohärent sind. Dies bedeutet, dass exakt zu Beginn eines Datenbits auch der erste Chip einer PRN-Sequenz beginnt und zu genau diesem Zeitpunkt auch die elektromagnetische Trägerwelle einen Phasenbeginn hat. Durch die ebenfalls erwähnte Ableitung aller Frequenzen aus einer von der Atomuhr erzeugten Ausgangsfrequenz sind die Periodendauern ganzzahlige Vielfache voneinander. So kommen auf jede Sekunde der Satellitenzeit genau 50 Datenbits, wobei das erste Bit auch immer genau mit dem Sekundenanfang übereinstimmt. In jedes Datenbit passen exakt 20.460 Chips und in jeden Chip exakt 1540 Schwingungen der Sendefrequenz L1. Da die Atomuhren aller Satelliten untereinander perfekt synchronisiert sind, werden die Datenbits aller Satelliten im völligen Gleichtakt zueinander gesendet. Auch die verschiedenen PRN-Sequenzen der Satelliten werden genau im Millisekundentakt der Satellitenzeit generiert.

Beim Empfänger ist von diesem Gleichklang der an den Satelliten ausgesendeten Signale nichts mehr zu erkennen. Je nach Entfernung der verschiedenen Satelliten kommen deren Signale zeitlich gegeneinander verschoben an. Genau diese Verschiebung muss ja durch die Korrelation rückgängig gemacht werden, um die Daten decodieren zu können. Allerdings gewinnt der Empfänger aus der notwendigen Korrelation auch wichtige Informationen über die Laufzeit der Signale.

Aus naheliegenden Gründen verfügen GPS-Empfänger nicht über Atomuhren, sie sind daher auf ihre deutlich ungenauer gehende interne Quarzuhr angewiesen, die zudem nicht mit der GPS-Zeit synchronisiert ist. Wenn wir einmal davon ausgehen, dass die Empfängeruhr einen internen Takt von 1 ms hat, kann mit dieser Uhr die Laufzeit des Satellitensignals auf 1 ms genau gemessen werden. Dies ergibt – mit der Lichtgeschwindigkeit multipliziert – allerdings eine Ungenauigkeit von 300 km.

Der Empfänger erzeugt die für die Korrelation benötigten PRN-Sequenzen im Millisekundentakt seiner ungenauen Uhr und korreliert diese mit dem Empfangssignal eines Satelliten. Da jeder Chip einer PRN-Sequenz eine Dauer von 0,98 μs hat, muss er diese

Zeitdauer nur mit der Anzahl der Chips multiplizieren, um die er seine PRN-Sequenz verschieben musste. Er erhält damit eine Zeitangabe, die jetzt auf 1 μs genau ist, die Ungenauigkeit in der Entfernungsmessung ist damit auf 300 m zurückgegangen.

Moderne Empfänger können den Zeitpunkt der steigenden oder fallenden Flanke eines Chips auf wenige Nanosekunden genau bestimmen, wodurch schließlich eine Entfernungsmessung möglich wird, die im Bereich weniger Meter liegt.

Natürlich entspricht diese Entfernungsmessung über die Laufzeit und die Lichtgeschwindigkeit nicht der tatsächlichen Entfernung, da die Empfängeruhr ja nicht mit der Satellitenzeit synchronisiert ist. Da aber alle Satellitenuhren untereinander synchronisiert sind, ist der Laufzeitfehler zu allen Satelliten gleich groß und kann durch die Einbeziehung der Daten eines vierten Satelliten in die Positionsbestimmung eliminiert werden, wie dies bereits in Abschn. 3.2.5 dargestellt wurde.

Die Korrelation wird somit zum einen benötigt, um die in der Frequenzspreizung versteckten Daten wieder sichtbar zu machen, zum anderen liefert sie Zeitinformationen für die Berechnung der Entfernung zum jeweiligen Satelliten. Da sich die Satellitenposition und damit deren Entfernung zum Empfänger fortlaufend ändert, muss die Korrelation fortlaufend nachgeführt werden. Im Übrigen ist die Synchronisation der im Empfänger generierten PRN-Frequenz an das empfangene Muster nicht der einzige Anpassungsvorgang! Durch die Annäherung und Entfernung der Satelliten unterliegt das Satellitensignal dem *Dopplereffekt*. Diesen Effekt kann man problemlos im Alltag erfahren, wenn man an einer Straße steht und dort Fahrzeuge zuerst auf einen zu- und dann wieder wegfahren. Solange die Fahrzeuge auf den Beobachter zukommen, erscheint der von ihnen ausgesandte Schall – beispielsweise das Martinshorn eines Einsatzfahrzeugs – höher, als es der tatsächlichen Frequenz entspricht. Entfernt sich das Fahrzeug, nimmt man den Ton tiefer wahr, und im Moment der Vorbeifahrt erfolgt ein deutlich wahrnehmbares Absinken der Tonhöhe. Die Stärke des Dopplereffekts ist dabei von der Geschwindigkeit des Fahrzeugs abhängig.

Der Dopplereffekt wirkt auch auf die Satellitensignale. Solange sich ein Satellit auf den Empfänger zubewegt, treffen dessen Signale mit einer höheren Frequenz bei diesem ein. Bewegt sich der Satellit weg, sinkt die Frequenz. Der Frequenzunterschied beträgt bei ruhendem Empfänger bis zu ±6 kHz. Wird der Empfänger selbst auch bewegt, beispielsweise in einem schnellen Flugzeug, kann der Unterschied bis zu ±10 kHz betragen. Der Empfänger darf sich somit nicht darauf beschränken, nur die L1-Frequenz mit exakt 1575,42 MHz abzuhören, sondern muss die Signale in einem entsprechend größeren Frequenzband aufspüren. Tatsächlich sucht der Empfänger im genannten breiteren Frequenzband in Schritten von 500 Hz nach dem Empfangsmaximum. Das gleichzeitige Variieren der PRN-Sequenz und der Empfangsfrequenz wird Kreuzkorrelation genannt.

GPS-Empfänger und Rohdaten

6

Um die Empfängerposition aus GPS-Rohdaten bestimmen zu können, benötigen wir zunächst solche Rohdaten. Dabei ist es besonders spannend, diese selbst an unterschiedlichen Orten zu generieren. Jedoch stellt längst nicht jeder GPS-Empfänger diese Daten zur Verfügung. Die Firma *ublox* fertigt u. a. GPS-Chips, welche die benötigten Rohdaten liefern. Außerdem ist von dieser Firma die Software *u-center* frei erhältlich, mit welcher die Daten aufgezeichnet werden können. Diese proprietären Daten müssen, bevor wir sie für unsere Zwecke verwenden können, in das für uns lesbare RINEX-Format umgewandelt werden.

6.1 Hardware

In unserem Projekt wird der Empfänger NL-6002U von Navilock verwendet. Dies ist ein kleines Gerät, das per USB-Stecker an den Rechner angeschlossen und über die USB-Schnittstelle einerseits mit Energie versorgt wird und andererseits darüber seine Daten in den Rechner liefert.

Den eigentlichen Empfang und die Aufbereitung der Daten bewerkstelligt das im Empfänger eingebaute NEO-6P GPS-Modul der Firma *ublox*. Für unsere Absichten ist hierbei von besonderem Belang, dass dieses GPS-Modul neben seiner hohen Präzision bei der Positionsbestimmung auch die von uns zur Berechnung benötigten Rohdaten ausgibt. Der Empfänger ist in Abb. 6.1 dargestellt.

Der Preis dieses Empfängers liegt bei etwa 150 € (Stand: Februar 2021), wobei zu berücksichtigen ist, dass man dafür einen wirklich hochwertigen Empfänger bekommt und außerdem die benötigte Software für das Auslesen der Rohdaten und vieles mehr ebenfalls enthalten ist. Im Vergleich zu einem der ersten GPS-Empfänger, dem TI 4100, der 1984 etwa 170.000 Dollar gekostet hat, ein wahres Schnäppchen!

© Der/die Autor(en), exklusiv lizenziert an Springer-Verlag GmbH, DE, ein Teil von Springer Nature 2022
H. Albrecht, *Geometrie und GPS,* Mathematik Primarstufe und Sekundarstufe I + II, https://doi.org/10.1007/978-3-662-64871-1_6

Abb. 6.1 Navilock GPS-Empfänger

Das Angebot von *ublox* und Navilock sowie anderen Herstellern wird fortlaufend erweitert und modifiziert. Bei der Beschaffung eines alternativen eigenen Empfängers ist allerdings wesentlich, dass der verwendete Empfänger neben den üblichen NMEA-Sequenzen auch Rohdaten *(raw data)* liefert, um daraus den Standort selbst errechnen zu können. Dies geht nicht unbedingt aus der Beschreibung des eigentlichen Empfängers hervor, sondern muss aus der technischen Spezifikation des verwendeten GPS-Moduls ermittelt werden. Möchte man einen anderen Empfänger verwenden, so ist dies grundsätzlich möglich. Es muss allerdings gewährleistet sein, dass dieser Empfänger Rohdaten liefert, aufzeichnet und diese schließlich in das RINEX-Format konvertiert werden können!

Mit Rohdaten ist gemeint, dass der Empfänger nicht nur bereits fertig errechnete Positionsdaten als NMEA-Datensätze an den angeschlossenen Computer übermittelt, sondern insbesondere die im Empfänger bestimmten sogenannten Pseudoentfernungen zu den empfangenen Satelliten. Zusätzlich sollten die Ephemeridendaten zur Verfügung gestellt werden, wobei diese notfalls auch aus dem Internet bezogen werden können. Konkrete Hinweise auf alternative Empfänger und zu deren Verwendung sind auf der Homepage zum Buch zu finden.

Um die nachfolgenden Berechnungen auch ohne den Erwerb eines solchen speziellen GPS-Empfängers durchführen zu können, sind ebenfalls auf der Homepage mehrere verschiedene Empfangsdateien für eigene Versuche verfügbar. Die dort vorhandene Datei `sonnenpfad.ubx` wurde als Grundlage für alle hier im Buch aufgeführten Beispiele und Berechnungen verwendet. Damit ist es leicht möglich, das eigene Vorgehen jederzeit zu überprüfen.

6.2   Software

Zusammen mit dem oben vorgestellten Empfänger NL-6002U wird ein umfangreiches Softwarepaket namens *u-center* auf CD-ROM geliefert. Die jeweils neueste Software-version kann man zudem aus dem Internet[1] beziehen. Leider ist dieses Programm nur für Windows-PCs verfügbar. Sollten Sie persönlich auf einem Mac arbeiten, so benötigen Sie für die Datenaufzeichnung einen Windows-PC – oder müssen mit einer Windows-Emulation auf dem Mac arbeiten, wobei diese Option nicht getestet wurde.

6.2.1   Vorarbeiten

Für die Arbeit am GPS-Projekt ist es grundsätzlich sinnvoll, im eigenen Benutzerver-zeichnis das Verzeichnis `gps` anzulegen und dieses im Schnellzugriff des Windows-Explorers einzutragen. Für die Anlage beginnt man im Datei-Explorer auf der Festplatte C, die dort in aller Regel als `Windows  (C:)` angezeigt wird. In diesem Verzeichnis wählen Sie das Unterverzeichnis `Benutzer` und darin dasjenige Unterverzeichnis, das Ihren Nutzernamen trägt. Der gesamte Pfad, der unterhalb der Menüleiste im Explorer angezeigt wird, lautet nun:

```
Dieser PC > Windows (C:) > Benutzer > xxxx
```

wobei `xxxx` hier ein Platzhalter für Ihren Nutzernamen ist. In diesem Verzeichnis erstellen Sie das Unterverzeichnis `gps`[2].

Wie unter Windows ist es auch auf dem Mac sinnvoll, direkt in seinem Benutzerver-zeichnis ein Verzeichnis `gps` anzulegen. Der Pfad beginnt am Computer selbst (hier unter Geräte: `EmuMacBook  (3)`), er ist in Abb. 6.2 ersichtlich.

6.2.2   Das Programm u-center

Das Programm *u-center* ist ein mächtiges Tool, mit dem man ungemein viele Dinge erledigen und auf den Empfänger einwirken kann. Für die gestellte Aufgabe ist es zunächst notwendig, dass die Kommunikation mit dem Empfänger hergestellt wird. Sollte dies nicht automatisch beim Anschluss des Empfängers an den Computer

---

[1] www.u-blox.com (letzter Aufruf: 31.10.2021).

[2] Es können freilich andere Verzeichnisnamen und -strukturen verwendet werden. Die hier im Skript nachfolgend angegebenen Aktionen beziehen sich jedoch genau auf diese vorgeschlagene Struktur.

Abb. 6.2 Verzeichnisstruktur auf dem Mac

geschehen, so muss im Menü „Receiver" überprüft werden, ob der Menüpunkt „Auto-bauding" aktiviert ist; nötigenfalls kann dies dort durchgeführt werden. Im selben Menü kann man dann unter der Option „Port" nachsehen, als welcher COM-Port die USB-Schnittstelle erscheint (COM3, COM4, …), und diese nötigenfalls auswählen. Ob die Verbindung hergestellt wurde, sieht man in der Statuszeile am unteren Fensterrand, dort sollten der gewählte Anschlussport (beispielsweise COM3) und die Verbindungs-geschwindigkeit (beispielsweise 9600) erscheinen, und links vom gewählten Port sollten die beiden grafisch angedeuteten Kabelstecker miteinander verbunden sein. Weitere Hin-weise zum Programm sind auf der Homepage zum Buch verfügbar.

Ist die Verbindung aufgebaut und empfängt *u-center* Daten vom Empfänger, dann werden diese in den kleinen schwarzen Fenstern auf der rechten Seite angezeigt: die Positionen der verfügbaren Satelliten am Himmel, die Signalstärke ihrer empfangenen Daten und weitere Dinge mehr. Konnte eine Position bestimmt werden, so wird diese in einer kleinen Weltkarte markiert.

6.2.3   Datenanzeige

Zur alphanumerischen Anzeige der Daten kommt man über das Menü „View" und die dortige Option „Message View". Auf der linken Seite des erscheinenden Fensters kann man den Datenpfad auswählen, den man verfolgen will. Uns interessieren die UBX-Daten und dort der Zweig RXM bzw. letztlich die dort enthaltenen Unterpunkte EPH und RAW. Abb. 6.3 zeigt das Fenster „Message View" im Programm *u-center.*

Wählt man den Unterpunkt RAW, dann werden im rechten Fenster die Roh-daten dargestellt: Pro Satellit *(space vehicle – SV)* wird eine Zeile dargestellt, die neben der Satellitennummer ganz links und weiteren Werten in der sechsten Spalte die

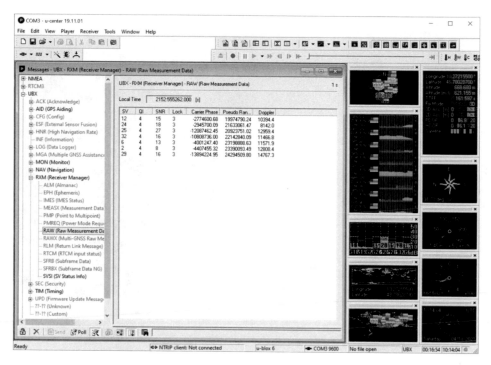

Abb. 6.3 *u-center* mit Beobachtungsdaten

Pseudoranges der Satelliten enthält. Genau diese Pseudoranges, also die Entfernungen der einzelnen Satelliten vom Empfänger, werden für unsere Standortberechnung benötigt.

Der Empfänger generiert jede Sekunde neue Werte. Wenn man in dem linken Datenbaum nacheinander die Punkte UBX und RXM mit der rechten Maustaste anklickt und im erscheinenden Kontextmenü jeweils die Option „Enable Child Messages" auswählt, so erneuern sich die dargestellten Daten jede Sekunde: Es sind mal mehr, mal weniger Satelliten, die empfangen werden, und deren Werte verändern sich ebenfalls im Sekundenrhythmus. Diese Daten mit den Entfernungen zu den Satelliten werden in der GPS-Terminologie *Beobachtungsdaten (observation data)* genannt.

Wählt man im Datenbaum den Eintrag EPH, so sieht man im rechten Fenster die Ephemeridendaten der empfangenen Satelliten. Da diese Daten relativ umfangreich sind, wird es eine Weile dauern, bis alle Ephemeriden der sichtbaren Satelliten empfangen wurden und angezeigt werden können. In der Datentabelle ist für jeden der 32 aktiven Satelliten eine Zeile von 1 bis 32 fest reserviert, und nach Empfang werden die jeweiligen Daten dort hexadezimal eingetragen. Ein Beispiel zeigt Abb. 6.4.

Aufgrund des Datenvolumens und der damit verbundenen längeren Übertragungsdauer findet eine Veränderung in diesem Fenster nur in größeren Zeitabständen statt. Ein Auffrischen dieses Fensters erreicht man mit der am unteren Fensterrand

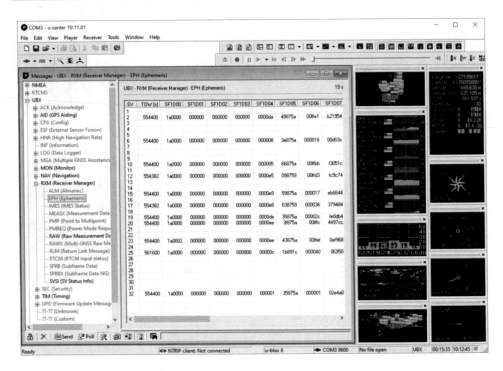

Abb. 6.4   *u-center* mit Ephemeridendaten

angebrachten kleinen Schalfläche „Poll". Die dargestellten Daten mit den Ephemeriden
der Satelliten nennt man *Navigationsdaten (navigation data)*. Bevor Sie die Datenaufzeichnung starten, sollten Sie das Programm mit dem angeschlossenen Empfänger
eine Weile laufen lassen, um sicherzustellen, dass auch die Ephemeridendaten all derjenigen Satelliten vorliegen, von denen im RAW-Fenster Daten empfangen werden.
Etwas Geduld zahlt sich hier aus, da später bei der Berechnung der Empfängerposition
für jeden Satelliten, von dem Beobachtungsdaten verfügbar sind, auch die zugehörigen
Ephemeriden vorliegen müssen!

6.2.4   Datenaufzeichnung

Die in *u-center* dargestellten Daten können aufgezeichnet, d. h. in eine Datei geschrieben
werden. Man startet den Aufzeichnungsmodus über die Menüoption „Player/Record"
(oder mit der kleinen Schaltfläche mit dem großen roten Punkt) und gibt im erscheinenden
Fenster den Namen und Speicherort für die Aufzeichnungsdatei an. Als Speicherort
wählen Sie das Verzeichnis `gps`, das Sie zuvor in Ihrem Userverzeichnis angelegt haben.

   Das Programm schlägt von Haus aus einen Dateinamen vor, in welchem neben dem
verwendeten COM-Port das Aufnahmedatum und die Aufnahmezeit enthalten sind. Falls

man mehrere Aufnahmen hintereinander anfertigt, erhält man damit eine komfortable Unterscheidbarkeit und Zuordnung der Daten. Den vorgeschlagenen Namen kann man bereits vor der Aufnahme ändern oder aber die Datei hinterher umbenennen. Als Dateiname bietet sich eine kurze und griffige Bezeichnung des Aufnahmeorts an.

Sobald auf „Speichern" geklickt wird, beginnt die Aufzeichnung der Daten. Eine eventuelle Anfrage, ob eine Protokolldatei aufgezeichnet werden soll, kann mit „Nein" beantwortet werden. Ab diesem Moment werden die eintreffenden Daten in diese Datei geschrieben, bis die Aufzeichnung mit „Player/Eject" bzw. der zugehörigen Schaltfläche beendet wird.

Um nicht zu riesige Datenmengen zu generieren, sollte man die Aufnahmezeit auf etwa 10 s beschränken. Der Empfänger erzeugt jede Sekunde einen Beobachtungsdatensatz. Der Navigationsdatensatz wird jedoch nur in größeren Zeitabständen erstellt. Damit auch die Navigationsdaten gespeichert werden, muss man während der Aufnahmezeit im Datenpfad auf den Eintrag „EPH" wechseln und am unteren Fensterrand auf die bereits erwähnte Schaltfläche „Poll" klicken. Dadurch wird ein Lesen und Speichern der Navigationsdaten ausgelöst.

6.2.5 Festhalten des Aufnahmeorts

Vergessen Sie nicht, den genauen Ort des GPS-Empfängers während der Datenaufzeichnung festzuhalten, um später den selbst errechneten Ort überprüfen zu können. Die Aufnahmeposition kann ebenfalls im „Messages"-Fenster im UBX-Datenbaum unter dem Eintrag „NAV" (Navigation) ausgelesen werden. Dort gibt es zwei Einträge mit der aktuellen Empfängerposition: „POSLLH (Geodetic Position)" und „POSECEF (Position ECEF)". Im Punkt „POSLLH" kann der Standort anhand der geografischen Länge und Breite aus den Feldern *Longitude* und *Latitude* ausgelesen werden. Die dort angegebenen Werte in Dezimalgrad können in Google Maps zur Standortanzeige eingegeben werden. Im Punkt „POSECEF" erfährt man die Empfängerposition in den ECEF-Koordinaten ECEF-X, ECEF-Y und ECEF-Z. Was es mit diesen Koordinaten auf sich hat, werden wir noch klären. Sie sollten jedenfalls zur Überprüfung Ihrer später errechneten Werte beide Positionsangaben von Hand notieren oder einfach einen Screenshot des *u-center*-Fensters erstellen und diesen ebenfalls im Verzeichnis gps speichern.

6.2.6 Speicherung des Almanachs

Schließlich sollten Sie noch den zum Aufnahmezeitpunkt vorliegenden Almanach sichern. Dazu wählen Sie im UBX-RXM-Datenbaum den Eintrag ALM (Almanac). Im zugeordneten Fenster sind die Almanach-Daten aller verfügbaren Satelliten aufgeführt, unabhängig davon, ob diese momentan am Himmel sichtbar sind oder nicht. Ein Beispiel gibt Abb. 6.5 wieder.

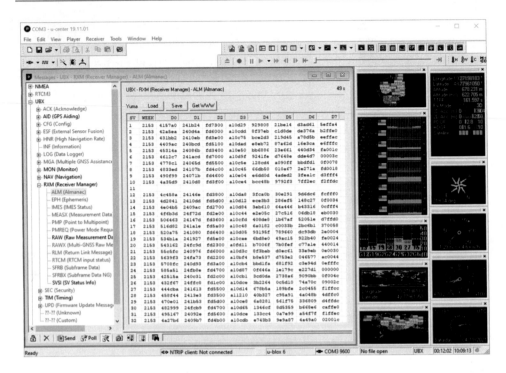

Abb. 6.5 Darstellung des Almanachs in u-center

Da der komplette Almanach aller Satelliten von jedem Satelliten gesendet wird, nimmt dessen Übertragung durchaus eine gewisse Zeit in Anspruch. Sie müssen daher an dieser Stelle etwas Geduld aufbringen und warten, bis alle Zeilen ausgefüllt sind. Meist wird einer der 32 Satelliten momentan gewartet, in diesem Fall bleibt eben eine Zeile leer. Den aktuellen Zustand aller Satelliten können Sie übrigens im selben Datenzweig im Fenster „SVSI (SV Status Info)" überprüfen.

Der Almanach enthält die notwendigen Daten, um die Positionen aller Satelliten mit reduzierter Genauigkeit berechnen zu können. Daraus kann ein Empfänger bestimmen, welche Satelliten momentan für ihn sichtbar sind, und sich beim Empfang eben auf diese Satelliten konzentrieren.

Für uns ist es interessant, eine Satellitenposition sowohl aus den Ephemeriden als auch aus dem Almanach zu bestimmen und die Abweichung der errechneten Positionen zu überprüfen. Außerdem können wir uns mit der Kenntnis des Almanachs ein Bild von der momentanen Verteilung aller Satelliten im All machen. Klicken Sie daher auf die Schaltfläche „Save" und speichern Sie die Datei unter demselben Namensstamm mit einem angehängten Namensbestandteil _alm.txt im Verzeichnis gps, also beispielsweise sonnenpfad_alm.txt.

Alle Dateien, mit denen die im Buch angestellten Berechnungen durchgeführt wurden, befinden sich unter dem Namensstamm „sonnenpfad" auf der Homepage zum Buch.

6.2.7   Das RINEX-Format

Im Gegensatz zum Almanach sind die anderen in *u-center* aufgezeichneten Daten von ublox-Chips in einem proprietären *ubx*-Format gespeichert. Dies ist bei GPS-Empfängern anderer Hersteller nicht anders, sodass vor einiger Zeit ein herstellerübergreifendes und von Menschen lesbares Format kreiert wurde, in das die uns vorliegende *ubx*-Datei konvertiert werden muss. Dieser Prozess funktioniert prinzipiell auch auf Mac-Rechnern, sodass ab dieser Stelle Mac-User wieder in ihrer gewohnten Umgebung arbeiten können.

Dieses empfängerunabhängige Datenaustauschformat (**R**eceiver **In**dependent **Ex**change Format – *RINEX*) wurde 1989 von Werner Gurtner am Astronomischen Institut der Universität Bern entwickelt. Es ist ein reines Textformat, das auf jedem Rechner verwendet und dessen Inhalt problemlos von Menschen gelesen und interpretiert werden kann.

6.2.8   teqc

Zum Konvertieren der verschiedenen herstellereigenen Formate in das RINEX-Format gibt es mehrere Möglichkeiten. Wir verwenden das Programm *teqc*, das von der UNAVCO[3] kostenlos zur Verfügung gestellt wird. Von deren Website kann man sich die jeweils neueste Version herunterladen. Der Name des Programms ist das Akronym seiner Aufgaben: *translation, editing and quality check*. Es ist für alle gängigen Betriebssysteme verfügbar. Für das Programm ist ein umfangreiches Handbuch erhältlich, in dem die vielen verschiedenen Fähigkeiten und die dafür nötigen Aufrufparameter aufgeführt sind. Leider wurde *teqc* mit der Version vom 25.02.2019 abgekündigt, es findet somit keine Weiterentwicklung mehr statt.

6.2.8.1 Verwendung unter Windows

Die Windows-Version von `teqc.exe` ist kein Programm, das man – wie in Windows gewohnt – durch einen Doppelklick starten kann! Es handelt sich vielmehr um eine Programmdatei, die man in der *Eingabeaufforderung* über den Namen und mehrere Aufrufparameter zum Laufen bringen muss.

---

[3] unavco.org.

```
■ Eingabeaufforderung                                                    —   □   ×
Microsoft Windows [Version 10.0.19042.1237]
(c) Microsoft Corporation. Alle Rechte vorbehalten.

C:\Users\Admin>cd gps

C:\Users\Admin\gps>dir
 Volume in Laufwerk C: hat keine Bezeichnung.
 Volumeseriennummer: 8E28-DB85

 Verzeichnis von C:\Users\Admin\gps

03.11.2021  15:15    <DIR>          .
03.11.2021  15:15    <DIR>          ..
11.04.2021  17:40            59.661 sonnenpfad.png
11.04.2021  17:40            34.930 sonnenpfad.ubx
11.04.2021  17:40            17.732 sonnenpfad_alm.txt
11.02.2020  07:36         1.702.510 teqc.exe
               4 Datei(en),      1.814.833 Bytes
               2 Verzeichnis(se), 206.837.542.912 Bytes frei

C:\Users\Admin\gps>teqc +nav sonnenpfad_nav.txt sonnenpfad.ubx > sonnenpfad_obs.txt
```

Abb. 6.6 Eingabeaufforderung in Windows

Abb. 6.6 zeigt die sogenannte *Eingabeaufforderung* in Windows. Man öffnet diese über die Programmgruppe „Windows-System", dort kann das gleichnamige Programm durch einen Doppelklick gestartet werden. Man erhält ein kleines Fenster mit üblicherweise schwarzem Hintergrund und weißer Schrift, in das man die nötigen Befehle eingeben muss.

Sie haben bereits das Verzeichnis gps in Ihrem Benutzerverzeichnis angelegt. Dort sollte sich die mit dem Programm *u-center* aufgezeichnete bzw. die von der Buch-Homepage bezogene Empfängerdatei sonnenpfad.ubx befinden, und dorthin kopieren Sie bitte auch das Konvertierprogramm teqc.exe. Dann starten Sie die Eingabeaufforderung.

Der Befehl

```
cd gps
```

wechselt in das angelegte Unterverzeichnis. Ob das Konvertierprogramm *teqc.exe* und die zu konvertierende *ubx*-Datei vorhanden sind, kann man mit dem Befehl

```
dir
```

überprüfen.

Der Befehl zum Konvertieren beginnt mit dem Namen des Programms `teqc`. Die Angabe `+nav` `sonnenpfad_nav.txt` veranlasst, dass die Navigationsdatei im RINEX-Format erzeugt wird und diese den Namen `sonnenpfad_nav.txt` bekommt. In diese Navigationsdatei werden die Ephemeridendaten der Satelliten geschrieben.

Die nächste Angabe in der Befehlszeile ist der Name des zu konvertierenden Files, hier `sonnenpfad.ubx`. Das folgende „>"-Zeichen ist ein sog. Umleitungszeichen, das die Ausgabe der Beobachtungsdaten in die Datei `sonnenpfad_obs.txt` bewerkstelligt. In dieser Datei sind u. a. die uns interessierenden Pseudoentfernungen der Satelliten abgelegt.

Hier nochmals der komplette Befehl:

```
teqc +nav sonnenpfad_nav.txt sonnenpfad.ubx >
        sonnenpfad_obs.txt
```

Unter der Voraussetzung, dass die zu konvertierende Empfängerdatei `sonnenpfad.ubx` heißt, werden die Navigationsdatei `sonnenpfad_nav.txt` und die Beobachtungsdatei `sonnenpfad_obs.txt` erzeugt. Abweichende Dateinamen müssen natürlich entsprechend angepasst werden. Bei der Konvertierung ausgegebene Meldungen können in aller Regel ignoriert werden. Nach der Konvertierung findet man die RINEX-Dateien im selben Unterverzeichnis. Man kann diese mit einem Texteditor öffnen und die enthaltenen Daten überprüfen.

6.2.8.2 Verwendung auf dem Mac

Das Konvertierprogramm *teqc* steht auch für den Mac zur Verfügung. Es handelt sich hier ebenfalls um ein Programm, das nicht mit der Maus gesteuert, sondern im *Terminal* aufgerufen werden muss.

Um die Konvertierung der *ubx*-Daten in RINEX-Dateien vornehmen zu können, laden Sie von der UNAVCO-Seite die Mac-Version von *teqc* herunter und speichern diese im angelegten Verzeichnis `gps`. Dorthin haben Sie auch Ihre in *u-center* erzeugte oder von der Buch-Homepage bezogene Empfängerdatei `sonnenpfad.ubx` kopiert.

Das Programm *teqc* selbst muss über das *Terminal* gestartet werden, das Sie im Programmverzeichnis im Ordner „Dienstprogramme" finden. Dieses Terminal ist ähnlich der „Eingabeaufforderung" unter Windows nur ein kleines Fenster, in das entsprechende Kommandos eingegeben werden müssen.

In Abb. 6.7 ist das Terminalfenster dargestellt. Zunächst wechseln Sie in das Verzeichnis `gps`:

```
cd gps
```

Mit dem Kommando

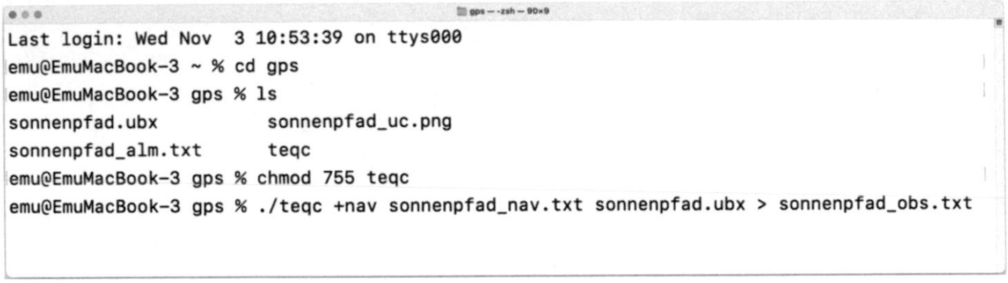

```
Last login: Wed Nov  3 10:53:39 on ttys000
emu@EmuMacBook-3 ~ % cd gps
emu@EmuMacBook-3 gps % ls
sonnenpfad.ubx          sonnenpfad_uc.png
sonnenpfad_alm.txt      teqc
emu@EmuMacBook-3 gps % chmod 755 teqc
emu@EmuMacBook-3 gps % ./teqc +nav sonnenpfad_nav.txt sonnenpfad.ubx > sonnenpfad_obs.txt
```

Abb. 6.7 Terminalfenster auf dem Mac

```
ls
```

können Sie sich den Inhalt des Verzeichnisses anschauen und überprüfen, ob die beiden Dateien `teqc` und `sonnenpfad.ubx` tatsächlich vorhanden sind.

Es ist möglich, dass das Programm *teqc* nach dem Kopieren auf Ihren Mac noch nicht die notwendigen Rechte für eine Ausführung besitzt. In diesem Fall müssen Sie einmalig vor dem ersten Aufruf den Befehl

```
chmod 755 teqc
```

ausführen. Schließlich können Sie die Konvertierung starten. Der Befehl dafür ist genau derselbe wie auf Windows-Rechnern, außer dass noch ein Punkt und ein Schrägstrich vorangestellt werden müssen, damit der Mac das Programm *teqc* auch tatsächlich findet:

```
./teqc +nav sonnenpfad_nav.txt sonnenpfad.ubx > sonnenpfad_obs.txt
```

Die erscheinenden Anmerkungen können meist ignoriert werden. Im Verzeichnis `gps` müssen hernach allerdings die beiden Textdateien `sonnenpfad_nav.txt` und `sonnenpfadf_obs.txt` vorliegen. Diese können mit einem beliebigen Texteditor geöffnet und deren Inhalt mit den unten stehenden Angaben verglichen werden.

6.2.9   Beispiel für eine RINEX-Navigationsdatei

In der Navigationsdatei sind die Ephemeriden der empfangenen Satelliten abgelegt. Jede RINEX-Datei beginnt mit einem Header, in dem u. a. die verwendete RINEX-Version, der Aufzeichnungszeitpunkt der *ubx*-Datei sowie weitere Angaben vermerkt sind. Nach der Zeile END OF HEADER beginnen die eigentlichen und uns interessierenden Daten, hier die Ephemeriden der empfangenen Satelliten:

```
      2.11           N: GPS NAV DATA                       RINEX VERSION / TYPE
teqc  2019Feb25                      20210414 16:23:36UTCPGM / RUN BY / DATE
OSX ker:10.11.6|Core i5|gcc 4.3 -m64|OSX ker:10.10+|=+   COMMENT
                                                          END OF HEADER
 2 21  4 11 14  0  0.0-5.946899764240D-04-3.524291969370D-12 0.000000000000D+00
    6.000000000000D+01 5.346875000000D+01 4.090527529748D-09-2.419242695740D+00
    2.749264240265D-06 2.025333186612D-02 1.105479896069D-05 5.153653484344D+03
    5.040000000000D+04 2.756714820862D-07-2.767315597482D+00 5.029141902924D-08
    9.628359916981D-01 1.662500000000D+02-1.525575006894D+00-7.471739799382D-09
    3.714440435639D-10 0.000000000000D+00 2.153000000000D+03 0.000000000000D+00
    2.000000000000D+00 0.000000000000D+00-1.769512891769D-08 6.000000000000D+01
    0.000000000000D+00 4.000000000000D+00
 4 21  4 11 14  0  0.0-1.912531442940D-04-1.932676241267D-12 0.000000000000D+00
    1.850000000000D+02-6.290625000000D+01 4.433756112310D-09-1.022312659769D+00
   -3.313645720482D-06 1.178945181891D-03 9.981915354729D-06 5.153764831543D+03
    5.040000000000D+04 2.793967723846D-08-5.656910902531D-01-2.980232238770D-08
    9.606419408099D-01 1.835312500000D+02-2.959115624026D+00-8.002833350132D-09
   -3.664438352852D-10 0.000000000000D+00 2.153000000000D+03 0.000000000000D+00
    2.000000000000D+00 0.000000000000D+00-4.190951585770D-09 4.410000000000D+02
    0.000000000000D+00 4.000000000000D+00
 5 21  4 11 14  0  0.0-3.878399729729D-05-1.136868377216D-12 0.000000000000D+00
    6.500000000000D+01 1.028125000000D+01 4.986636284846D-09 8.147126542237D-02
    6.444752216339D-07 6.010015495121D-03 3.278255462646D-06 5.153845935822D+03
    5.040000000000D+04-9.313225746155D-09-1.682680023543D+00 9.499490261078D-08
    9.553579245951D-01 3.133125000000D+02 8.811805068537D-01-8.552499103059D-09
    1.453631978178D-10 0.000000000000D+00 2.153000000000D+03 0.000000000000D+00
    2.000000000000D+00 0.000000000000D+00-1.117587089539D-08 6.500000000000D+01
    0.000000000000D+00 4.000000000000D+00
```

In der Originaldatei sind die Ephemeriden weiterer Satelliten enthalten, der Ausdruck wird hier gekürzt wiedergegeben. In der Darstellung sind die Ephemeriden der Satelliten mit den Nummern 2, 4 und 5 angegeben. Jeder Satellit hat seinen eigenen Abschnitt, der jeweils mit der Satellitennummer eingeleitet wird:

```
 2    21   4   11   14   0    0.0-5.946899764240D-04-3.524291969370D-12
0.000000000000D+00
```

Nach der Satellitennummer folgen das Datum (11.04.2021) und die genaue Uhrzeit (14:00:00), für die der Datensatz gültig ist. Anschließend folgen 25 numerische Daten, welche diejenigen Werte umfassen, die für eine exakte Positionsbestimmung der Satelliten benötigt werden. Die eigentlichen *Ephemeriden* – diejenigen Daten, die nach Kepler für die Positionsbestimmung benötigt werden – stellen dabei nur eine Teilmenge der übermittelten Gesamtdaten dar. Wir werden diese Thematik in Kap. 8 vertiefen.

6.2.10 Beispiel für eine RINEX-Beobachtungsdatei

```
     2.11               OBSERVATION DATA    G (GPS)           RINEX VERSION / TYPE
teqc  2019Feb25                             20210414 16:23:36UTCPGM / RUN BY / DATE
OSX ker:10.11.6|Core i5|gcc 4.3 -m64|OSX ker:10.10+|=+        COMMENT
-Unknown-                                                     MARKER NAME
-Unknown-              -Unknown-                              OBSERVER / AGENCY
-Unknown-              U-BLOX                 -Unknown-        REC # / TYPE / VERS
-Unknown-              UBLOX                 NONE              ANT # / TYPE
  4151519.4000    744099.2700   4769213.6600                 APPROX POSITION XYZ
        0.0000         0.0000         0.0000                  ANTENNA: DELTA H/E/N
      1     0                                                 WAVELENGTH FACT L1/2
      4    L1    C1    S1    D1                                # / TYPES OF OBSERV
SNR is mapped to RINEX snr flag value [0-9]                   COMMENT
L1 & L2: min(max(int(snr_dBHz/6), 0), 9)                      COMMENT
 2021     4    11    12    55   51.9990000        GPS         TIME OF FIRST OBS
                                                              END OF HEADER
 21  4 11 12 55 51.9990000  0  9G29G25G31G02G12G26G18G05G04
  -7263606.319 7  20060368.530         46.000        11543.262
  -5952476.171 7  20831212.324         43.000         9602.873
  -7435077.102 7  20964143.478         44.000        11751.142
  -5320518.878 6  24553630.656         40.000         8822.217
  -5086830.06314  24027419.242         28.000         8382.484
  -9344009.176 7  22798155.334         44.000        14787.993
  -9723935.540 6  22841993.725         37.000        15344.065
  -8918958.585 6  24201200.202         38.000        14081.981
  -7980097.612 5  24886725.130         34.000        12585.588
 21  4 11 12 55 52.9990000  0  9G29G25G31G02G12G26G18G05G04
  -7275149.658 7  20058172.010         46.000        11543.536
  -5962078.887 7  20829384.933         43.000         9602.826
  -7446827.622 7  20961907.783         43.000        11750.577
  -5329341.118 6  24551951.341         40.000         8822.954
  -5095209.82614  24025824.074         29.000         8377.232
  -9358797.267 7  22795341.213         44.000        14788.375
  -9739279.678 6  22839073.156         37.000        15344.466
  -8933040.704 6  24198519.757         38.000        14083.025
  -7992684.240 5  24884329.253         34.000        12587.206
 21  4 11 12 55 53.9990000  0  9G29G25G31G02G12G26G18G05G04
  -7286693.134 7  20055974.775         46.000        11542.679
  -5971681.875 7  20827557.551         43.000         9601.935
  -7458578.095 7  20959671.877         44.000        11750.254
  -5338163.766 6  24550272.486         40.000         8822.059
  -5103590.013 5  24024229.000         30.000         8381.626
  -9373585.821 7  22792527.209         44.000        14788.239
  -9754624.217 6  22836154.119         38.000        15343.747
  -8947123.140 6  24195839.105         37.000        14080.332
  -8005270.889 5  24881934.062         35.000        12586.683
```

Hier ist ebenfalls nur ein Ausschnitt wiedergegeben, in der Originaldatei sind weitere Beobachtungszeitpunkte enthalten. Die Observationsdatei wird gleichfalls mit einem Header eingeleitet, dessen Angaben für unsere Belange unwesentlich sind. Nach diesem Header werden, in Clustern zusammengefasst, die Beobachtungsdaten der empfangenen Satelliten aufgeführt. Dabei wird jeder Cluster von einer Überschrift eingeleitet, welche das Datum und die Uhrzeit der Beobachtung sowie die Nummern der empfangenen Satelliten angibt, zum Beispiel:

```
21 4 11 12 55 51.9990000 0 9G29G25G31G02G12G26G18G05G04
```

Die ersten drei Zahlen geben das Datum in der Form Jahr – Monat – Tag an (11.04.2021), die nächsten drei Zahlen die Uhrzeit (12:55:51,999). Die isoliert stehende Null sagt aus, dass die dargestellten Daten gültig sind. Die letzte Zeichengruppe macht eine Aussage über die im jeweiligen Zeitblock empfangenen Satelliten: Die führende Ziffer 9 sagt aus, dass neun Satelliten empfangen wurden, und zwar die Satelliten mit den Nummern 29, 25, 31, 02, 12, 26, 18, 05 und 04. Und genau in dieser Reihenfolge sind in den anschließenden Zeilen die Daten dieser Satelliten aufgeführt. Der Kennbuchstabe G vor jeder Satellitennummer steht für einen empfangenen GPS-Satelliten. Manche Empfänger können auch Satelliten anderer Systeme (Galileo, GLONASS, Beidou, …) empfangen, die dann mit anderen Kennbuchstaben ausgewiesen sind. Diese Headerzeile eines jeden Datenclusters enthält mit der genauen Beobachtungszeit und den Kennungen der empfangenen Satelliten somit wesentliche Informationen, die für unsere Berechnungen von essenzieller Bedeutung sind.

In den auf eine Headerzeile folgenden Zeilen sind die für uns bedeutsamen Pseudoentfernungen meist in der dritten – je nach Version der RINEX-Datei auch in der zweiten – Spalte aufgeführt. Man spricht hier von „Pseudo"-Entfernungen, da diese Strecken ja nicht direkt mit dem Metermaß gemessen, sondern über Signallaufzeiten errechnet wurden. Als Signalgeschwindigkeit wird die Lichtgeschwindigkeit verwendet, diese variiert aber auf dem Weg des Signals durch das Weltall und die Erdatmosphäre. Insbesondere in der Ionosphäre kommt es zu Geschwindigkeitsschwankungen.

6.3   RINEX-Dateien in Maxima einlesen

Bei der auftretenden Datenfülle ist es wenig sinnvoll, diese aus den RINEX-Dateien auszulesen und von Hand in Maxima einzutippen. Dies ist auch nicht nötig, da Maxima die Fähigkeit besitzt, Textdateien zu lesen. Um die folgenden Ausführungen und die Ausgaben von Maxima besser nachvollziehen und die korrekte Arbeitsweise der selbst erstellten Funktionen überprüfen zu können, ist es empfehlenswert, einen Ausdruck der generierten RINEX-Navigationsdatei vorliegen zu haben.

Der Zugriff auf Dateien geschieht grundsätzlich immer auf dieselbe Weise: Man muss die gewünschte Datei über deren Pfad und Namen genau bezeichnen und dann diese Datei zunächst öffnen. Bereits beim Öffnen muss angegeben werden, ob man etwas in diese Datei schreiben oder aus ihr lesen will.

6.3.1   Einlesen der Navigationsdatei

Den Pfad und den Dateinamen weist man vorteilhaft zuvor der Variablen `nav_pfad` zu:

```
nav_pfad:"c:/users/xxxx/gps/sonnenpfad_nav.txt"
```

Selbstverständlich muss der hier angegebene Platzhalter `xxxx` durch den Namen des eigenen Benutzerverzeichnisses ersetzt werden und auf dem Mac muss die Laufwerksbezeichnung `c:` entfallen! Da wir nur aus der Datei lesen wollen, verwenden wir die Funktion `openr()` zum Öffnen der Datei. Beim Öffnen wird ein sogenanntes *handle*, ein Identifikator der geöffneten Datei, erzeugt und als Ergebnis der Funktion `openr()` geliefert. Über dieses *handle* erfolgt jeglicher weitere Zugriff auf die Datei, sodass es in der Variablen h gespeichert wird:

```
h:openr(nav_pfad)
```

Das eigentliche Lesen erfolgt mit der Funktion `readline()`, wobei jeder Aufruf eine weitere Zeile aus der geöffneten Datei liest:

```
readline(h)
```

Ruft man diese Funktion mehrmals hintereinander auf, so werden nacheinander die Zeilen der Beobachtungsdatei gelesen und dargestellt. Dabei werden immer die gesamten Zeilen mitsamt aller Leerzeichen komplett gelesen und ausgegeben. Für unsere Zwecke ist es besser, die Leerzeichen zu ignorieren und nur die tatsächlichen Wörter und Zahlen, durch Kommata getrennt, in eine Liste einzulesen. Genau dies leistet die Funktion `split()`, welche eine Zeichenkette in deren wesentliche Bestandteile aufspaltet. Wir modifizieren daher den Lesebefehl:

```
split(readline(h))
```

Ruft man diese verketteten Funktionen ebenfalls mehrfach auf, so werden nacheinander alle weiteren Zeilen des Headers der RINEX-Beobachtungsdatei ausgelesen. Diese Headerzeilen sind für uns ohne Belang, wir können sie daher ignorieren. Das Ende des Headers wird durch eine Zeile markiert, an deren Ende die Worte END OF HEADER stehen. Das Ergebnis des Aufrufs `split(readline(h))` ist dann die Liste:

```
[END,OF,HEADER]
```

Dies ist das Signal, dass der für uns unwesentliche Header abgearbeitet wurde und nun die interessierenden Daten anstehen. Diese können allesamt mit der Funktion

```
werte:read_nested_list(h)
```

in einem Zug gelesen werden. Danach dürfen wir nicht versäumen, die Datei wieder zu schließen:

```
close(h)
```

Die Variable `werte` enthält jetzt eine verschachtelte Liste, in welcher die einzelnen Zeilen der auf den Header folgenden Datensektion als Listen enthalten sind. Diese einzelnen Zeilen können Sie mit

```
werte[1]
werte[2]
```

usw. anzeigen lassen und mit denjenigen auf Ihrer gedruckten Vorlage vergleichen.

Es ist nicht schwer, den oben von Hand durchgeführten Ablauf in die Maxima-Funktion `read_rinex()` zu überführen, die anhand des übergebenen Dateipfads diese Datei öffnet, den Header zeilenweise bis zu dessen Endemarkierung END OF HEADER liest, dann die Datensektion komplett mittels `read_nested_list()` ausliest und die Datei schließlich wieder schließt. Das Funktionsergebnis ist eine verschachtelte Liste mit den gelesenen Daten.

Die Schwierigkeit steckt leider im Detail: Der Zeilenvorschub wird in der Windows- und in der Mac-Welt unterschiedlich gehandhabt! Solange man eine unter Windows generierte RINEX-Datei auf einem Windows-Rechner in Maxima öffnet, ist alles in Ordnung. Ebenso, wenn man eine auf dem Mac erzeugte RINEX-Datei auf einem Mac in Maxima öffnet. Versucht man jedoch, eine unter Windows generierte RINEX-Datei auf dem Mac in Maxima zu öffnen, so läuft die Suche nach der Zeile `[END,OF,HEADER]` ins Leere, da unter Windows an jedes Zeilenende noch ein Wagenrücklauf (*carriage return,* entsprechend dem ASCII-Zeichen 13) angehängt wird. Dieses Zeichen ist gemeinerweise auf dem Bildschirm unsichtbar, allerdings kommt es beim Stringvergleich in Maxima sehr wohl zum Tragen, sodass das Ende des Headers nicht erkannt wird und die Funktion mit einer Fehlermeldung endet. Um die Funktion zum Einlesen der RINEX-Dateien universell zu gestalten, muss man daher beide Schreibweisen mit einem logischen ODER verknüpfen.

Des Weiteren kann es vorkommen, dass in manchen RINEX-Dateien das Ende des Headers nicht direkt mit einem Zeilenende-Zeichen abgeschlossen wird, sondern nach den Worten END OF HEADER weitere Leerzeichen bis zum Zeilenende folgen. In diesem Fall liest Maxima diese Zeile als `[END,OF,HEADER,]` und daher mit einem auf das Wort HEADER folgenden unsichtbaren Listenelement. Auch in diesem Fall würde das Headerende nicht erkannt werden. Deshalb führt letztlich kein direkter Listenvergleich zum Ziel, man muss vielmehr die Worte END, OF und HEADER einzeln untersuchen, ob sie in der gerade eingelesenen Zeile alle vorkommen, und dabei noch die Möglichkeit berücksichtigen, dass das Wort HEADER mit oder ohne angehängtes Wagenvorschubzeichen enthalten sein kann.

Die Definition der Funktion beginnt mit dem Funktionsnamen, gefolgt von einem runden Klammernpaar mit dem Aufrufparameter. Wir nennen die Funktion `read_rinex` und den Aufrufparameter `pfad`, da die Funktion ebendiesen Pfad zum Auffinden der zu lesenden Datei benötigt. Es folgt der Zuweisungsoperator `:=` und danach kommt sofort das `block()`-Statement mit dessen öffnender Klammer. Dann folgen zeilenweise und durch Kommata getrennt alle nötigen Befehle, am Schluss steht die schließende Klammer des `block()`-Statements.

```
read_rinex(pfad):=block(
[h,zeile,werte],
h:openr(pfad),
zeile:split(readline(h)),
unless member("END",zeile) and member("OF",zeile) and
        (member("HEADER",zeile) or
        member(concat("HEADER",ascii(13)),zeile))
        do zeile:split(readline(h)),
werte:read_nested_list(h),
close(h),
werte)
```

Die einzelnen Befehlszeilen können Sie aus Ihrem Maxima-Arbeitsblatt kopieren und einfügen. Mit der Anweisung

```
rinex_nav:read_rinex(nav_pfad)$
```

wird die auf dem Computer vorliegende RINEX-Navigationsdatei komfortabel eingelesen und der Variablen `rinex_nav` zugewiesen. Dies lässt sich einfach überprüfen. Da es sich um eine geschachtelte Liste handelt, können Sie mit dem Listenindex auf die jeweiligen Zeilen der RINEX-Datei zugreifen. Der Aufruf

```
rinex_nav[1]
```

liefert die erste Zeile des Datenbereichs der Navigationsdatei:

```
[2,21,4,11,14,0,0.0,-5.946899764240*10^-04,
-3.524291969370*10^-12,0.0]
```

6.3.2   Einlesen der Beobachtungsdatei

Auf genau dieselbe Weise lässt sich die Funktion `read_rinex()` zum Einlesen der Beobachtungsdatei verwenden. Es muss zuvor nur der korrekte Pfad zur Beobachtungsdatei angegeben werden:

```
obs_pfad:"c:/users/xxxx/gps/sonnenpfad_obs.txt"
```

Danach lesen Sie die Beobachtungsdatei ein:

```
rinex_obs:read_rinex(obs_pfad)
```

Der Aufruf

```
rinex_obs[1]
```

liefert die erste Zeile des eingelesenen Datenblocks der Beobachtungsdatei und damit die Headerzeile der ersten Beobachtung:

```
[21,4,11,12,55,51.999,0,9G29G25G31G02G12G26G18G05G04]
```

Der Aufruf der zweiten Zeile `rinex_obs[2]` hat das Ergebnis

```
[-7263606.319,7,2.006036853*10^7,46.0,11543.262]
```

und liefert die Daten des Satelliten G29. Die weiteren Zeilen können mit den jeweiligen Zeilennummern als Indizes dargestellt werden.

Der Aufruf der Funktion `read_rinex()` schreibt als Funktionsergebnis jeweils die Datensektion der Beobachtungs- bzw. Navigationsdatei zeilenweise in eine geschachtelte Liste. Damit haben wir bereits eine wesentliche Erleichterung erreicht, weil wir die benötigten Daten nicht von Hand aus den RINEX-Dateien abtippen und in Maxima eingeben müssen. Allerdings liegen danach die Daten innerhalb von Maxima in einer für unseren Zweck unstrukturierten Form vor. Es wird somit im Folgenden darum gehen, diese Satellitendaten in ein besser handhabbares Format zu übertragen.

Im vorhergehenden Kapitel haben wir die Möglichkeit geschaffen, RINEX-Textdateien in Maxima einzulesen. Die Inhalte der Datenbereiche der Beobachtungs- und der Navigationsdatei liegen damit zeilenweise in Form von geschachtelten Listen in Maxima vor. Nun wird es darum gehen, diese Daten für einen schnellen Zugriff in Maxima optimal zu strukturieren und die dafür nötigen Funktionen zu erstellen.

7.1   Navigationsdaten konvertieren

Wenn Sie den Ausdruck einer RINEX-Navigationsdatei genauer betrachten, dann stellen Sie fest, dass die Ephemeriden eines jeden empfangenen Satelliten genau acht Zeilen lang sind und diese Abschnitte der einzelnen Satelliten jeweils mit der Nummer des Satelliten und dem Datum eingeleitet werden. Beim Einlesen in Maxima sind die zusammengehörigen Abschnitte der Satelliten in acht Zeilen zerfallen, die nun wieder vereint werden müssen. Dies leistet die nachfolgend aufgeführte Funktion make_ navmatrix():

```
make_navmatrix(rinex_navdata):=block(
[num_sv,eph_sv,svlist],
navmatrix:[],
svlist:[],
num_sv:length(rinex_navdata)/8,
for i:1 thru num_sv do
    (
    eph_sv:[],
    for k:1 step 1 thru 8 do
```

H. Albrecht, *Geometrie und GPS,* Mathematik Primarstufe und Sekundarstufe I + II, https://doi.org/10.1007/978-3-662-64871-1_7

```
        (
         if k=1 then
             if not(numberp(rinex_navdata[k][1])) then
                 (
                 chr:string(first(rinex_navdata[k])),
                 sv:eval_string(sremove("G",chr)),
                 rinex_navdata[k][1]:sv
                 ),
         eph_sv:append(eph_sv,pop(rinex_navdata))
         ),
     navmatrix:endcons(eph_sv,navmatrix),
     svlist:endcons(navmatrix[i][1],svlist)
     ),
print("Anzahl Ephemeriden:" ,num_sv,sort(svlist)),
navmatrix)
```

Diese Funktion erwartet den Namen der von der Einlesedatei `read_rinex()` generierten geschachtelten Liste als Aufrufparameter. Mittels Division der Listenlänge durch acht erhält man die Anzahl derjenigen Satelliten, von denen Ephemeriden vorliegen. Diese Anzahl wird am Ende der Funktion ausgegeben, außerdem eine Liste mit den Nummern dieser Satelliten.

Für jeden dieser Satelliten werden die zusammengehörigen acht Zeilen in eine einzige Liste zusammengefasst. Dies geschieht, indem mittels `pop()` immer das erste Listenelement aus der geschachtelten Liste `rinex_nav` entfernt und mit `append()` an die bisher erzeugte Liste `eph_sv` angehängt wird. Hat man dies genau achtmal gemacht, befinden sich alle Ephemeriden eines Satelliten in der Liste `eph_sv`. Diese Liste wird dann ihrerseits in der Liste `eph_matrix` angefügt. Hat man dies schließlich für alle beobachteten Satelliten erledigt, so enthält die geschachtelte Liste `navmatrix` für jeden beobachteten Satelliten eine Liste mit dessen Ephemeriden. Diese Liste wird global erstellt, da der Variablenname `navmatrix` nicht in der Liste der lokalen Variablen erscheint. Dies ist beabsichtigt und sinnvoll, da sich alle weiteren Berechnungen auf diese Datenstruktur stützen.

Beim Zusammenfügen der Ephemeriden für einen Satelliten muss beachtet werden, dass die jeweils führende Satellitennummer manchmal mit einem vorangestellten Buchstaben „G" angegeben wird. Dies gilt vor allem für Ephemeriden, die aus dem Internet bezogen werden können. Deshalb muss immer die erste Zeile eines Datenblocks daraufhin untersucht werden, ob das erste Element der Liste eine Zahl ist. Ist dies nicht der Fall, so muss vom ersten Listeneintrag der Buchstabe „G" entfernt werden. Dies wird von den beiden geschachtelten `if`-Statements erledigt.

Rufen Sie die Funktion mit der Anweisung

```
make_navmatrix(rinex_nav)
```

auf und überprüfen Sie das Ergebnis mit dem Befehl:

```
navmatrix[1]
```

Es müssen die kompletten Ephemeriden des ersten Satelliten mit der Nummer 2 geliefert werden:

```
[2,21,4,11,14,0,0.0,-5.94689976424*10^-4,
-3.52429196937*10^-12,0.0,60.0,53.46875,
4.090527529748*10^-9,-2.41924269574,
2.749264240265*10^-6,0.02025333186612,
1.105479896069*10^-5,5153.653484344,
50400.0,2.756714820862*10^-7,-2.767315597482,
5.029141902924*10^-8,0.9628359916981,166.25,
-1.525575006894,-7.471739799382*10^-9,
3.714440435639*10^-10,0.0,2153.0,0.0,2.0,0.0,
-1.769512891769*10^-8,60.0,0.0,4.0]
```

Eine andere Indizierung erlaubt den Zugriff auf die Daten der weiteren Satelliten.

7.1.1   Ephemeriden-Datensatz auslesen

Für einen schnellen Überblick, von welchen Satelliten Ephemeriden zur Verfügung stehen, sorgt die Funktion make_navsatlist():

```
make_navsatlist():=block(
[navsatlist],
navsatlist:[],
for i:1 thru length(navmatrix) do
                navsatlist:endcons(navmatrix[i][1],navsatlist),
sort(navsatlist))
```

Da diese Funktion auf die global vorliegende Datenstruktur navmatrix zugreift, benötigt sie keine Aufrufparameter. Der Aufruf

```
make_navsatlist()
```

erzeugt eine sortierte Liste mit den Nummern derjenigen Satelliten, von denen Ephemeriden vorliegen:

```
[2,4,5,6,12,18,25,26,29,31,32]
```

Für den Zugriff auf die Ephemeriden eines bestimmten Satelliten ist es notwendig, den jeweiligen Index auf die globale Navigationsmatrix navmatrix zu kennen. Um hier nicht selbst suchen zu müssen, bietet es sich an, eine kleine Funktion zu schreiben, welche die Navigationsmatrix auf der Suche nach der angegebenen Satellitennummer durchläuft und den passenden Index zurückliefert. Liegen keine Ephemeriden für den angegebenen Satelliten vor, dann wird die Zahl 0 zurückgeliefert.

```
find_ephindex(sat_nr):=block(
[index],
index:0,
for i:1 thru length(navmatrix) do
    if navmatrix[i][1]=sat_nr then index:i,
index)
```

Möchte man auf die Daten des Satelliten SV12 zugreifen, so liefert der Aufruf

```
find_ephindex(12)
```

den Index 5 und man kann mit

```
navmatrix[5]
```

den zugehörigen Datensatz auslesen:

```
[12,21,4,11,14,0,0.0,-2.636900171638*10^-5,
-5.115907697473*10^-12,0.0,13.0,-9.46875,
4.632335812523*10^-9,2.275551969325,
-7.897615432739*10^-7,0.008491754997522,
2.1792948246*10^-6,5153.75812149,50400.0,
-1.862645149231*10^-9,1.566436981599,
-1.545995473862*10^-7,0.9737948280633,
340.5,1.198772243527,-8.226414091737999*10^-9,
-1.571494030463*10^-10,0.0,2153.0,0.0,2.0,0.0,
-1.257285475731*10^-8,13.0,0.0,4.0]
```

Die Zahl 12 am Beginn der Liste zeigt an, dass es sich tatsächlich um den Datensatz des Satelliten SV12 handelt.

Damit haben wir die Ephemeriden der empfangenen Satelliten in die globale Datenstruktur navmatrix übertragen und uns Möglichkeiten geschaffen, auf den dort enthaltenen Datensatz eines beliebigen Satelliten komfortabel zuzugreifen.

7.2 Beobachtungsdaten konvertieren

Der Aufbau einer RINEX-Beobachtungsdatei wurde bereits angesprochen. Im Gegensatz zur Navigationsdatei sind die Daten einer Beobachtungsdatei zeitlich-sequenziell strukturiert: Jeder Datencluster enthält in seiner ersten Zeile die genaue Uhrzeit der Beobachtung und eine Aufzählung der beobachteten Satelliten. In den nachfolgenden Zeilen werden die Beobachtungsdaten der einzelnen Satelliten genau in der Reihenfolge aufgeführt, in welcher die Satelliten in der Einleitungszeile angegebenen sind. Der Aufruf

```
rinex_obs[1]
```

liefert die erste Zeile des ersten Datenblocks:

```
[21,4,11,12,55,51.999,0,9,G29G25G31G02G12G26G18G05G04]
```

Mit dem Aufruf

```
rinex_obs[1][8]
```

erfahren wir, dass zum ersten Beobachtungszeitpunkt neun Satelliten empfangen wurden, und

```
rinex_obs[1][9]
```

gibt an, um welche Satelliten es sich konkret handelt:

```
G29G25G31G02G12G26G18G05G04
```

Diese Angaben sind immer dreistellig: Der führende Buchstabe bezeichnet die Art des Satellitensystems, wobei G für GPS steht. Die darauffolgenden beiden Ziffern stehen für die Satellitennummer.

7.2.1 Überprüfung der vorhandenen GPS-Satelliten

Zunächst muss es darum gehen, die Aufzählung der Satelliten dahingehend zu überprüfen, ob tatsächlich nur GPS-Satelliten aufgeführt sind, und dann deren Nummern als Zahlen aus der Zeichenkette auszulesen. Diese Aufgabe übernimmt die folgende Funktion:

```
read_satnr(satliste,lfd_nr):=block(
[index,zeichenkette,satnr,z,e,navsatlist],
index:(lfd_nr-1)*3+1,
zeichenkette:string(satliste),
satnr:if charat(zeichenkette,index)="G" then
    (
    z:eval_string(charat(zeichenkette,index+1)),
    e:eval_string(charat(zeichenkette,index+2)),
    z*10+e
    )
    else 0,
navsatlist:make_navsatlist(),
if member(satnr,navsatlist) then satnr else 0)
```

Die als Aufrufparameter erwartete Liste der Satelliten kann über die Zuweisung

```
satliste:rinex_obs[1][9]
```

angelegt werden. Mit dem zweiten Aufrufparameter lfd_nr gibt man die fortlaufende
Nummer der Satellitenkennung an, die man auslesen möchte. Da die Kennung des
ersten Satelliten an der ersten Stelle der Zeichenkette beginnt, die Kennung des zweiten
Satelliten an der 4. Stelle, die Kennung des dritten an der 7. Stelle usw., muss die
Nummer der gewünschten Kennung mit dem Term (lfd_nr-1)*3+1 in einen Zeiger
auf die jeweilige Stelle innerhalb der Zeichenkette umgerechnet werden.

Befindet sich an dieser Stelle der Buchstabe „G", so wird aus den beiden folgenden
Zeichen die Satellitennummer errechnet. Befindet sich an dieser Stelle ein anderer Buch-
stabe als G, so handelt es sich bei dem empfangenen Satelliten nicht um einen GPS-
Satelliten, in diesem Fall wird die Zahl 0 zurückgegeben.

Manche Empfänger sind in der Lage, auch Daten von Satelliten anderer Navigationssysteme zu empfangen. Die Satelliten sind in der RINEX-Datei folgendermaßen codiert:

G	GPS	(USA)
R	GLONASS	(Russland)
S	SBAS payload	
E	Galileo	(Europa)
C	Beidou	(China)
J	QZSS	(Japan)

So kann es – wohl nicht in unserer Beispieldatei, aber doch grundsätzlich – vorkommen,
dass Satelliten mit anderen Kennbuchstaben, beispielsweise mit der Kennung „S", in der
Liste auftauchen:

```
 20  4 13 16  6 29.0010000   0 10G26G21G18S27G20G27G29G31G10G05
   1171926.893 7   20702093.097              47.000       -6893.816
   1249063.971 7   21291160.699              45.000       -7321.362
   1356808.018 7   21248388.348              46.000       -7943.526
   1039020.245 6   39881387.335              36.000       -6175.318
```

Dieser Satellit taucht als vierter in der Folge auf, daher befindet sich sein Datensatz auch
in der 4. Zeile. Es ist auf den ersten Blick erkennbar, dass sein Pseudorange deutlich
größer als derjenige eines GPS-Satelliten ist. *SBAS* ist das Akronym für *Satellite Based
Augmentation System*. Es handelt sich somit um ein *satellitenbasiertes Ergänzungs-
system,* das vorhandene andere Systeme wie eben das GPS unterstützt. Diese Unterstützung erfolgt in Form zusätzlicher Informationen, die von geosynchronen oder
geostationären Satelliten ausgestrahlt werden, um die Zuverlässigkeit, Genauigkeit und
Verfügbarkeit der Positionsbestimmung zu verbessern. Das in der Liste an letzter Stelle
erwähnte *Quasi-Zenit-Satelliten-System* (QZSS) ist ebenfalls ein solches Ergänzungs-
system, das speziell für den japanischen Raum ausgelegt ist. In Amerika gibt es das *Wide
Area Augmentation System* (WAAS), in Europa das *European Geostationary Navigation
Overlay System* (EGNOS) und weltweit noch einige weitere solcher Ergänzungssysteme.
All diese Systeme verwenden dasselbe Datenformat, sodass SBAS-fähige Empfänger die
Daten aller solcher Ergänzungssysteme empfangen und auswerten können, um damit die
Positionsgenauigkeit zu verbessern. Manche dieser SBAS-Satelliten strahlen zusätzlich
die üblichen GPS-Signale aus, sodass die GPS-Empfänger auch die Pseudoentfernungen
zu diesen Satelliten berechnen können. In diesem Fall wird, wie oben dargestellt, der
Nummer eines solchen Satelliten der Großbuchstabe „S" vorangestellt, und in den
Datenzeilen fällt solch ein Satellit durch eine deutlich größere Bahnhöhe auf. Für einen
geostationären Orbit ist eine Bahnhöhe von 35.786 km über der Erdoberfläche über dem
Äquator nötig, während ein GPS-Satellit eine Bahnhöhe von etwa 20.200 km aufweist.
Leider können wir die Pseudoranges der SBAS-Satelliten nicht nutzen, da wir von diesen
Satelliten keine Ephemeriden bekommen und damit keine Angaben über deren genaue
Position haben. Deshalb blendet die dargestellte Funktion `read_satnr()` solche und
möglicherweise weitere empfangene Satelliten aus, die nicht den Kennbuchstaben „G"
führen. Als Nummer eines solchen Satelliten wird dann immer null zurückgegeben.

Auch wenn man vor der Aufnahme der Empfängerdaten innerhalb des Programms
u-center lange wartet, um möglichst viele Ephemeriden zu erhalten, kann es vorkommen, dass in der aufgenommenen ubx-Datei Beobachtungsdaten von Satelliten
vorliegen, für die keine Navigationsdaten aufgezeichnet wurden! Natürlich kann der
Empfänger keine Pseudoentfernungen für Satelliten berechnen, von denen er keine
Bahndaten hat. Es scheint sich somit um ein Problem bei der Datenaufzeichnung zu
handeln, das unter Umständen in einer zukünftigen Version von *u-center* behoben sein
wird. Da ein solcher Zustand bei unserer späteren Bestimmung der Empfängerposition
zu einem Berechnungsabbruch führen würde, müssen wir diesen Fall ausschließen.

Dazu lassen wir uns mit der Maxima-Funktion `make_navsatlist()` die Liste derjenigen Satelliten erstellen, von denen Ephemeriden vorliegen, und überprüfen, ob die eben generierte Satellitennummer in eben dieser Liste enthalten ist.

Die korrekte Arbeitsweise der Funktion `read_satnr()` kann man überprüfen, indem man sie mit jeweils verändertem zweitem Parameter aufruft:

`read_satnr(satliste,1)` → liefert 29,

`read_satnr(satliste,2)` → liefert 25 usw.

Dabei müssen nacheinander die Satellitennummern wie in der Variablen `satliste` ausgeführt erscheinen, soweit es sich um GPS-Satelliten handelt, für die auch Ephemeriden vorliegen.

7.2.2 Pseudoentfernung auslesen

Schaut man mit dem Aufruf

```
rinex_obs[2]
[-7263606.319,7,2.006036853*10^7,46.0,11543.262]
```

bzw.

```
rinex_obs[3]
[-5952476.171,7,2.0831212324*10^7,43.0,9602.873]
```

usw. die der Einleitungszeile folgenden Zeilen des jeweiligen Abschnitts an, so erkennt man dort die Daten der einzelnen Satelliten, wobei die uns interessierenden Pseudoentfernungen in der Regel an der zweiten oder dritten Stelle stehen. Auf diese Pseudoentfernungen kann man daher mit

```
rinex_obs[2][3]
2.006036853*10^7
rinex_obs[3][3]
2.0831212324*10^7
```

usw. direkt zugreifen.

Etwas komfortabler geschieht dies mit der Funktion:

```
read_prange_rinex(rinex_obsdata,cluster,i):=block(
[prange],
prange:rinex_obsdata[cluster+i][2],
if prange<10 then prange:rinex_obsdata[cluster+i][3],
prange)
```

Da nicht in allen Fällen die Pseudoentfernungen an der dritten Stelle stehen, sondern manchmal auch an der zweiten, wurde die `if`-Abfrage eingefügt, welche diesen Umstand berücksichtigt.

Der Aufruf

```
read_prange_rinex(rinex_obs,1,1)
```

liefert die Pseudoentfernung des ersten Satelliten des ersten Beobachtungsclusters in der RINEX-Datei und

```
read_prange_rinex(rinex_obs,1,2)
```

diejenige des zweiten Satelliten.

7.2.3 GPS-Zeit auslesen

Das Datum innerhalb der RINEX-Beobachtungsdaten liegt im Header immer in der Form Jahr, Monat, Tag, Stunde, Minute, Sekunde vor, z. B.:

```
21,4,11,12,55,51.999
```

Wir benötigen daher eine Funktion, die aus dieser Angabe die zugehörige GPS-Zeit berechnet. Dafür muss zuerst das julianische Datum aus der Zeitangabe der RINEX-Datei ermittelt und daraus anschließend das zugehörige GPS-Datum berechnet werden.

```
read_obstime(obszeile):=
gps_time(julday(obszeile[1]+2000,obszeile[2],obszeile[3],
          obszeile[4],obszeile[5],obszeile[6]))
```

Der Aufrufparamterer `obszeile` ist die Liste mit der jeweils ersten Zeile eines Beobachtungszeitpunkts der importierten RINEX-Beobachtungsdatei. Diese wird beim Einlesevorgang unter dem Namen `rinex_obs` abgelegt. Ein möglicher Aufruf muss daher beispielsweise lauten:

```
read_obstime(rinex_obs[1])
```

Das Ergebnis dieser Funktion ist eine Zweierliste mit der Wochen- und der Sekunden-angabe des jeweiligen Datums:

```
[2153,46552]
```

Weitere mögliche Indizes hängen von der Anzahl der jeweils beobachteten Satelliten ab und müssten erforderlichenfalls in der Liste `rinex_obs` ausgezählt werden. Allerdings ist die Funktion `read_obstime()` ohnehin nur für den Aufruf aus der nachfolgend vorgestellten Funktion `make_obslist()` vorgesehen, welche die jeweiligen Schrittlängen selbst ermittelt.

7.2.4   Beobachtungsliste erstellen

Die nächste Aufgabe besteht nun darin, aus einem Abschnitt der RINEX-Beobachtungsdatei die darin enthaltenen Satellitennummern und zugehörigen Pseudoentfernungen zu ermitteln und diese Paare fortlaufend in eine Liste zu schreiben. Vorangestellt werden die Beobachtungszeit im GPS-Format und die Anzahl der beobachteten Satelliten.

```
make_obslist(rinex_obsdata,cluster):=block(
[header,num_sats,satlist,time,rangelist],
header:rinex_obsdata[cluster],
num_sats:header[8],
satlist:header[9],
time:read_obstime(header),
rangelist:[time,num_sats],
for i:1 thru num_sats do
    (
    if read_satnr(satlist,i)#0 then
        rangelist:endcons(
            [read_satnr(satlist,i),
            read_prange_rinex(rinex_obsdata,cluster,i)],
            rangelist)
    ),
rangelist[2]:length(rangelist)-2,
rangelist)
```

Der Zeitpunkt der Beobachtung wird zusammen mit der Anzahl der Satelliten laut der Angabe im Header an den Anfang der aufzubauenden Liste gesetzt. Falls sich andere als GPS-Satelliten unter den aufgeführten Satelliten befanden, die nicht in unsere Berechnungen aufgenommen werden können, dann muss die Satellitenanzahl vor der Ausgabe der Liste nochmals korrigiert werden. Dies geschieht, indem der ursprünglich gesetzte Wert durch die Listenlänge abzüglich zwei für die ersten beiden Einträge überschrieben wird. Das Ergebnis dieser Funktion besteht aus der Liste der Pseudoentfernungen der empfangenen Satelliten, an deren Anfang der Beobachtungszeitpunkt im GPS-Zeitformat und die Anzahl der beobachteten GPS-Satelliten eingefügt wurden. So liefert der Aufruf

```
make_obslist(rinex_obs,1)
```

das Ergebnis:

```
[[2153,46552],9,
[29,2.006036853*10^7],[25,2.0831212324*10^7],
[31,2.0964143478*10^7],[2,2.4553630656*10^7],
[12,2.4027419242*10^7],[26,2.2798155334*10^7],
[18,2.2841993725*10^7],[5,2.4201200202*10^7],
[4,2.488672513*10^7]]
```

Da zum ersten Beobachtungszeitpunkt die Daten von neun Satelliten vorliegen, beginnt die Headerzeile des nächsten Beobachtungszeitpunkts beim Index 11. Der nächste mögliche Aufruf ist daher

```
make_obslist(rinex_obs,11)
```

Allerdings werden wir die Funktion make_obslist() ebenfalls nicht von Hand aufrufen, sondern aus der Funktion make_obsmatrix() heraus. Mit dieser Funktion werden die einzelnen Listen der verschiedenen Beobachtungszeitpunkte in der geschachtelten Liste obsmatrix zusammengefasst.

```
make_obsmatrix(rinex_obsdata):=block(
[z_nr,zeilenzahl,ranges_at_time,num_sats,svlist],
obsmatrix:[],
z_nr:1,
zeilenzahl:length(rinex_obsdata),
while z_nr<zeilenzahl do
    (
    ranges_at_time:make_obslist(rinex_obsdata,z_nr),
    obsmatrix:endcons(ranges_at_time,obsmatrix),
    num_sats:rinex_obsdata[z_nr][8],
    z_nr:z_nr+num_sats+1
    ),
svlist:[],
print(length(obsmatrix),"Beobachtungen"),
for obs in obsmatrix do
    (
    for i:3 thru length(obs) do
        svlist:endcons(obs[i][1],svlist),
    print(obs[1][2],sort(svlist)),
    svlist:[]
    ),
obsmatrix)
```

Ruft man diese Funktion über die Anweisung

```
make_obsmatrix(rinex_obs)
```

auf, so wird die globale Datenstruktur obsmatrix erzeugt, deren Elemente Listen mit den Pseudoentfernungen der einzelnen Beobachtungszeitpunkte sind. Dies kann man beispielsweise mit

```
obsmatrix[2]
```

überprüfen:

```
[[2153,46553],9,
[29,2.005817201*10^7],[25,2.0829384933*10^7],
[31,2.0961907783*10^7],[2,2.4551951341*10^7],
[12,2.4025824074*10^7],[26,2.2795341213*10^7],
[18,2.2839073156*10^7],[5,2.4198519757*10^7],
[4,2.4884329253*10^7]]
```

Man erhält die Beobachtungsdaten der neun Satelliten zum zweiten Beobachtungszeitpunkt.

In Anlehnung an Borre und Strang (2012) ist immer von Matrizen die Rede. Wie leicht erkennbar ist, handelt es sich aus der Sicht von Maxima bei den Datenstrukturen navmatrix und obsmatrix nicht um Matrizen, sondern um geschachtelte Listen. Da dies für den Zugriff auf einzelne Elemente unwesentlich, für Maxima jedoch bei der Generierung von tatsächlichen Matrizen aufwendiger in der Handhabung ist, werden die Beobachtungs- und Navigationsdaten innerhalb von Maxima in geschachtelten Listen abgelegt.

7.2.5 Daten automatisiert einlesen

Die beiden globalen Matrizen navmatrix und obsmatrix bilden die Grundlage für alle weiteren Berechnungen in Maxima, da sie alle dafür benötigten Daten enthalten. Am Anfang jeder neu zu erstellenden Maxima-Datei kann deshalb die nachfolgende Sequenz aufgenommen werden:

```
nav_pfad:"c:/users/xxxx/gps/sonnenpfad_nav.txt";
rinex_nav:read_rinex(nav_pfad)$
navmatrix:make_navmatrix(rinex_nav)$
obs_pfad:"c:/users/xxxx/gps/sonnenpfad_obs.txt";
rinex_obs:read_rinex(obs_pfad)$
obsmatrix:make_obsmatrix(rinex_obs)$
```

Die beiden Pfadangaben müssen natürlich an die jeweiligen Gegebenheiten angepasst werden.

Es ist auch denkbar, diese Anweisungen ganz ans Ende der Bibliotheksdatei zu schreiben. In diesem Fall muss allerdings am Ende jeder Zeile explizit ein Semikolon bzw. das Dollarzeichen angefügt werden. Das Dollarzeichen unterdrückt die Ausgabe für die jeweilige Anweisung, und dies ist bei den in der Regel recht umfangreichen Daten sicher sinnvoll. Bei jedem Laden der Bibliotheksdatei werden dann die für die weitere Arbeit benötigten Datenstrukturen `obsmatrix` und `navmatrix` automatisch angelegt. Zur Kontrolle werden von der Funktion `make_navmatrix()` die Anzahl und die Nummern derjenigen Satelliten ausgegeben, von denen Ephemeridendaten vorliegen. Ebenso gibt die Funktion `make_obsmatrix()` die Anzahl der Beobachtungszeitpunkte aus und zu jedem Zeitpunkt die Anzahl und die Nummern derjenigen Satelliten, von denen Beobachtungen vorliegen. Diese Vorgehensweise beschränkt sich jedoch darauf, dass immer nur die RINEX-Dateien `sonnenpfad_nav.txt` und `sonnenpfad_obs.txt` eingelesen werden.

Möchte man komfortabel verschiedene Aufzeichnungsdaten mit unterschiedlichen Namen einlesen, so kann man hierfür die Eingabefunktion in Maxima ausnutzen. Mit der Funktion `read()` lassen sich Eingaben über die Tastatur einlesen und einer Variablen zuweisen. Probieren Sie aus:

```
x:read("Geben Sie eine Zahl ein:")
```

Nach Absenden des Befehls schreibt Maxima in Rot den Aufforderungstext

```
Geben Sie eine Zahl ein:
```

und der blinkende Cursor hinter dem Doppelpunkt macht deutlich, dass Maxima eine Eingabe erwartet. Gibt man nun eine beliebige Zahl ein und schließt auch diese Eingabe mit <Shift><Return> ab, so nimmt Maxima den eingegebenen Wert entgegen und weist diesen der Variablen *x* zu. Diese Möglichkeit ist ganz nützlich, wenn man beispielsweise umfangreiche Berechnungen mehrfach mit unterschiedlichen Ausgangswerten durchführen will.

Mit gewissen Einschränkungen lässt sich auch Text eingeben:

```
y:read("Texteingabe:")
```

Problemlos ist die Eingabe eines einzelnen Worts. Sind zwei Wörter durch einen Punkt getrennt, so werden das erste Wort, der Punkt und das zweite Wort in einer Liste getrennt voneinander aufgenommen. Da ein Dateiname mit seiner Erweiterung, beispielsweise `sonnenpfad_obs.txt`, genau dieses Format hat, würde das Einlesen eines solchen Dateinamens samt seiner Erweiterung etwas Aufwand erfordern. Wenn man jedoch die beiden RINEX-Dateien mit einem gemeinsamen Namensstamm (beispielsweise

sonnenpfad) und den Ergänzungen _nav und _obs sowie der Dateinamen-
erweiterung .txt bezeichnet, so ist die Eingabe des Namensstamms ausreichend.

Dafür benötigen wir die Funktion read_name(), welche den Namensstamm der
Beobachtungs- und der Navigationsdatei über die Tastatur einliest, daraus die beiden
Dateinamen erstellt und diese als Listenelemente ausgibt:

```
read_name():=block(
[name,obsname,navname],
name:(read("Namensstamm der RINEX-Dateien:")),
navname:concat(name,"_nav.txt"),
obsname:concat(name,"_obs.txt"),
[navname,obsname])
```

Damit stehen die Dateinamen in Maxima zur Verfügung. Für das Einlesen wird der
komplette Pfad benötigt, beispielsweise

```
"c:/users/xxxx/gps/"
```

auf Windows-Rechnern oder

```
"/users/xxxx/gps/"
```

auf dem Mac, wobei, wie bereits erwähnt, der Platzhalter xxxx durch die Bezeichnung
des eigenen Benutzerverzeichnisses ersetzt werden muss. Da sich diese Pfadangabe
in der Regel nicht ändert, kann man mit der Funktion make_path() aus den eingegebenen Dateinamen und dem festgelegten Pfad die kompletten Pfad- und Namens-
angaben erstellen:

```
make_path(name):=block(
pfad:"/users/xxxx/gps/",
navpfad:concat(pfad,name[1]),
obspfad:concat(pfad,name[2]),
[navpfad,obspfad])
```

Schließlich kann man den kompletten Vorgang von der Eingabe der Dateinamen bis hin
zur Erstellung der Datenstrukturen in der Funktion einlesen() bündeln:

```
einlesen():=block(
name:read_name(),
pfad:make_path(name),
rinex_nav:read_rinex(pfad[1]),
make_navmatrix(rinex_nav),
rinex_obs:read_rinex(pfad[2]),
```

```
make_obsmatrix(rinex_obs),
return(true))
```

Der letzte Befehl `return(true)` dient dazu, die umfangreiche Ausgabe der `navmatrix` zu unterdrücken. Der Aufruf der Funktion `einlesen()` führt nach der Eingabe des Namensstamms `sonnenpfad` beispielsweise zu der folgenden Ausgabe:

```
Anzahl Ephemeriden: 11 [2,4,5,6,12,18,25,26,29,31,32]
14 Beobachtungen
46552 [2,4,5,12,18,25,26,29,31]
46553 [2,4,5,12,18,25,26,29,31]
46554 [2,4,5,12,18,25,26,29,31]
46555 [2,4,5,12,18,25,26,29,31]
46556 [2,4,5,12,18,25,26,29,31]
46557 [2,4,5,12,18,25,26,29,31]
46558 [2,4,5,12,18,25,26,29,31]
46559 [2,4,5,12,18,25,26,29,31]
46560 [2,4,5,12,18,25,26,29,31]
46561 [2,4,5,12,18,25,26,29,31]
46562 [2,4,5,12,18,25,26,29,31]
46563 [2,4,5,12,18,25,26,29,31]
46564 [2,4,5,12,18,25,26,29,31]
46565 [2,4,5,12,18,25,26,29,31]
```

Damit erhalten wir einen schnellen Überblick, von welchen Satelliten Ephemeriden und für welche Zeitpunkte von welchen Satelliten Beobachtungsdaten vorliegen. Ob die umfangreichen Datenstrukturen tatsächlich angelegt worden sind, kann man mit `obsmatrix[1]` bzw. `navmatrix[1]` exemplarisch überprüfen.

7.3   Zugriff auf einzelne Daten der Beobachtungsdatei

Die Beobachtungen – konkret die Pseudoranges der verschiedenen Satelliten – sind in der Beobachtungsmatrix `obsmatrix` zeitlich sukzessive gespeichert. Um die enthaltenen Beobachtungszeitpunkte zusammenzufassen, schreiben wir die Funktion `make_timelist()`, welche die Struktur `obsmatrix` durchläuft und alle dort enthaltenen Zeitpunkte in einer Liste sammelt.

```
make_timelist():=block(
[timeline],
timeline:[],
for i:1 thru length(obsmatrix) do
    timeline:endcons(obsmatrix[i][1][2],timeline),
timeline)
```

Der Funktionsaufruf

```
timeline:make_timelist()
```

liefert beispielsweise das Ergebnis:

```
[46552,46553,46554,46555,46556,46557,46558,46559,46560,46561,46562,465
63,46564,46565]
```

Dargestellt werden die Zeitpunkte der Beobachtungsdaten als Wochensekunden. Mit der Zuweisung

```
sow:timeline[4]
```

kann man je nach dem angegebenen Index verschiedene Beobachtungszeitpunkte in der Variablen `sow` ablegen. Im angegebenen Beispiel enthält die Variable `sow` den vierten Beobachtungszeitpunkt 46.555.

Um den zu einem Beobachtungszeitpunkt gehörenden Datensatz zu finden, verwenden wir die Funktion `find_obsindex()`. Diese benötigt als Aufrufparameter den gewünschten Beobachtungszeitpunkt, wobei hier die Sekundenangabe der GPS-Zeit ausreichend ist.

```
find_obsindex(time):=block(
[index],
index:0,
for i:1 thru length(obsmatrix) do
    if obsmatrix[i][1][2]=time then index:i,
index)
```

Anhand dieser Zeitangabe wird die gesamte Matrix durchlaufen, bis dieser Zeitpunkt gefunden wird. Der Index der zugehörigen Zeile wird zurückgeliefert. Beispielsweise hat der Aufruf

```
find_obsindex(sow)
```

das Ergebnis 4. Dies bedeutet, dass der zu diesem Zeitpunkt gehörige Datensatz der vierte in der Liste ist, sodass wir mit

```
obsmatrix[4]
```

den gewünschten Datensatz erhalten:

```
[[2153,46555],9,
[29,2.0053778532*10^7],[25,2.082573065*10^7],
[31,2.0957435475*10^7],[2,2.4548594102*10^7],
[12,2.4022633786*10^7],[26,2.2789713202*10^7],
[18,2.2833234121*10^7],[5,2.4193158773*10^7],
[4,2.4879539144*10^7]]
```

Es ist hilfreich zu wissen, von welchen Satelliten Beobachtungsdaten zu einem
bestimmten Beobachtungszeitpunkt zur Verfügung stehen. Die Funktion `read_avail_`
`sats()` sammelt diese Daten in der Beobachtungsmatrix und liefert sie in einer Liste:

```
read_avail_sats(time):=block(
[obs_index,satlist],
obs_index:find_obsindex(time),
satlist:[],
for i:3 thru length(obsmatrix[obs_index]) do
    satlist:endcons(obsmatrix[obs_index][i][1],satlist),
sort(satlist))
```

Der Aufruf

```
read_avail_sats(sow)
```

liefert das Ergebnis:

```
[2,4,5,12,18,25,26,29,31]
```

Zum Zeitpunkt 46555 stehen somit Pseudoranges der aufgeführten neun Satelliten zur
Verfügung.

Schließlich müssen wir komfortabel die Pseudorange-Werte bestimmter Satelliten zu
festgelegten Zeitpunkten in Erfahrung bringen können. Dies geschieht mit der Funktion
`read_prange()`. Diese ermittelt aufgrund der Zeitangabe zunächst den Index auf den
zugehörigen Datensatz der `obsmatrix` und liest schließlich aus diesem Datensatz die
gewünschte Pseudoentfernung des Satelliten aus:

```
read_prange(sow,sv_nr):=block(
[obs_index],
obs_index:find_obsindex(sow),
for i:3 thru length(obsmatrix[obs_index]) do
    if obsmatrix[obs_index][i][1]=sv_nr then
        return(obsmatrix[obs_index][i][2]))
```

So liefert beispielsweise der Aufruf

```
read_prange(sow,2)
```

die Pseudoentfernung des Satelliten Nummer 2 zum Zeitpunkt 46555:

```
2.4548594102*10^7
```

Damit haben wir uns die Möglichkeit geschaffen, komfortabel die Pseudoentfernung eines interessierenden Satelliten zu einem gegebenen Zeitpunkt aus der Datenstruktur `obsmatrix` auszulesen. Die in diesem Kapitel geschaffenen direkten Zugriffe auf die Ephemeriden und Pseudoentfernungen beliebiger Satelliten sind eine wesentliche Voraussetzung für die Bestimmung des Empfängerstandorts.

Beschreibung von Satellitenbahnen

8

Die GPS-Satelliten umkreisen die Erde mit einer Geschwindigkeit von rund 3900 m/s und haben eine Umlaufzeit von 12 h. Die mittlere Entfernung vom Erdmittelpunkt beträgt 26.560 km, was bei einem mittleren Erdradius von 6371 km zu einer Bahnhöhe von etwa 20.200 km führt. Jede Satellitenbahn schneidet die Äquatorebene in einem Winkel von 55° und auf einer solchen Bahn sind vier Satelliten in gleichmäßigem Abstand angeordnet. Sechs Bahnen gibt es, diese sind an der Äquatorebene untereinander jeweils um 60° versetzt. Diese Verteilung der Satelliten auf deren Bahnen ist in Abb. 8.1 wiedergegeben. Mit den dabei notwendigen 24 Satelliten ist gewährleistet, dass zu jedem Zeitpunkt an jedem Punkt der Erdoberfläche mindestens vier Satelliten empfangen werden können. Wenn heute in der Regel über 30 Satelliten unterwegs sind, so dient dies der Ausfallsicherheit des Systems. Für eine Positionsbestimmung auf der Erde mithilfe des GPS ist es unerlässlich, die momentane Position der GPS-Satelliten sehr exakt zu kennen. Bei der erwähnten Bahngeschwindigkeit von knapp 4 km/s ist dies kein triviales Unterfangen.

Die Satellitenbahnen unterliegen den gleichen Gesetzmäßigkeiten wie die Planeten bei ihrem Umlauf um die Sonne. Aus diesem Grund werden wir in diesem Kapitel zunächst auf die Kepler'schen Gesetze eingehen und uns dann eingehend mit den dort postulierten Ellipsenbahnen beschäftigen. Nachdem Ellipsen und Hyperbeln nicht mehr zum traditionellen Schulkanon gehören, müssen zuerst die für unseren Zweck notwendigen Beziehungen und Begriffe hergeleitet und geklärt werden. Dann wird es um die verschiedenen sogenannten *Anomalien* gehen. Dies sind allesamt Winkelmaße, mit denen der Ort eines Planeten bzw. Satelliten auf seiner elliptischen Bahn bestimmt werden kann. Eine Schlüsselstellung kommt der Kepler-Gleichung zu, die eine Beziehung zwischen der exzentrischen und der mittleren Anomalie herstellt. Die Daten, aus denen eine Planetenposition berechnet werden kann, werden seit jeher als Ephemeriden bezeichnet. Zu Keplers Zeiten genügten hierfür sechs Werte. Zur hoch

H. Albrecht, *Geometrie und GPS*, Mathematik Primarstufe und Sekundarstufe I + II, https://doi.org/10.1007/978-3-662-64871-1_8

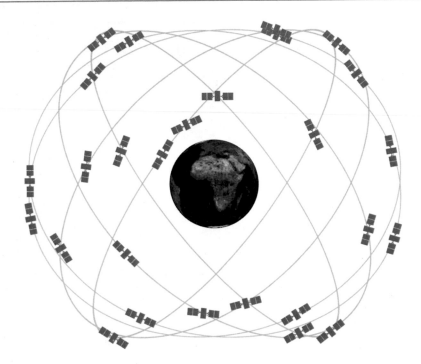

Abb. 8.1 Verteilung der Satelliten auf deren Bahnen (Quelle: gps.gov)

exakten Berechnung der Position eines GPS-Satelliten sind deutlich mehr Angaben von-
nöten, trotzdem spricht man auch hier von Ephemeriden.

8.1   Kepler-Gesetze

Johannes Kepler hat sich in der Nachfolge von Tycho Brahe in Prag der Planetenbahnen
angenommen und nach unzähligen Beobachtungen und Berechnungen 1609 seine ersten
beiden Gesetze sowie 1619 sein drittes Gesetz formuliert:

1. Die Bahnen der Planeten sind Ellipsen, in deren einem Brennpunkt die Sonne steht.
2. Der von der Sonne zum Planeten gezogene Vektor überstreicht in gleichen Zeiten
   gleiche Flächen.
3. Die Quadrate der Umlaufzeiten zweier Planeten verhalten sich wie die dritten
   Potenzen ihrer großen Bahnhalbachsen:

$$\frac{T_1^2}{T_2^2} = \frac{a_1^3}{a_2^3}$$

Erst mit Keplers Entdeckung, dass die Planeten auf Ellipsenbahnen laufen, konnte sich
das kopernikanische und damit das heliozentrische Weltbild durchsetzen, denn erst

damit waren Voraussagen über den Ort der Planeten möglich, die in ihrer Genauigkeit die Vorhersagen des geozentrischen Weltbilds von Ptolemäus deutlich übertrafen. Bereits am Anfang des 16. Jahrhunderts hatte Kopernikus seine Theorie vom Umlauf der Planeten (einschließlich der Erde) um die Sonne aufgestellt. Er legte seinem Modell aber weiterhin Kreise als Umlaufbahnen zugrunde, was Probleme bei der exakten Vorausberechnung von Planetenorten machte. Mit den Erkenntnissen von Johannes Kepler genau hundert Jahre später war dieser Mangel beseitigt.

8.2 Beziehungen an der Ellipse

Da alle Planeten und damit auch die GPS-Satelliten auf elliptischen Bahnen laufen, benötigen wir grundlegende Kenntnisse über die Geometrie von Ellipsen. Die nachfolgenden Abschnitte stammen in wesentlichen Teilen aus dem Buch *Elementare Koordinatengeometrie* (Albrecht 2020).

8.2.1 Definition

Eine Ellipse ist der geometrische Ort aller Punkte, die zu zwei gegebenen Punkten F_1 und F_2 – den Brennpunkten – eine konstante Abstandssumme haben.

Diese Definition wird in der sogenannten Gärtnerkonstruktion praktisch umgesetzt: Man schlägt zwei Pflöcke in die Erde und befestigt die Enden einer Schnur – die länger sein muss als der Pflockabstand – an den Pflöcken. Hält man nun die Schnur immer gespannt, so erzeugen alle damit erreichbaren Punkte die Ellipse.

Wesentliche Maße einer Ellipse sind ihre große Halbachse a und die kleine Halbachse b. Die Schnurlänge l ist nach Abb. 8.2 gleich $2a$:

$$F_1P + PF_2 = l = 2a$$

Spannt man wie in Abb. 8.3 die Schnur in einen der Nebenscheitel, so wird die Beziehung $a^2 = b^2 + e^2$ deutlich, daraus folgt

$$b^2 = a^2 - e^2. \tag{8.1}$$

8.2.2 Herleitung der Ellipsengleichung

Für die x- und y-Koordinaten aller weiteren Punkte auf der Ellipse gilt nach Abb. 8.4 allgemein:

$$F_1P + F_2P = 2a$$

Die Strecke F_1P lässt sich nach Pythagoras berechnen:

$$F_1P = \sqrt{(x+e)^2 + y^2}$$

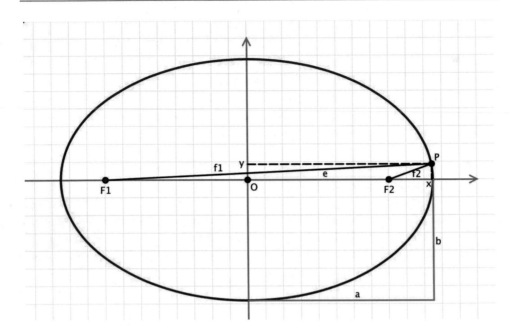

Abb. 8.2   Gärtnerkonstruktion einer Ellipse

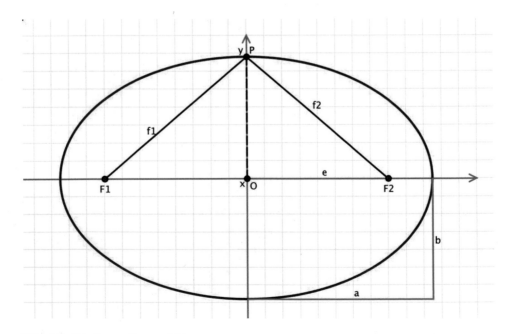

Abb. 8.3   Die lineare Exzentrizität *e*

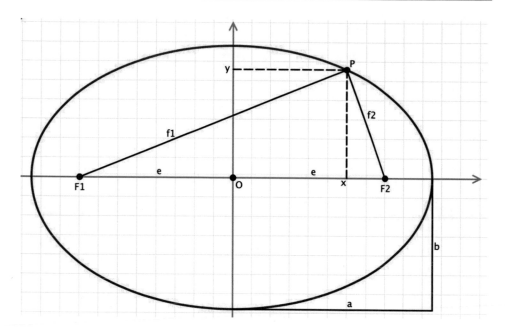

Abb. 8.4 Herleitung der Ellipsengleichung

Ebenso die Strecke F_2P:

$$F_2P = \sqrt{(x - e)^2 + y^2}$$

Einsetzen liefert

$$\sqrt{(x + e)^2 + y^2} + \sqrt{(x - e)^2 + y^2} = 2a.$$

Wir bringen die rechte Wurzel auf die rechte Gleichungsseite

$$\sqrt{(x + e)^2 + y^2} = 2a - \sqrt{(x - e)^2 + y^2}$$

und quadrieren die Gleichung:

$$(x + e)^2 + y^2 = 4a^2 - 4a\sqrt{(x - e)^2 + y^2} + (x - e)^2 + y^2$$

Der Summand y^2 fällt auf beiden Seiten weg, die Binome werden ausmultipliziert:

$$x^2 + 2xe + e^2 = 4a^2 - 4a\sqrt{(x - e)^2 + y^2} + x^2 - 2xe + e^2$$

Weiter zusammenfassen bringt:

$$4xe - 4a^2 = -4a\sqrt{(x-e)^2 + y^2}$$

Dividieren durch –4a:

$$a - \frac{xe}{a} = \sqrt{(x-e)^2 + y^2}$$

Quadrieren:

$$a^2 - 2xe + \frac{x^2 e^2}{a^2} = (x-e)^2 + y^2$$

Ausmultiplizieren des rechten Binoms:

$$a^2 - 2xe + \frac{x^2 e^2}{a^2} = x^2 - 2xe + e^2 + y^2$$

Wieder zusammenfassen:

$$a^2 + \frac{x^2 e^2}{a^2} = x^2 + e^2 + y^2$$

Einsetzen der oben gefundenen Beziehung $e^2 = a^2 - b^2$:

$$a^2 + \frac{x^2 \cdot (a^2 - b^2)}{a^2} = x^2 + a^2 - b^2 + y^2$$

Subtraktion von a^2 auf beiden Seiten:

$$\frac{x^2 a^2 - x^2 b^2}{a^2} = x^2 - b^2 + y^2$$

$$x^2 - \frac{x^2 b^2}{a^2} = x^2 - b^2 + y^2$$

$$-\frac{x^2 b^2}{a^2} = -b^2 + y^2$$

Division durch $-b^2$:

$$\frac{x^2}{a^2} = 1 - \frac{y^2}{b^2}$$

Damit sind wir bei der Ellipsengleichung

$$\frac{x^2}{a^2} + \frac{y^2}{b^2} = 1 \qquad\qquad (8.2)$$

angelangt. Bei gegebenen Halbachsen a und b liegen alle Punkte $[x, y]$, die diese Gleichung erfüllen, auf der Peripherie der Ellipse.

8.2.3 Lineare und numerische Exzentrizität

Für die Exzentrizität bei Ellipsen gibt es grundsätzlich zwei Angaben: zum einen die lineare Exzentrizität e und zum anderen die numerische Exzentrizität ε. Die lineare Exzentrizität e gibt den Abstand eines Brennpunktes vom Mittelpunkt und damit die Länge der Strecken OF_1 bzw. OF_2 an. Lässt man diese lineare Exzentrizität und damit den Abstand beider Brennpunkte voneinander unverändert und zeichnet mithilfe der Gärtnerkonstruktion durch Variation der Fadenlänge verschiedene Ellipsen, so werden mit länger werdendem Faden die Ellipsen immer runder, während sie bei immer kürzerem Faden immer exzentrischer werden. Die lineare Exzentrizität e ist damit alleine kein besonders aussagekräftiges Maß für die Unrundheit einer Ellipse, man muss hierfür offensichtlich noch die Größe der Ellipse in den Blick nehmen. Die tatsächliche Exzentrizität hängt neben dem Abstand der Brennpunkte vom Mittelpunkt auch noch von der Ellipsengröße ab, und diese kann durch die Länge der großen Halbachse a ausgedrückt werden. Das Verhältnis von linearer Exzentrizität e zur großen Halbachse a nennt man die numerische Exzentrizität ε, für sie gilt folglich:

$$\varepsilon = \frac{e}{a}$$

Mit $e^2 = a^2 - b^2$ folgt daraus:

$$\varepsilon = \frac{\sqrt{a^2 - b^2}}{a} = \sqrt{\frac{a^2 - b^2}{a^2}} = \sqrt{1 - \left(\frac{b}{a}\right)^2}$$

Während die lineare Exzentrizität e ein Längenmaß ist, ist die numerische Exzentrizität ε als Verhältnis zweier Längen dimensionslos.

Im normalen Gebrauch haben sich die Bezeichnungen e für die lineare und ε für die numerische Exzentrizität eingebürgert, in der Astronomie ist jedoch der griechische Buchstabe ε bereits belegt. Deshalb wird dort die numerische Exzentrizität der Ellipse mit e bezeichnet! Diese Bezeichnung übernehmen wir ab sofort hier im Text ebenfalls. Die lineare Exzentrizität wird nach der Beziehung

$$\text{numerische Exzentriziät} = \frac{\text{lineare Exzentrizität}}{\text{Länge der Halbachse } a}$$

$$\Leftrightarrow \text{lineare Exzentrizität} = \text{numerische Exzentrizität} \cdot \text{Länge der Halbachse } a$$

im Folgenden durch das Produkt $e \cdot a$ ausgedrückt. Damit müssen wir die oben in Gl. 8.1 gefundene Beziehung

$$b^2 = a^2 - e^2,$$

in der e noch für die lineare Exzentrizität stand, neu fassen:

$$b^2 = a^2 - e^2 a^2$$

Für die Länge der kleinen Halbachse b erhalten wir dann:

$$b = a\sqrt{1 - e^2} \tag{8.3}$$

8.2.4   Der Formparameter p

Im Zusammenhang mit Ellipsen wird häufig der in Abb. 8.5 dargestellte Formparameter p benötigt. Das *latus rectum* genannte *Quermaß* ist die Länge einer Sehne, die durch einen Brennpunkt eines Kegelschnitts senkrecht zur Hauptachse verläuft. Die halbe Länge p dieser Sehne nennt man den Halbparameter, manchmal verkürzt nur Parameter p oder *semi-latus rectum* eines Kegelschnitts.

Da der Abstand vom Mittelpunkt und damit vom Koordinatenursprung zum Brennpunkt die lineare Exzentrizität ea ist, muss man zur Längenbestimmung von p die y-Koordinate der Ellipse (oder Hyperbel) an der Stelle $x = ea$ berechnen.

Da sich die lineare Exzentrizität ea an der Ellipse nach

$$ea = \sqrt{a^2 - b^2}$$

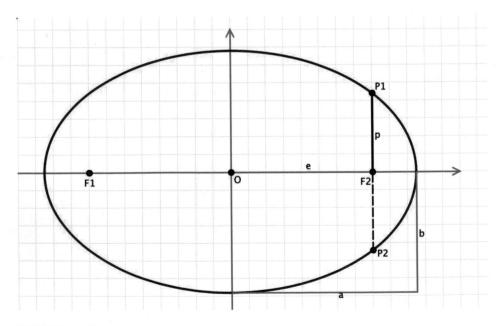

Abb. 8.5 Der Formparameter p

bestimmen lässt, ergibt sich aus der Ellipsengleichung (Gl. 8.2) die nachfolgende Herleitung für den Halbparameter p:

$$\frac{(ea)^2}{a^2} + \frac{y^2}{b^2} = 1$$

$$\frac{a^2 - b^2}{a^2} + \frac{y^2}{b^2} = 1$$

$$\frac{y^2}{b^2} = 1 - \frac{a^2}{a^2} + \frac{b^2}{a^2}$$

Aufgelöst nach y erhalten wir schließlich:

$$y^2 = \frac{b^4}{a^2}$$

$$y = \frac{b^2}{a}$$

Damit gilt zunächst $p = \frac{b^2}{a}$.

Weiter gilt, wie oben in Gl. 8.1 bereits hergeleitet und nun in der Schreibweise ea für die lineare Exzentrizität ausgedrückt:

$$b^2 = a^2 - (ea)^2$$

$$\frac{b^2}{a} = a - ae^2$$

Mit $\frac{b^2}{a} = p$ folgt daraus:

$$p = a\left(1 - e^2\right) \tag{8.4}$$

8.2.5 Die Ellipse als affines Bild des Kreises

Eine Ellipse kann als affines Bild eines Kreises gesehen werden. Genau dies meint man, wenn umgangssprachlich eine Ellipse als verzerrter oder gestauchter Kreis bezeichnet wird. Hält man eine Kreisscheibe in das Sonnenlicht, dann erzeugt diese nur dann einen kreisrunden Schatten, wenn die Scheibe parallel zur Bildebene gehalten wird. Sobald man die Scheibe aus dieser ebenenparallelen Lage herausdreht, wird der Schatten zur Ellipse.

Affine Abbildungen sind bijektiv, geradentreu, parallelentreu und teilverhältnistreu. Einfache Beispiele für affine Abbildungen sind die Scherung und die schiefe Achsenaffinität. Von Letzterer ist die bekannte Achsenspiegelung ein Sonderfall. Bei der herkömmlichen Achsenspiegelung konstruieren wir einen Bildpunkt, indem wir vom

Urbild aus das Lot auf die Achse fällen und auf der anderen Achsenseite die Entfernung
vom Punkt zum Lotfußpunkt nochmals abtragen. Die Spiegelachse halbiert somit die
Verbindung Punkt – Bildpunkt und steht senkrecht auf dieser. Bei einer schiefen Achsenaffinität kann man nun einen anderen Winkel vereinbaren, unter dem die Verbindungs-
strecken Punkt – Bildpunkt die Achse schneiden oder aber festlegen, dass der Abstand
auf der einen Seite ein bestimmtes Vielfaches der Strecke auf der anderen Seite ist.
Zeichnet man auf die eine Seite der Spiegelachse einen Kreis und bildet nun die Kreis-
punkte so ab, dass die Entfernung der Bildpunkte zur Achse genau halb so groß ist wie
die Entfernung der Urbildpunkte zur Achse, so erhält man als Bild eine Ellipse, deren
kleine Halbachse b gerade halb so lang ist wie die große Halbachse a. Eine allgemeinere
Möglichkeit, eine Ellipse als affines Bild eines Kreises zu erzeugen, ist die folgende:

Man zeichnet einen Kreis mit dem Radius a um den Ursprung eines Koordinatensystems und markiert einige Punkte der Kreislinie. Die x-Koordinaten dieser Punkte
bleiben unverändert, deren y-Koordinaten werden jedoch mit einem konstanten Faktor $\frac{b}{a}$
multipliziert. Die so gewonnenen Punkte werden eingetragen.

Auf diese Weise erhält man, wie in Abb. 8.6 dargestellt, eine Ellipse mit den Halbachsen a und b als affines Bild des Ausgangskreises.

Wesentlich für das Folgende ist weiter, dass sich bei dieser affinen Abbildung eines
Kreises in eine Ellipse nicht nur die Längen der y-Koordinaten, sondern auch die
Flächeninhalte um denselben Faktor $\frac{b}{a}$ verändern. Der Flächeninhalt des blauen Urbild-
kreises A_K beträgt bekanntlich $A_\mathrm{K} = \pi \cdot a^2$, der Flächeninhalt A_E einer Ellipse errechnet
sich nach $A_\mathrm{E} = \pi \cdot a \cdot b$. Daher gilt:

$$\pi \cdot a^2 \xrightarrow{\;\cdot \frac{b}{a}\;} \pi \cdot a \cdot b$$

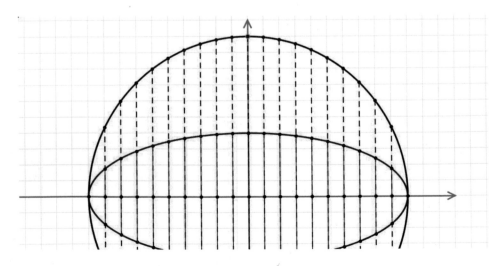

Abb. 8.6   Affine Konstruktion einer Ellipse

8.3 Ellipsen als Planetenbahnen

8.3.1 Anomalien der Planetenbahn

Nach dem ersten Kepler'schen Gesetz umkreisen Planeten ihr Zentralgestirn auf elliptischen Bahnen, in deren einem Brennpunkt die Sonne steht. Schneidet man die Gerade durch die beiden Brennpunkte mit der Ellipse, so erhält man zwei in der Astronomie bedeutsame Punkte: Der sonnennächste Bahnpunkt des Planeten wird als *Perihel* bezeichnet, der sonnenfernste Punkt heißt *Aphel*. Die Begriffe Aphel und Perihel beziehen sich somit auf die Sonne als Zentralgestirn. Im Zusammenhang mit der Umlaufbahn des Mondes oder auch eines Satelliten um die Erde spricht man hingegen vom *Apogäum* und *Perigäum*. Völlig losgelöst vom Zentralgestirn sind schließlich die Begriffe *Apoapsis* und *Periapsis*. Mit *Apsis* bezeichnet man in der Astronomie einen der beiden Hauptscheitel der Ellipse. Die Apoapsis ist damit ganz allgemein derjenige Hauptscheitel mit der größten und die Periapsis derjenige mit der kleinsten Entfernung zum Zentralkörper.

Der von der Sonne aus gemessene Winkel zwischen dem Perihel und dem umlaufenden Planeten P heißt *wahre Anomalie v*. In Abb. 8.7 ist dies der rot gekennzeichnete Winkel. Den vom Mittelpunkt M aus gemessenen Winkel zwischen dem Perihel und dem auf den Umkreis projizierten Planetenpunkt Q nennt man hingegen die *exzentrische Anomalie E*. Dieser Winkel ist in Abb. 8.7 blau gekennzeichnet. Beide Winkel werden im Bogenmaß gemessen, für sie gelten die nachfolgenden Zusammenhänge:

Die Ellipse ist das affine Bild des (Um-)Kreises, damit gilt

$$BQ = \frac{a}{b} \cdot BP$$

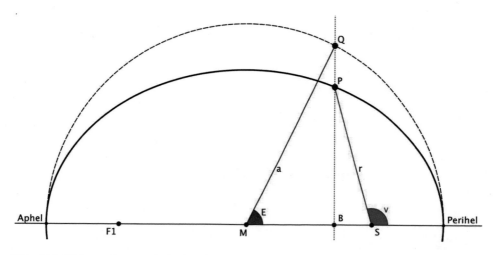

Abb. 8.7 Wahre und exzentrische Anomalie

und somit für den Sinus der exzentrischen Anomalie E:

$$\sin E = \frac{\frac{a}{b}BP}{a} = \frac{BP}{b} \quad \Rightarrow \quad \sin E \cdot b = BP$$

Für den Sinus von v gilt:

$$\sin v = \frac{BP}{r} \quad \Rightarrow \quad r \cdot \sin v = BP$$

Aus beiden Beziehungen folgt offensichtlich:

$$r \cdot \sin v = b \cdot \sin E$$

Ersetzt man hierin b durch die weiter oben in Gl. 8.3 hergeleitete Beziehung $b = a\sqrt{1 - e^2}$, so erhält man

$$r \cdot \sin v = a\sqrt{1 - e^2} \cdot \sin E \tag{8.5}$$

und daraus schließlich:

$$\sin E = \frac{r \cdot \sin v}{a\sqrt{1 - e^2}} \tag{8.6}$$

Für den Kosinus von E gilt

$$\cos E = \frac{MB}{a} \quad \Rightarrow \quad MB = a \cdot \cos E$$

und für den Kosinus von v

$$-\cos v = \frac{BS}{r} \quad \Rightarrow \quad -r \cdot \cos v = BS.$$

Die Strecke BS ist gleich der Strecke $MS - MB$, wobei MS – die Strecke vom Mittelpunkt zum Brennpunkt – gleich der linearen Exzentrizität ea ist. Somit gilt

$$-r \cdot \cos v = ea - MB \quad \Rightarrow \quad MB = ea + r \cdot \cos v.$$

Die beiden Gleichungen über die Kosinusse von E und v setzt man über MB gleich und erhält

$$a \cdot \cos E = ea + r \cdot \cos v \quad \Rightarrow \quad \cos E = \frac{r}{a} \cdot \cos v + e. \tag{8.7}$$

8.3.2 Polargleichung der Planetenbahn

Durch die *Polargleichung* der Planetenbahn wird der Abstand des Planeten von der Sonne in Abhängigkeit von der wahren Anomalie v ermittelt.

Wir quadrieren die eben erhaltenen Gl. 8.6

$$\left(\sin E = \frac{r \cdot \sin v}{a\sqrt{1 - e^2}} \right)^2 \quad \Rightarrow \quad \sin^2 E = \frac{r^2 \cdot \sin^2 v}{a^2 \cdot \left(1 - e^2\right)}$$

sowie Gl. 8.7

$$\left(\cos^2 E = \frac{r}{a} \cdot \cos v + e \right)^2 \quad \Rightarrow \quad \cos^2 E = \frac{r^2}{a^2} \cdot \cos^2 v + 2 \cdot \frac{r}{a} \cdot \cos v \cdot e + e^2$$

und addieren sie:

$$\sin^2 E + \cos^2 E = \frac{r^2 \cdot \sin v}{a^2 \cdot \left(1 - e^2\right)} + \frac{r^2}{a^2} \cdot \cos^2 v + 2 \cdot \frac{r \cdot e}{a} \cdot \cos v + e^2$$

Die linke Seite ergibt 1, wir multiplizieren mit $a^2 \cdot \left(1 - e^2\right)$:

$$a^2 \cdot \left(1 - e^2\right) = r^2 \cdot \sin v + r^2 \cdot \cos v \cdot \left(1 - e^2\right) + 2 \cdot r \cdot e \cdot a \cdot \left(1 - e^2\right) \cdot \cos v + e^2 \cdot a^2 \cdot \left(1 - e^2\right)$$

Mit $a \cdot \left(1 - e^2\right) = p$ folgt:

$$a \cdot p = r^2 \cdot \sin^2 v + r^2 \cdot \cos^2 v \cdot \left(1 - e^2\right) + 2 \cdot r \cdot e \cdot p \cdot \cos v + e^2 \cdot a \cdot p$$

$$a \cdot p = r^2 \cdot \sin^2 v + r^2 \cdot \cos^2 v - e^2 \cdot r^2 \cdot \cos^2 v + 2 \cdot r \cdot e \cdot p \cdot \cos v + e^2 \cdot a \cdot p$$

$$a \cdot p = r^2 \cdot \left(\sin^2 v + \cos^2 v\right) - e^2 \cdot r^2 \cdot \cos^2 v + 2 \cdot r \cdot e \cdot p \cdot \cos v + e^2 \cdot a \cdot p$$

$$a \cdot p = r^2 - e^2 \cdot r^2 \cdot \cos^2 v + 2 \cdot r \cdot e \cdot p \cdot \cos v + e^2 \cdot a \cdot p$$

$$0 = r^2 - e^2 \cdot r^2 \cdot \cos^2 v + 2 \cdot r \cdot e \cdot p \cdot \cos v - a \cdot p + e^2 \cdot a \cdot p$$

$$0 = r^2 - e^2 \cdot r^2 \cdot \cos^2 v + 2 \cdot r \cdot e \cdot p \cdot \cos v - a \cdot p \cdot \left(1 - e^2\right)$$

$$0 = r^2 - e^2 \cdot r^2 \cdot \cos^2 v + 2 \cdot r \cdot e \cdot p \cdot \cos v - p \cdot a \cdot \left(1 - e^2\right)$$

Mit $a \cdot \left(1 - e^2\right) = p$ folgt weiter:

$$0 = r^2 - e^2 \cdot r^2 \cdot \cos^2 v + 2 \cdot r \cdot e \cdot p \cdot \cos v - p^2$$

$$0 = r^2 - \left(e^2 \cdot r^2 \cdot \cos^2 v - 2 \cdot r \cdot e \cdot p \cdot \cos v + p^2\right)$$

Das zweite Binom rückwärts angewandt liefert:

$$0 = r^2 - (e \cdot r \cdot \cos v - p)^2$$

$$r^2 = (e \cdot r \cdot \cos v - p)^2$$

Wurzelziehen ergibt:

$$r = \pm(e \cdot r \cdot \cos v - p)$$

Wir nehmen die negative Lösung

$$r = p - e \cdot r \cdot \cos v \quad \Rightarrow \quad r + e \cdot r \cdot \cos v = p \quad \Rightarrow \quad r \cdot (1 + e \cdot \cos v) = p$$

und erhalten schließlich:

$$r = \frac{p}{1 + e \cdot \cos v} \tag{8.8}$$

Damit kann die Entfernung r des Planeten von der Sonne in Abhängigkeit von der wahren Anomalie v bestimmt werden. Man muss hierzu lediglich die numerische Exzentrizität e sowie den Formparameter p kennen.

8.3.3   Zusammenhang zwischen wahrer und exzentrischer Anomalie

Zwischen der wahren Anomalie v und der exzentrischen Anomalie E besteht folgender Zusammenhang:

$$\tan \frac{v}{2} = \sqrt{\frac{1+e}{1-e}} \cdot \tan \frac{E}{2} \tag{8.9}$$

Zur Herleitung dieser Beziehung benötigen wir die trigonometrische Beziehung

$$\tan \frac{\alpha}{2} = \frac{1 - \cos \alpha}{\sin \alpha},$$

hier in der Ausprägung

$$\tan \frac{E}{2} = \frac{1 - \cos E}{\sin E}.$$

Wir beginnen mit der rechten Seite der Gleichung und führen die eben gezeigte Ersetzung durch:

$$\sqrt{\frac{1+e}{1-e}} \cdot \frac{1 - \cos E}{\sin E}$$

Wir erweitern den Bruch mit $\sqrt{1+e}$

$$\frac{\sqrt{1+e} \cdot \sqrt{1+e} \cdot (1 - \cos E)}{\sqrt{1-e} \cdot \sqrt{1+e} \cdot \sin E}$$

und wenden das 3. Binom im Nenner an:

$$\frac{(1+e) \cdot (1 - \cos E)}{\sqrt{1-e^2} \cdot \sin E}$$

Für $(1 - \cos E)$ schreiben wir trickreich $(1 - (\cos E - e) - e)$ und erhalten

$$\frac{(1 + e) \cdot (1 - (\cos E - e) - e)}{\sqrt{1 - e^2} \cdot \sin E}.$$

Wir erinnern uns an die oben in Gl. 8.5 hergeleitete Beziehung

$$r \cdot \sin v = a\sqrt{1 - e^2} \cdot \sin E \quad \Leftrightarrow \quad \frac{r}{a} \cdot \sin v = \sqrt{1 - e^2} \cdot \sin E$$

und ersetzen den Nenner entsprechend:

$$\frac{(1 + e) \cdot (1 - (\cos E - e) - e)}{\frac{r}{a} \cdot \sin v}$$

Der Zähler wird ausmultipliziert:

$$\frac{(1 + e) - (1 + e) \cdot (\cos E - e) - e - e^2}{\frac{r}{a} \cdot \sin v}$$

Wir verwenden die in Gl. 8.7 hergeleitete Beziehung

$$\cos E = \frac{r}{a} \cdot \cos v + e \Leftrightarrow \frac{r}{a} \cdot \cos v = \cos E - e$$

und ersetzen im Zähler:

$$\frac{\left(1 - e^2\right) - (1 + e) \cdot \frac{r}{a} \cdot \cos v}{\frac{r}{a} \cdot \sin v}$$

Erweitern mit a liefert

$$\frac{a \cdot \left(1 - e^2\right) - (1 + e) \cdot r \cdot \cos v}{r \cdot \sin v}.$$

Jetzt ersetzen wir nach Gl. 8.4 den Term $a\left(1 - e^2\right)$ durch p

$$\frac{p - (1 + e) \cdot r \cdot \cos v}{r \cdot \sin v}$$

und nach Gl. 8.8 p sofort wieder durch $r = \frac{p}{1 + e \cdot \cos v} \Leftrightarrow p = r \cdot (1 + e \cdot \cos v)$:

$$\frac{r \cdot (1 + e \cdot \cos v) - (1 + e) \cdot r \cdot \cos v}{r \cdot \sin v}$$

Ausmultiplizieren liefert:

$$\frac{(r + r \cdot e \cdot \cos v) - (r \cdot \cos v + e \cdot r \cdot \cos v)}{r \cdot \sin v}$$

$$\frac{r - r \cdot \cos v}{r \cdot \sin v} = \frac{1 - \cos v}{\sin v} = \tan \frac{v}{2}$$

Damit sind wir auf der linken Seite der oben behaupteten Beziehung angekommen.

8.3.4 Die mittlere Anomalie *M*

In Gl. 8.8 wird der Abstand r in Abhängigkeit von der wahren Anomalie v bestimmt. Diese gibt den Winkel zwischen der Richtung zum Perihel und der Richtung zum Planeten an. Um schließlich den genauen Ort des Planeten auf seiner Bahn zu erfahren, müssen wir diese wahre Anomalie v als Funktion der Zeit bestimmen. Anders ausgedrückt: Es muss uns gelingen, aus der Zeitspanne, die seit dem Durchgang des Planeten durch das Perihel vergangen ist, die wahre Anomalie v zu berechnen.

Laut dem zweiten Kepler'schen Gesetz laufen die Planeten nicht mit gleichförmiger Geschwindigkeit auf ihren Bahnen, vielmehr sind sie am Perihel schneller und am Aphel langsamer – dies macht die gestellte Aufgabe nicht gerade einfacher!

Hingegen – und dies ist die direkte Aussage des zweiten Kepler-Gesetzes – überstreicht der Vektor von der Sonne zum Planeten in gleichen Zeiten gleiche Flächen. Es ändert sich somit nicht der zurückgelegte Weg proportional zur verstrichenen Zeit, sondern der Flächeninhalt. Dieser wird in Abhängigkeit von der verstrichenen Zeit nach der Gleichung

$$A_t = A_{Ellipse} \cdot \frac{t}{T} \qquad\qquad (8.10)$$

bestimmt, wobei t die Zeitdauer seit dem Periheldurchgang angibt und T die Zeit für einen vollständigen Umlauf.

Am Kreis sind die Verhältnisse einfacher: An einer analogen Uhr bewegen sich die Zeiger gleichmäßig. Eine Zeigerspitze legt in gleichen Zeiten gleiche Wege zurück und der Zeiger selbst überstreicht in gleichen Zeiten gleiche Flächen. Ein Planet, der auf einer exakt kreisförmigen Bahn um seine Sonne läuft, ist mit völlig gleichmäßiger und konstanter Bahngeschwindigkeit unterwegs. Diese Tatsache nutzt man aus und kombiniert die elliptische mit einer genau passenden Kreisbahn. Wir betrachten hierzu Abb. 8.8.

Genau passend meint, dass die Kreisbahn genau den Radius a der großen Halbachse der Ellipsenbahn hat. Nach dem dritten Kepler'schen Gesetz sind damit die Umlaufzeiten des Planeten P auf seiner elliptischen Bahn und die Umlaufzeit des Hilfskörpers H auf der Kreisbahn identisch. Lässt man beide Körper zur gleichen Zeit durch das Perihel laufen, dann hat dort der Planet die höhere Geschwindigkeit, er wird somit dem Hilfskörper vorauseilen. In Aphelnähe wird er jedoch immer langsamer, sodass ihn der Hilfskörper einholt und beide gemeinsam durch das Aphel gehen. Jetzt ist der Hilfskörper

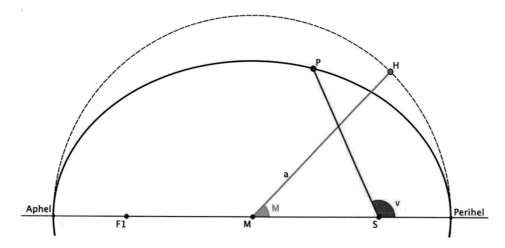

Abb. 8.8 Die mittlere Anomalie M

schneller und eilt voraus, wird aber durch den immer schneller werdenden Planeten wieder eingeholt, sodass beide wieder gemeinsam im Perihel ankommen.

Die Position des Hilfskörpers wird durch den in der Zeichnung grün gekennzeichneten Winkel im Bogenmaß ausgedrückt, man nennt diesen Winkel die *mittlere Anomalie M*. Da H auf seiner Bahn mit gleichförmiger Geschwindigkeit läuft, wächst auch dieser Winkel völlig gleichmäßig mit der Zeit an, er beträgt:

$$M = 2\pi \cdot \frac{t}{T} \qquad (8.11)$$

Dabei ist t die Zeit, welche seit seinem Durchgang durch das Perihel verstrichen ist, und T ist die Zeit für einen vollständigen Umlauf.

Damit können wir nochmals zur Bestimmung der überstrichenen Fläche zurückkehren. Vorausgeschickt sei, dass der Flächeninhalt einer Ellipse sich nach $A = \pi ab$ bestimmen lässt. Nach Gl. 8.10 gilt somit:

$$A_t = A_{Ellipse} \cdot \frac{t}{T} = \pi ab \cdot \frac{t}{T}$$

Ein kleiner Trick bringt uns weiter, wir erweitern mit 2:

$$A_t = \pi ab \cdot \frac{t}{T} = \frac{ab}{2} \cdot 2\pi \cdot \frac{t}{T}$$

Damit lässt sich die überstrichene Fläche mithilfe der mittleren Anomalie M nach Gl. 8.11 ausdrücken:

$$A_t = \frac{ab}{2} \cdot M \qquad (8.12)$$

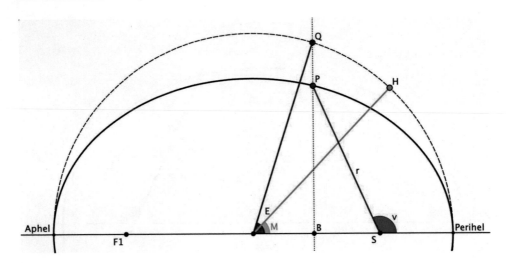

Abb. 8.9 Herleitung der Kepler-Gleichung

8.3.5 Herleitung der Kepler-Gleichung

Für die Standortbestimmung eines Planeten oder Satelliten wird der in Abb. 8.9 rot markierte Winkel v bei S benötigt, unter dem der Planet von der Sonne aus gesehen wird, in Abhängigkeit von der Zeit, welche seit dem Durchgang des Planeten durch das Perihel verstrichen ist. Bezugsrichtung ist die Blickrichtung von der Sonne zum Perihel. Diesen Winkel nennt man – in Anlehnung an Kepler – die wahre Anomalie. Der blau markierte Winkel heißt – wie schon erwähnt – exzentrische Anomalie E. In den Ephemeriden angegeben ist jedoch nur der grün markierte Winkel M, die mittlere Anomalie.

Man muss daher zunächst mithilfe der *Kepler-Gleichung* aus der mittleren Anomalie M die exzentrische Anomalie E berechnen. Dann kann über die bereits hergeleitete Gl. 8.9 aus der exzentrischen Anomalie E die wahre Anomalie v bestimmt werden.

Seit dem Durchlauf des Planeten durch das Perihel hat der Leitstrahl r von der Sonne S zum Planeten P den Ellipsen*aus*schnitt *S-Perihel-P* überstrichen. Dieser Ellipsenausschnitt besteht aus dem Ellipsen*ab*schnitt *B-Perihel-P* abzüglich des Dreiecks *SBP*. Der Flächeninhalt A_{EA} des überstrichenen Ellipsenausschnitts lässt sich somit in die folgende Wortgleichung fassen:

$$A_{EA} = A_{(Ellipsenabschnitt\_B-Perihel-P)} - A_{Dreieck\_SBP}$$

Da die Ellipse das affine Bild des Kreises um den Mittelpunkt M mit dem Radius der großen Halbachse a ist, gilt für den Flächeninhalt des Ellipsenabschnitts, dass dieser dem Flächeninhalt des Kreisabschnitts *B-Perihel-Q* proportional ist. Der zugehörige Proportionalitätsfaktor ist das Verhältnis $\frac{b}{a}$ der beiden Halbachsen der Ellipse. Damit gilt die folgende modifizierte Gleichung:

$$A_{EA} = \frac{b}{a} \cdot A_{(Kreisabschnitt\_B-Perihel-Q)} - A_{Dreieck\_SBP}$$

Der benannte Kreisabschnitt lässt sich aus dem Kreisausschnitt *M-Perihel-Q* berechnen, wenn man von diesem das Dreieck *MBQ* subtrahiert, also gilt schließlich:

$$A_{EA} = \frac{b}{a} \cdot \left(A_{(Kreisausschnitt\_M-Perihel-Q)} - A_{Dreieck\_MBQ} \right) - A_{Dreieck\_SBP}$$

Bestimmung der Teilflächen:

$$A_{Dreieck\_SBP} = \frac{1}{2} \cdot SB \cdot BP$$

Für *SB* gilt:

$$\frac{SB}{r} = \cos\left(2\pi - v\right) \Rightarrow SB = r \cdot \cos\left(2\pi - v\right)$$

Für die Rückführung auf spitze Winkel gilt die Beziehung

$$\cos\left(x\right) = -\cos\left(2\pi - x\right) \quad \Leftrightarrow \quad \cos\left(2\pi - x\right) = -\cos\left(x\right),$$

somit können wir *SB* ausdrücken über die Beziehung

$$SB = -r \cdot \cos\left(v\right).$$

Für *BQ* gilt

$$\frac{BQ}{a} = \sin E \Rightarrow BQ = a \cdot \sin E \text{ mit } E = \sphericalangle SMQ.$$

Die Strecke *BP* ist mit dem Faktor $\frac{b}{a}$ proportional zu *BQ*:

$$BP = \frac{b}{a} \cdot BQ$$

Damit gilt für den Flächeninhalt des Dreiecks *SBP*:

$$A_{SBP} = -\frac{1}{2} \cdot (r \cdot \cos v) \cdot \left(\frac{b}{a} \cdot a \cdot \sin E \right)$$

Der Flächeninhalt eines Kreisausschnitts A_{KA} steht zur Gesamtkreisfläche A_{Kreis} im selben Verhältnis wie der Mittelpunktwinkel β zum Gesamtwinkel 2π:

$$\frac{A_{KA}}{A_{Kreis}} = \frac{\beta}{2\pi} \quad \Rightarrow \quad A_{KA} = A_{Kreis} \cdot \frac{\beta}{2\pi} = \pi \cdot r^2 \cdot \frac{\beta}{2\pi} = r^2 \cdot \frac{\beta}{2}$$

Damit gilt für den Kreisausschnitt *M-Perihel-Q* mit der exzentrischen Anomalie *E* als Mittelpunktwinkel und der großen Halbachse *a* als Radius:

$$A_{(M-Perihel-Q)} = \pi \cdot a^2 \cdot \frac{E}{2\pi} = a^2 \cdot \frac{E}{2}$$

Das Dreieck *MBQ* schließlich setzt sich aus den Größen *MB* mit

$$\frac{MB}{a} = \cos E \Rightarrow MB = a \cdot \cos E$$

und *PQ* mit

$$\frac{BQ}{a} = \sin E \Rightarrow BQ = a \cdot \sin E$$

zusammen, es gilt somit:

$$A_{MBQ} = \frac{1}{2} \cdot (a \cdot \cos E) \cdot (a \cdot \sin E)$$

Damit können wir die Wortgleichung

$$A_{EA} = \frac{b}{a} \cdot \left(A_{(Kreisausschnitt\_M-Perihel-Q)} - A_{Dreieck\_MBQ} \right) - A_{Dreieck\_SBP}$$

umformulieren zu:

$$A_{EA} = \frac{b}{a} \cdot \left(a^2 \cdot \frac{E}{2} - \frac{1}{2} \cdot a \cdot \cos E \cdot a \cdot \sin E \right) + \frac{1}{2} \cdot (r \cdot \cos v) \cdot \left(\frac{b}{a} \cdot a \cdot \sin E \right)$$

Mit $r \cdot \cos v = a \cdot (\cos E - e)$ aus Gl. 8.7 folgt:

$$A_{EA} = \frac{b}{a} \cdot \left(\frac{1}{2} \cdot a^2 \cdot E - \frac{1}{2} \cdot a^2 \cdot \cos E \cdot \sin E \right) + \frac{1}{2} \cdot a \cdot (\cos E - e) \cdot \left(\frac{b}{a} \cdot a \cdot \sin E \right)$$

$$A_{EA} = b \cdot \left(\frac{1}{2} \cdot a \cdot E - \frac{1}{2} \cdot a \cdot \cos E \cdot \sin E \right) + \frac{1}{2} \cdot (\cos E - e) \cdot (a \cdot b \cdot \sin E)$$

$$A_{EA} = \frac{1}{2} ab \cdot (E - \cos E \cdot \sin E) + \frac{1}{2} ab \cdot (\cos E - e) \cdot \sin E$$

$$A_{EA} = \frac{1}{2} \cdot ab[E - \cos E \cdot \sin E + (\cos E - e) \cdot \sin E]$$

$$A_{EA} = \frac{1}{2} \cdot ab[E - \cos E \cdot \sin E + \cos E \cdot \sin E - e \cdot \sin E]$$

$$A_{EA} = \frac{1}{2} \cdot ab(E - e \cdot \sin E)$$

Schließlich bringen wir noch Gl. 8.12 ins Spiel, in der die überstrichene Fläche mithilfe der mittleren Anomalie ausgedrückt wird:

$$A_t = \frac{ab}{2} \cdot M$$

Dieser von der Zeit abhängige Flächeninhalt A_t ist genau gleich dem hergeleiteten Flächeninhalt des Ellipsenabschnitts A_{EA}, sodass man beide gleichsetzen kann:

$$\frac{ab}{2} \cdot M = \frac{1}{2} \cdot ab \cdot (E - e \cdot \sin E)$$

Daraus folgt nun endlich die Kepler-Gleichung:

$$M = E - e \cdot \sin E \qquad (8.13)$$

Sind die mittlere Anomalie M und die Exzentrizität e bekannt, kann die exzentrische Anomalie E grundsätzlich berechnet werden. In M sind die Umlaufzeit T und die seit dem Periheldurchgang verstrichene Zeit t enthalten und e ist die numerische Exzentrizität der Planetenbahn. Die Berechnung der exzentrischen Anomalie E kann allerdings nicht in einer geschlossenen Form erfolgen, sondern muss aufgrund der Transzendenz der Kepler-Gleichung iterativ genähert werden.

Ist E berechnet, so findet man über die in Abschn. 8.3.3 bewiesene Gl. 8.9

$$\tan \frac{v}{2} = \sqrt{\frac{1+e}{1-e}} \cdot \tan \frac{E}{2}$$

schließlich die wahre Anomalie v in Abhängigkeit von der seit dem Periheldurchgang verstrichene Zeit.

8.4 Ephemeriden

So weit die Theorie zur Positionsbestimmung von Planeten. Um tatsächlich die Position eines Himmelskörpers für einen bestimmten Zeitpunkt errechnen zu können, müssen die Daten seiner Bahn und sein Ort zu einem gegebenen Zeitpunkt bekannt sein. Aus astronomischen Beobachtungen sind daher schon recht früh Tabellenwerke entstanden, mit denen die Positionen maßgeblicher Himmelskörper (Sonne, Mond, Planeten) für bestimmte Zeitpunkte vorausberechnet werden konnten. Diese Datensammlung nennt man Ephemeriden, sie sind u. a. in den *astronomischen Jahrbüchern* zusammengefasst. Die ersten Ephemeriden in gedruckter Form soll Regiomontanus (Johannes Müller aus Königsberg in Unterfranken) im Jahr 1474 veröffentlicht und damit Columbus' Entdeckungsfahrt ermöglicht haben.

Jeder GPS-Satellit sendet fortlaufend Daten aus, in denen auch Angaben über seine Bahn enthalten sind und die in der GPS-Terminologie ebenfalls Ephemeriden genannt werden. Tatsächlich sind dort neben zusätzlichen Angaben auch diejenigen sechs Bahnelemente enthalten, die bereits von Kepler verwendet wurden. In Tab. 8.1 sind diese klassischen Ephemeriden aufgeführt.

Während sich die große Halbachse und die Exzentrizität auf die Form der Ellipse beziehen, werden mit der Inklination, der Länge des aufsteigenden Knotens und dem Argument des Perihels die Lage der Ellipse im Raum beschrieben. Schließlich ist noch

Tab. 8.1 Klassische Ephemeriden

Variable	Bedeutung	Angabe über …
$\sqrt{A}$	Wurzel der großen Halbachse der Ellipsenbahn	… die Form der Ellipse
e	(Numerische) Exzentrizität	
i_0	Inklination	… die Lage der Bahnebene im Raum
Ω_0	Länge des aufsteigenden Knotens	
ω	Argument des Perihels	… die Lage der Ellipse in der Bahnebene
M_0	Mittlere Anomalie zum Ephemeridenzeitpunkt t_{oe}	… den Planetenort zum angegebenen Zeitpunkt

die Angabe des Zeitpunkts von Belang, zu dem der Planet bzw. Satellit einen bestimmten Punkt passiert. Bei Kepler ist dies der Durchgang des Planeten durch das Perihel, in den Ephemeriden der GPS-Satelliten wird stattdessen der Ort angegeben, an dem sich der Satellit zum Ephemeridenzeitpunkt t_{oe} befindet. Diese Ortsangabe erfolgt mithilfe der mittleren Anomalie M_0. Aus der Angabe der mittleren Anomalie muss die wahre Anomalie v berechnet werden.

Die *Inklination* bzw. Bahnneigung i gibt an, wie stark die Bahnellipse gegenüber der Äquatorebene geneigt ist. Dieser Winkel ist in Abb. 8.10 rot dargestellt.

Die Ebene der Bahnellipse schneidet die Äquatorebene in der sog. *Knotenlinie (nodal line)*. Den Punkt, an dem die Bahn die Äquatorebene der Erde von Süden nach Norden durchstößt, nennt man den aufsteigenden Knoten. Die *Länge des aufsteigenden Knotens* Ω ist der blau markierte Winkel zwischen der x-Achse und dem aufsteigenden Knoten. Die Stelle auf der Satellitenbahn, die dem Erdmittelpunkt am nächsten kommt, wird Perigäum genannt. Das *Argument des Perigäums* ω ist der im Erdmittelpunkt gemessene und hier grün markierte Winkel zwischen dem aufsteigenden Knoten und dem Perigäum. Da das Perigäum immer mit einem der beiden Hauptscheitel der Ellipse zusammenfällt, legt dieser Winkel die Orientierung der großen Achse der Ellipse in der Bahnebene fest.

Bei der Interpretation der genannten Winkel muss man beachten, dass die Länge des aufsteigenden Knotens in der Äquatorebene gemessen wird, während das Argument des Perigäums ω und die wahre Anomalie v in der Bahnebene des Satelliten liegen.

Die genannten sechs Daten ermöglichen es, die Position eines Planeten bzw. Satelliten auf einer ungestörten Kepler-Bahn zu bestimmen. Eine ungestörte Kepler-Bahn geht von dem idealisierten Fall aus, dass nur zwei Körper aufeinander wirken: Typischerweise stellt man sich einen kleinen, massearmen Körper vor, der ein großes, massereiches Zentralgestirn umläuft. Dieser Idealfall ist jedoch in aller Regel nicht gegeben, da auch die anderen noch vorhandenen Planeten mit ihren Anziehungskräften gegenseitig auf ihre Umlaufbahnen einwirken, was zu kleinen Störungen der Bahnen führt. Will man nur einen Planeten mit dem Fernrohr finden, dann sind die klassischen sechs Ephemeridenelemente völlig ausreichend. Diese sechs Angaben sind auch im

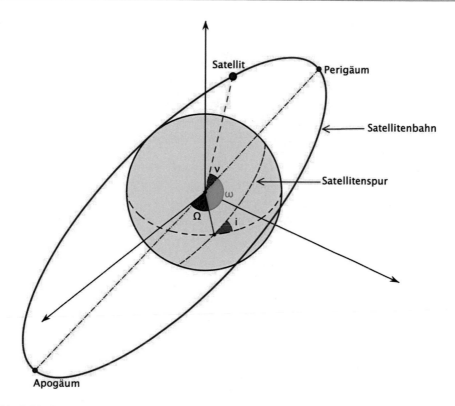

Abb. 8.10 Darstellung der Ephemeriden einer Planetenbahn

Almanach enthalten, den jeder Satellit zu einer ersten groben Positionsbestimmung aller Satelliten aussendet.

In den Ephemeriden eines jeden Satelliten werden jedoch noch weitere zusätzliche Parameter übermittelt, da die Genauigkeitsanforderungen im Zusammenhang mit der Positionsbestimmung deutlich über das mit der Kepler-Gleichung Machbare hinausgehen. Durch die Erdnähe der Satelliten üben die Variationen des Erdschwerefeldes, das Rückstrahlvermögen der Erde, der Sonnenwind und die Anziehung von Sonne und Mond einen durchaus bemerkbaren und im Hinblick auf die Positionsberechnung störenden Einfluss auf die Satellitenbahn aus. Aus diesem Grund werden die Bahnen der Satelliten von der Erde aus vom sogenannten *Control Segment* genau verfolgt, immerfort neu berechnet und an die Satelliten Parameter übermittelt, welche diese in ihren Ephemeriden ausstrahlen.

Mit diesen zusätzlichen Parametern können die durch die obigen Einflüsse verursachten Bahnvariationen sehr exakt berechnet und ausgeglichen werden. Nach Borre/ Strang (2012, S. 269) lassen die ausgestrahlten Ephemeriden eine Genauigkeit in der Positionsbestimmung der Satelliten im Bereich von 1–2 m zu!

Tab. 8.2 GPS-Ephemeriden

Parameter	Bedeutung	Einheit
IODE	Issue of Data (Ephemeris)	
c_{rs}	Sinuskorrektur für den Radius	m (Meter)
Δn	Korrekturwert für die Bahngeschwindigkeit	rad/sec
M_0	Mittlere Anomalie zum Ephemeridenzeitpunkt	rad
c_{uc}	Kosinuskorrektur für das Perigäum	rad
e	Numerische Exzentrizität	dimensionslos
c_{us}	Sinuskorrektur für das Perigäum	rad
$\sqrt{A}$	Wurzel der großen Halbachse	$\sqrt{m}$
t_{oe}	Ephemeridenzeitpunkt in Sekunden seit Beginn der GPS-Woche	s
c_{ic}	Kosinuskorrektur für die Inklination	rad
Ω_0	Länge des aufsteigenden Knotens am Beginn der GPS-Woche	rad
c_{is}	Sinuskorrektur für die Inklination	rad
i_0	Inklination zum Ephemeridenzeitpunkt	rad
c_{rc}	Kosinuskorrektur für den Radius	m (Meter)
ω	Winkel zum Perigäum	rad
$\dot{\Omega}$	Änderung des aufsteigenden Knotens	rad/s
$\dot{i}$	Änderung der Inklination	rad/s

In Tab. 8.2 sind alle Parameter zusammengefasst, die von einem Satellit als Ephemeridendaten ausgestrahlt werden. Die Reihenfolge in der folgenden Tabelle orientiert sich an deren Auftreten in der RINEX-Navigationsdatei.

Ein GPS-Satellit sendet alle zwei Stunden einen neuen Ephemeriden-Datensatz aus, der eine Gültigkeit von maximal vier Stunden hat. Diese längere Gültigkeitsdauer dient dazu, eventuelle Ausfälle und Verzögerungen in der Aussendung eines neuen Datensatzes zu überbrücken. Die Übertragung eines Ephemeriden-Datensatzes kann über eine halbe Minute dauern, daher benötigt ein Empfänger beim Einschalten nach einer vorausgegangenen Pause auch entsprechend länger, bis eine Position bestimmt werden kann.

Sollte es bei der eigenen Aufzeichnung der Empfängerdaten Probleme mit der Übermittlung der Ephemeriden einzelner Satelliten geben oder sollten mit dem verwendeten Empfänger die Ephemeriden nicht aufgezeichnet werden können, so ist dies nicht tragisch. Diese Daten lassen sich problemlos aus dem Internet beziehen. So stellt die NASA[1] ein umfangreiches Archiv aller Ephemeriden seit vielen Jahren zur Verfügung. Dort kann man die Daten eines bestimmten Tages problemlos im RINEX-Format herunterladen. Es ist allerdings erforderlich, dass man sich für diesen Service bei der NASA anmeldet.

---

[1] https://cddis.nasa.gov (letzter Aufruf: 31.10.2021).

8.5   Ephemeriden in Maxima darstellen

Um sich die Ephemeriden eines Satelliten ausführlich darstellen zu lassen, kann man die folgende Funktion verwenden. Nach Angabe der Nummer des Satelliten werden dessen gesamte Daten mitsamt den jeweiligen Bezeichnungen übersichtlich dargestellt.

```
show_eph(sv):=block(
[k],
k:find_ephindex(sv),
if k=0 then (print("SV:",sv,"nicht vorhanden"),return()),
print("      SV: ",navmatrix[k][1]),
print("    Date: ",navmatrix[k][4],".",
  navmatrix[k][3],".",navmatrix[k][2]),
print("    Time: ",navmatrix[k][5],":",
  navmatrix[k][6],":",navmatrix[k][7]),
print("     af0: ",navmatrix[k][8]),
print("     af1: ",navmatrix[k][9]),
print("     af2: ",navmatrix[k][10]),
print("    IODE: ",navmatrix[k][11]),
print("     crs: ",navmatrix[k][12]),
print(" delta_n: ",navmatrix[k][13]),
print("      M0: ",navmatrix[k][14]),
print("     cuc: ",navmatrix[k][15]),
print("     ecc: ",navmatrix[k][16]),
print("     cus: ",navmatrix[k][17]),
print("  sqrt_A: ",navmatrix[k][18]),
print("     toe: ",navmatrix[k][19]),
print("     cic: ",navmatrix[k][20]),
print(" OMEGA_0: ",navmatrix[k][21]),
print("     cis: ",navmatrix[k][22]),
print("      i0: ",navmatrix[k][23]),
print("     crc: ",navmatrix[k][24]),
print("   omega: ",navmatrix[k][25]),
print("OMEGA_dot: ",navmatrix[k][26]),
print("   i_dot: ",navmatrix[k][27]),
print("   codes: ",navmatrix[k][28]),
print(" gps_week: ",navmatrix[k][29]),
print("  L2_flag: ",navmatrix[k][30]),
print(" sv_accur: ",navmatrix[k][31]),
print("sv_health: ",navmatrix[k][32]),
print("     tgd: ",navmatrix[k][33]),
print("    iodc: ",navmatrix[k][34]),
print("     tom: ",navmatrix[k][35]),
print(" interval: ",navmatrix[k][36]).
return(true))
```

Der Aufruf dieser Funktion mit der Satellitennummer 5 als Parameter liefert beispielsweise die folgenden Werte:

```
show_eph(5)
       SV: 5
     Date: 11.4.21.
     Time: 14:0:0.0
      af0: -3.878399729729*10^-5.
      af1: -1.136868377216*10^-12.
      af2: 0.0
     IODE: 65.0
      crs: 10.28125.
  delta_n: 4.986636284846*10^-9.
       M0: 0.08147126542237.
      cuc: 6.444752216339*10^-7.
      ecc: 0.006010015495121.
      cus: 3.278255462646*10^-6.
   sqrt_A: 5153.845935822.
      toe: 50.400.0
      cic: -9.313225746154999*10^-9.
  OMEGA_0: -1.682680023543.
      cis: 9.499490261078*10^-8.
       i0: 0.9553579245951.
      crc: 313.3125.
    omega: 0.8811805068537.
OMEGA_dot: -8.552499103059*10^-9.
    i_dot: 1.453631978178*10^-10.
    codes: 0.0
 gps_week: 2153.0
  L2_flag: 0.0
 sv_accur: 2.0
sv_health: 0.0
      tgd: -1.117587089539*10^-8.
     iodc: 65.0
      tom: 0.0
 interval: 4.0
```

Dargestellt werden die Ephemeriden des Satelliten Nummer 5 vom 11.04.2021 um 14 Uhr. Dies war ein Sonntag, der angegebene Zeitpunkt 14 Uhr entspricht genau 50.400 s und damit dem als t_{oe} angegebenen Gültigkeitszeitpunkt der Ephemeriden. Zu diesem Zeitpunkt betrug die mittlere Anomalie M_0 genau 0,08147126542237, was, umgerechnet in Winkelgrad, etwa 4,67° entspricht.

Zur Beschreibung der Bahnellipse wird die Wurzel der großen Halbachse a mit 5153,845935822 $\mathrm{m}^{\frac{1}{2}}$ angegeben, die große Halbachse dieser Satellitenbahn ist daher

26.562.127,93 m lang. Bei einer numerischen Exzentrizität von 0,006010015495121 ist die Bahn fast kreisförmig, die lineare Exzentrizität beträgt gerundet nur 159.638,8 m.

Die Lage der Bahn wird mit dem aufsteigenden Knoten Ω_0, der Inklination i_0 und dem Argument der Periapsis ω beschrieben. Dabei werden die folgenden Werte ausgegeben:

$\Omega_0 = -1{,}682680023543$
$i_0 = 0{,}9553579245951$
$\omega = 0{,}8811805068537$

Umgerechnet in Winkelgrad ergibt sich für die Inklination ein Wert von 54,74° und damit eine wohl gute, aber doch nicht völlig exakte Übereinstimmung mit dem am Anfang dieses Kapitels angegebenen Wert von 55°.

Der aufsteigende Knoten liegt bei –96,41°. Dies bedeutet, dass die Satellitenbahn mit ihrem aufsteigenden Ast bei etwa 96,41° westlicher Länge die Äquatorebene der Erde schneidet.

Für das Argument des Perigäums errechnet sich ein Wert von etwa 50,49°. Betrachtet man dazu nochmals in Abb. 8.10 die Zusammenhänge der Parameter mit der Satellitenbahn, so wird deutlich, dass die große Achse der Ellipse mit der Knotenlinie einen Winkel von rund 50,5° bildet.

Bestimmung der Satellitenposition

9

Aus den Ephemeriden, die im Wesentlichen im vorausgegangenen Kapitel erläutert wurden, können die Positionen der einzelnen Satelliten zu einem gewünschten Zeitpunkt t errechnet werden. Die in den nachfolgenden Abschnitten dargestellte Berechnung der Satellitenposition erfolgt genau nach den Anweisungen im *user interface*.

Um die Berechnungsschritte parallel in Maxima nachvollziehen zu können, sollten Sie zunächst in einem neuen Maxima-Arbeitsblatt Ihre RINEX-Navigationsdatei laden und die Struktur `navmatrix` mit den Navigationsdaten erstellen.

Die Maxima-Funktion `set_eph()` besetzt die benötigten globalen Variablen mit den konkreten Werten eines Satelliten.

```
set_eph(sv):=block(
[k],
k:find_ephindex(sv),
if k=0 then return(),
SV:navmatrix[k][1],
af0:navmatrix[k][8],
af1:navmatrix[k][9],
af2:navmatrix[k][10],
crs:navmatrix[k][12],
delta_n:navmatrix[k][13],
M0:navmatrix[k][14],
cuc:navmatrix[k][15],
ecc:navmatrix[k][16],
cus:navmatrix[k][17],
sqrt_A:navmatrix[k][18],
toe:navmatrix[k][19],
cic:navmatrix[k][20],
```

```
OMEGA_0:navmatrix[k][21],
cis:navmatrix[k][22],
i0:navmatrix[k][23],
crc:navmatrix[k][24],
omega:navmatrix[k][25],
OMEGA_dot:navmatrix[k][26],
i_dot:navmatrix[k][27],
return(true))
```

Mit dem Aufruf

```
set_eph(5)
```

werden die Daten des Satelliten mit der Nummer 5 in die globalen Variablen eingetragen. Diese Funktion `set_eph()` werden wir später in die noch zu erstellende
Maxima-Funktion zur Bestimmung der Satellitenposition einbinden.

9.1   Benötigte Konstanten

Neben den individuellen Bahnparametern einzelner Satelliten werden für die Positionsbestimmung zwei allgemeine Konstanten benötigt. Es handelt sich dabei um den
gravitational parameter GM und die *Rotationsgeschwindigkeit* $\dot{\Omega}_e$ der Erde.

9.1.1   Der Gravitationsparameter

Bereits ab 1656 beschäftigte sich Isaac Newton mit Plantenbahnen und der Frage,
welche Kraft die Planeten auf deren Bahn halte. Er nahm an, dass zwischen dem Zentralgestirn und dem umlaufenden Planeten eine Schwerkraft wirke, und Robert Hooke
steuerte die Idee bei, wonach diese Anziehungskraft mit dem Quadrat der Entfernung
abnehme. 1687 veröffentlichte Newton in seinem Werk *Philosophiae Naturalis Principia
Mathematica* das Gravitationsgesetz, wonach die Schwerkraft proportional zum Produkt
der Massen beider Körper ist und umgekehrt proportional zum Quadrat ihres Abstands,
in heutiger Notation:

$$F \sim \frac{m_1 \cdot m_2}{r^2}$$

Mit der Proportionalitätskonstante G

$$G = \frac{F}{\frac{m_1 \cdot m_2}{r^2}}$$

erhalten wir schließlich das Newton'sche Gravitationsgesetz:

$$F = G \cdot \frac{m_1 \cdot m_2}{r^2}$$

Leider lässt sich ebendiese Gravitationskonstante G nur sehr schwer messen! Zwar kann man die Anziehungskraft zwischen der Erde und einem anderen Körper – also dessen Gewicht – sehr genau messen, aber um daraus die Gravitationskonstante bestimmen zu können, müsste man die Erdmasse und die Masseverteilung in der Erde genau kennen, was nicht der Fall ist. Auch die Bestimmung der Gravitationskonstante im Labor ist leider stark fehlerbehaftet. Traditionell benutzt man hierfür die Drehwaage nach Cavendish, welche die Anziehungskraft zweier Massen zur Bestimmung der Gravitationskonstanten verwendet. Diese Anziehungskraft ist leider nur sehr gering, so ziehen sich beispielsweise zwei Körper von je 100 kg Masse im Abstand von 1 m mit weniger als einem Milliardstel ihrer Gewichtskraft an.

Damit üben auch alle weiteren größeren Gegenstände in der Umgebung der Messapparatur einen nicht unerheblichen Einfluss auf die Messung aus; so soll sich sogar die Anzahl der vor dem Labor geparkten Autos bei einer Messung störend bemerkbar machen. Selbst Cavendish hat, als er 1789 den Versuch mit seiner Drehwaage ausführte, um Störungen zu verringern, seine Apparatur aus dem Nebenraum mit einem Fernrohr abgelesen. Heute wird der Wert für die Gravitationskonstante laut SI mit

$$G = (6,67430 \pm 0,00015) \cdot 10^{-11} \frac{\text{m}^3}{\text{kg} \cdot \text{s}^2}$$

angegeben. Damit ist die Gravitationskonstante die momentan am ungenauesten bekannte Naturkonstante. Die übliche achtstellige Genauigkeit liegt hier in weiter Ferne.

Wesentlich genauer bestimmt werden kann der Gravitationsparameter eines Zentralgestirns aus der bloßen Beobachtung eines umlaufenden Planeten.

Für den Gravitationsparameter μ gelten in kreisrunden Orbits mit dem Radius r, der Bahngeschwindigkeit v, der Winkelgeschwindigkeit ω und der Umlaufzeit T die Beziehungen

$$\mu = r \cdot v^2 = r^3 \cdot \omega^2 = \frac{4\pi^2 r^2}{T^2}$$

bzw. bei elliptischen Bahnen nach dem dritten Kepler'schen Gesetz

$$\mu = a \cdot v^2 = a^3 \cdot \omega^2 = \frac{4\pi^2 a^2}{T^2},$$

wobei a die große Halbachse der Ellipsenbahn ist.

Über die Beziehung

$$\mu = \frac{4\pi^2 a^3}{T^2}$$

kann der Gravitationsparameter der Erde bereits grob aus den näherungsweisen Beobachtungsdaten des Mondumlaufs bestimmt werden. So beträgt die große Halbachse der Mondellipse etwa 384.400 km, die Umlaufzeit beträgt 27,3217 Tage. Rechnet man diese Angaben in die SI-Einheiten Meter und Sekunde um, so erhält man für den Gravitationsparameter der Erde folgenden Wert:

$$\mu = \frac{4\pi^2 \cdot 384400000^3}{2360594,88^2} \frac{m^3}{s^2} \approx 4.0241 \cdot 10^{14} \frac{m^3}{s^2}$$

Der Gravitationsparameter der Erde ist im WGS 84 auf den Wert $3,986005 \cdot 10^{14} \frac{m^3}{s^2}$ festgelegt. Mit dem Akronym WGS 84 wird das *World Geodetic System* von 1984 bezeichnet, das als geodätisches Referenzsystem eine einheitliche Grundlage für Positionsangaben auf der Erde und im erdnahen Weltraum liefert.

Auf dieselbe Weise kann man den Gravitationsparameter für die Sonne berechnen: Die große Halbachse der Erdbahn um die Sonne beträgt 249.598.022,96 km, für einen Umlauf um die Sonne benötigt die Erde 365 Tage, 5 h, 48 min und 46 s. Daraus errechnet sich der Gravitationsparameter für die Sonne von

$$\mu_{Sonne} = \frac{4\pi^2 \cdot 149598022960^3}{31556926^2} \frac{m^3}{s^2} \approx 1.327 \cdot 10^{20} \frac{m^3}{s^2}.$$

Der Gravitationsparameter ist andererseits das Produkt aus der Gravitationskonstanten

$$G = 6,67430 \cdot 10^{-11} \frac{m^3}{kg \cdot s^2}$$

multipliziert mit der Erdmasse $M = 5,9722 \cdot 10^{24}$ kg. Es wurde bereits darauf hingewiesen, dass die Gravitationskonstante nur sehr ungenau gemessen werden kann. Dies gilt erst recht für die Erdmasse. Man muss sich daher damit begnügen, die Erdmasse aus dem recht exakt bekannten Gravitationsparameter über die relativ ungenaue Gravitationskonstante zu errechnen.

Für die Raumfahrt hat der Gravitationsparameter aufgrund seiner Exaktheit eine hohe Bedeutung. Um die Bahnen von Raumschiffen und Satelliten bestimmen zu können, muss man die Massenanziehungskräfte zwischen dem Zentralgestirn und dem umlaufenden Körper kennen. Diese können nach dem bereits erwähnten Newton'schen Gravitationsgesetz

$$F = G \cdot \frac{m_1 \cdot m_2}{r^2}$$

berechnet werden. Hierfür sind allerdings auf den ersten Blick möglichst genaue Kenntnisse der Gravitationskonstanten und der Masse des Zentralgestirns nötig. Bezeichnet man die große Masse des Zentralgestirns mit M und die kleine Masse des umlaufenden Körpers mit m, so erhalten wir:

$$F = G \cdot \frac{M \cdot m}{r^2} = G \cdot M \cdot \frac{m}{r^2} = \mu \cdot \frac{m}{r^2}$$

Damit ist letztlich die Kenntnis des Gravitationsparameters des Zentralgestirns ausreichend, um Vorhersagen über die Bahn eines Satelliten machen zu können.

Um die Angabe griechischer Buchstaben in Maxima zu vermeiden und um einen sprechenden Namen zu verwenden, benutzen wir dort als Bezeichnung des Gravitationsparameters dessen Genese aus dem Produkt von G und M. Geben Sie die folgende Zeile in Ihre Maxima-Datei ein:

```
GM:3.986005e14
```

Geben Sie auch alle weiteren in `Courier` angegebenen Anweisungen in Maxima ein, um die Berechnung der Satellitenposition schrittweise nachvollziehen zu können. All diese Anweisungen bilden die am Ende dieses Kapitels vorgestellte Maxima-Funktion `satpos()`, welche die Berechnung eines Satellitenorts zu einer vorgegebenen Zeit durchführt.

9.1.2 Die Rotationsgeschwindigkeit der Erde

Eine weitere zur Bestimmung der Satellitenposition benötigte Konstante ist die Rotationsgeschwindigkeit der Erde. Diese ist recht einfach zu bestimmen, da sich die Erde in 23 h 56 min und 4,1 s einmal um ihre Achse dreht:

$$\dot{\Omega}_e = \frac{2\pi}{86164.1\text{s}} \approx 7,292 \cdot 10^{-5} \frac{rad}{s}$$

Im WGS 84 wurde die Rotationsgeschwindigkeit auf $7,2921151467 \cdot 10^{-5} \frac{rad}{s}$ festgelegt. Multipliziert man diesen Wert mit 3600, so erhält man – umgerechnet in Winkelgrad – etwa 15° und damit den Winkel, um den sich die Erde in einer Stunde weiterdreht.

Die Rotationsgeschwindigkeit wird ebenfalls in Maxima definiert:

```
OMEGAe_dot:7.2921151467e-5
```

9.2 Bestimmung der für die Kepler-Gleichung benötigten Werte

Die Berechnung der Satellitenposition ist im *user interface* in der Ausgabe vom 10. Oktober 1993 auf drei Tafeln erläutert. Die erste Tafel ist in Abb. 9.1 dargestellt. Sie gibt genau die notwendigen Schritte wieder, um die für die Lösung der Kepler-Gleichung benötigten Werte ermitteln zu können.

Am Ende dieser ersten Tafel findet sich übrigens der Hinweis zur Umrechnung der Zeitangabe, die wir mit der Funktion `check_t()` bereits in Abschn. 2.4.4 umgesetzt haben.

Die Länge der großen Halbachse wird nach $A = \left(\sqrt{A}\right)^2$ aus deren Wurzel berechnet:

```
A:sqrt_A^2
```

Der Zeitpunkt t_k, zu dem der Satellitenort bestimmt werden soll, wird grundsätzlich aus der Differenz der Beobachtungszeit t – die als „Wochensekunde" (sow) angegeben wird – abzüglich der t_{oe} (Zeitpunkt der Gültigkeit der Ephemeriden) ermittelt. Die dafür benötigte Maxima-Anweisung lautet daher allgemein:

```
tk:check_t(sow-toe)
```

Laut Vorgabe im *user interface* muss diese Zeit t_k im Intervall zwischen –302.400 und +302.400 liegen. Die Überprüfung und die ggf. nötige Korrektur erfolgen mit der bereits erstellten und in der Funktionsbibliothek abgelegten Funktion `check_t(sek)`.

Table 20-IV. Elements of Coordinate Systems (sheet 1 of 3)	
$\mu = 3.986005 \times 10^{14}$ meters^3/sec^2	WGS 84 value of the earth's universal gravitational parameter for GPS user
$\dot{\Omega}_e = 7.2921151467 \times 10^{-5}$ rad/sec	WGS 84 value of the earth's rotation rate
$A = \left(\sqrt{A}\right)^2$	Semi-major axis
$n_0 = \sqrt{\dfrac{\mu}{A^3}}$	Computed mean motion (rad/sec)
$t_k = t - t_{oe}$*	Time from ephemeris reference epoch
$n = n_0 + \Delta n$	Corrected mean motion
$M_k = M_0 + n t_k$	Mean anomaly
* t is GPS system time at time of transmission, i.e., GPS time corrected for transit time (range/speed of light). Furthermore, t_k shall be the actual total time difference between the time t and the epoch time t_{oe}, and must account for beginning or end of week crossovers. That is, if t_k is greater than 302,400 seconds, subtract 604,800 seconds from t_k. If t_k is less than -302,400 seconds, add 604,800 seconds to t_k.	

Abb. 9.1 Berechnung der Satellitenposition (Tafel 1)

Für unseren ersten manuellen Berechnungslauf setzen wir t_k auf null und bestimmen den Satellitenort zum Ausgabezeitpunkt der Ephemeriden:

```
tk:0
```

Nach der Gleichung für den Gravitationsparameter GM

$$GM = a^3 \cdot \omega^2$$

wird die Winkelgeschwindigkeit des Satelliten-Hilfskörpers auf dessen kreisförmiger Bahn bestimmt, indem diese Gleichung nach der Winkelgeschwindigkeit aufgelöst wird. Man erhält

$$\omega = \sqrt{\frac{GM}{a^3}}$$

bzw. in der Nomenklatur des *user interface*

$$n_0 = \sqrt{\frac{GM}{A^3}}.$$

```
n0:sqrt(GM/A^3)
```

Diese Geschwindigkeit ist in der Realität doch nicht völlig gleichförmig, sie wird daher mit dem übermittelten Korrekturwert Δn berichtigt:

```
n:n0+delta_n
```

Ist n die Winkelgeschwindigkeit und t_k die Zeit, dann ergibt das Produkt den Weg (Bogen), der in der Zeit t_k zurückgelegt wurde. Dieser Weg wird zur Position M_0 (mittlere Anomalie zum Ephemeridenzeitpunkt) addiert, so erhält man die Position M (mittlere Anomalie) zum Zeitpunkt t_k.

```
M:M0+n*tk
```

Die mittlere Anomalie wird in das Intervall $0 < M < 2\pi$, den sogenannten Hauptwert, eingepasst:

```
M:hauptwert(M)
```

Als mittlere Anomalie des Satelliten SV5 zur Ausgabezeit der Ephemeriden wird von Maxima der Wert

```
0.08147126542237
```

errechnet.

9.3   Lösung der Kepler-Gleichung

Die weiteren Berechnungsschritte sind in Abb. 9.2 dargestellt. Aus der mittleren Anomalie M wird mit der Kepler-Gleichung die exzentrische Anomalie E berechnet. Da es sich um eine transzendente Gleichung handelt, kann diese nicht in geschlossener Form, sondern muss beispielsweise iterativ durch Näherungen gelöst werden. Die nachfolgend verwendete iterative Näherung ist sehr gut für kleine numerische Exzentrizitäten bis 0,5 geeignet. Da die Bahnen der GPS-Satelliten annähernd kreisförmig sind und deren Exzentrizitäten im Bereich von 0,01 bis 0,02 liegen, konvergiert das verwendete Verfahren sehr schnell.

Als Startwert von E wird die mittlere Anomalie M genommen.

E:M

Die exzentrische Anomalie E wird iterativ aus der nach E umgestellten Kepler-Gleichung $E = M + e \cdot \sin E$ bestimmt. Zehn Iterationen sind hierfür laut Borre und Strang (2012)

Table 20-IV. Elements of Coordinate Systems (sheet 2 of 3)	
$M_k = E_k - e \sin E_k$	Kepler's Equation for Eccentric Anomaly (may be solved by iteration)(radians)
$v_k = \tan^{-1}\left\{\dfrac{\sin v_k}{\cos v_k}\right\}$	True Anomaly
$= \tan^{-1}\left\{\dfrac{\sqrt{1-e^2}\,\sin E_k\,/\,(1-e\cos E_k)}{(\cos E_k - e)\,/\,(1-e\cos E_k)}\right\}$	
$E_k = \cos^{-1}\left\{\dfrac{e + \cos v_k}{1 + e\cos v_k}\right\}$	Eccentric Anomaly
$\Phi_k = v_k + \omega$	Argument of Latitude
$\delta u_k = c_{us}\sin 2\Phi_k + c_{uc}\cos 2\Phi_k$	Argument of Latitude Correction
$\delta r_k = c_{rs}\sin 2\Phi_k + c_{rc}\cos 2\Phi_k$	Radius Correction Second Harmonic Perturbations
$\delta i_k = c_{is}\sin 2\Phi_k + c_{ic}\cos 2\Phi_k$	Inclination Correction
$u_k = \Phi_k + \delta u_k$	Corrected Argument of Latitude
$r_k = A(1 - e\cos E_k) + \delta r_k$	Corrected Radius
$i_k = i_0 + \delta i_k + (\text{IDOT})\,t_k$	Corrected Inclination

Abb. 9.2   Berechnung der Satellitenposition (Tafel 2)

ausreichend. Falls die Änderung *dE* zwischen zwei Iterationsschritten einen vorgegebenen Wert unterschreitet, kann die Berechnung früher abgebrochen werden. Dieses
Änderungsmaß muss in Maxima zuvor durch einen beliebigen größeren Wert initialisiert
werden:

```
dE:1
```

Dann kann der folgende Codeabschnitt aufgerufen werden, der iterativ die exzentrische
Anomalie *E* annähert:

```
for i:1 thru 10 unless abs(dE)<10^-12 do
(
    E_old:E,
    E:M+ecc*sin(E),
    dE:float(mod(E-E_old,2*%pi))
)
```

Anschließend wird der Hauptwert von *E*

```
E:hauptwert(E)
```

mit dem Ergebnis

```
0.08196331485244154
```

bestimmt.

9.4 Berechnung der wahren Anomalie

Die Berechnung der wahren Anomalie *v* erfolgt, wie der Abb. 9.3 entnommen werden
kann, über deren Tangens. Es gilt grundsätzlich:

$$\tan v = \frac{BP}{SB} \tag{9.1}$$

Die Strecke *SB* ist die Differenz zwischen den Strecken *MB* und *MS*, wobei *MS* genau
die lineare Exzentrizität *ae* ist:

$$SB = MB - ae$$

Für den Kosinus der exzentrischen Anomalie *E* gilt:

$$\cos E = \frac{MB}{a} \Rightarrow MB = a \cdot \cos E$$

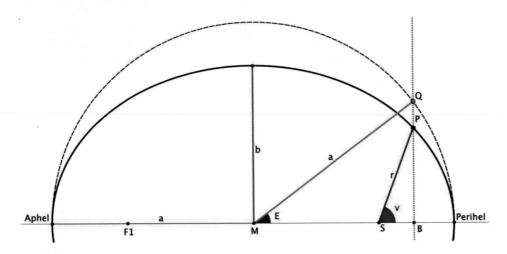

Abb. 9.3   Berechnung der wahren Anomalie

Damit erhalten wir für die Länge der Strecke SB:

$$SB = a \cdot \cos E - ae = a \cdot (\cos E - e) \tag{9.2}$$

Die Strecke BP ist das affine Bild der Strecke der Strecke BQ:

$$BP = BQ \cdot \frac{b}{a}$$

Die Länge der Strecke BQ kann über den Sinus der exzentrischen Anomalie E bestimmt werden:

$$\sin E = \frac{BQ}{a} \Rightarrow BQ = a \cdot \sin E$$

Damit beträgt die Strecke BP

$$BP = a \cdot \sin E \cdot \frac{b}{a} = \sin E \cdot b.$$

Schließlich schreiben wir für die kleine Halbachse b nach Gl. 8.3

$$b = a \cdot \sqrt{1 - e^2}$$

und erhalten:

$$BP = \sin E \cdot a \cdot \sqrt{1 - e^2} \tag{9.3}$$

Setzt man die beiden Gl. 9.2 und 9.3 in Gl. 9.1 ein, so erhält man für den Tangens der wahren Anomalie:

$$\tan v = \frac{\sin E \cdot \sqrt{1 - e^2}}{\cos E - e}$$

Die Berechnung der wahren Anomalie v kann somit, wie in der Anleitung im *user interface* angegeben, nach der Beziehung

$$v = \arctan\left(\frac{\sqrt{1 - e^2} \cdot \sin E}{\cos E - e}\right) \tag{9.4}$$

erfolgen.

Für deren tatsächliche Berechnung ist zu beachten, dass die wahre Anomalie einen Vollwinkel umfassen kann, während die Arkustangens-Funktion nur Ergebnisse im Bereich von $-\frac{\pi}{2}$ bis $+\frac{\pi}{2}$ liefert. Dies rührt daher, dass die Tangensfunktion wie alle periodischen Funktionen nicht bijektiv ist und daher für die Bildung der Umkehrfunktion der Definitionsbereich eingeschränkt werden muss. Für die praktische Berechnung bedeutet dies, dass für einen gegebenen Tangenswert aufgrund der genannten Einschränkung der Arkustangens-Funktion nicht entschieden werden kann, ob der gegebene Punkt im ersten oder dritten bzw. im zweiten oder vierten Quadranten liegt. Diese Unterscheidungen müssten zusätzlich aufgrund der Vorzeichen für die Werte von Gegenkathete und Ankathete vorgenommen werden.

Erfreulicherweise gibt es jedoch in vielen Programmiersprachen, wie auch in Maxima, eine zweite Arkustangens-Funktion, welche genau diese Unterscheidung und damit eine eindeutige Zuordnung im Bereich des Vollwinkels vornimmt. Diese Funktion benötigt dafür nicht nur einen bereits aus Gegenkathete dividiert durch Ankathete berechneten Quotienten, sie benötigt vielmehr die beiden Werte für die Katheten einzeln. Ihre Syntax in Maxima lautet:

```
atan2(<gegenkathete>,<ankathete>)
```

Unsere in Gl. 9.4 gefundene Gleichung wird daher in Maxima mit dem Aufruf

```
v:atan2(sqrt(1-ecc^2)*sin(E),cos(E)-ecc)
```

codiert.

Die wahre Anomalie v wird von der Periapsis aus gemessen und ω beschreibt die Lage der Periapsis auf der Satellitenbahn, gemessen vom Durchgang der Bahn durch die Ekliptik bzw. im Fall der GPS-Satelliten vom Durchgang durch die Äquatorebene. Damit ergibt die Summe der beiden Winkel den Satellitenort Φ, bezogen auf seinen Durchgang durch die Äquatorebene der Erde:

```
Phi:v+omega
```

Schließlich wird noch dessen Hauptwert ermittelt

```
Phi:hauptwert(Phi)
```

und wir erhalten das Ergebnis

```
0.963637353671454.
```

9.5   Korrekturen anbringen

Die errechneten Bahndaten – der Satellitenort Φ, der Bahnradius r und die Inklination i – werden auf Grundlage der Störungstheorie korrigiert. Die dafür notwendigen Parameter c_{us}, c_{uc}, c_{rs}, c_{rc}, c_{is} und c_{ic} sind in den Ephemeriden enthalten.

Die Korrekturen für den Ortswinkel des Satelliten werden nach der Gleichung

$$\delta u = c_{us} \cdot \sin 2\Phi + c_{uc} \cdot \cos 2\Phi$$

bestimmt, der korrigierte Wert u errechnet sich dann aus

$$u = \Phi + \delta u :$$

```
u:Phi+cus*sin(2*Phi)+cuc*cos(2*Phi)
```

Der Radius r und damit die Entfernung des Satelliten vom Erdmittelpunkt wird aus der großen Halbachse bestimmt und mit

$$\delta r = c_{rs} \cdot \sin 2\Phi + c_{rc} \cdot \cos 2\Phi$$

korrigiert. Für den korrigierten Radius ergibt sich

$$r = A(1 - e \cdot \cos E) + \delta r.$$

```
r:A*(1-ecc*cos(E))+crs*sin(2*Phi)+crc*cos(2*Phi)
```

Schließlich wird die Inklination mit dem Ausdruck

$$\delta i = c_{is} \cdot \sin 2\Phi + c_{ic} \cdot \cos 2\Phi$$

korrigiert. Die korrigierte Inklination berechnet sich nach der Gleichung

$$i = i_0 + \delta i + \dot{i} \cdot t_k :$$

```
i:i0+cis*sin(2*Phi)+cic*cos(2*Phi)+i_dot*tk
```

9.6   Kartesische Koordinaten der Satellitenposition

Inzwischen ist es uns gelungen, die Polarkoordinaten des Satelliten in dessen Bahnebene zu ermitteln: Mit der Variable u wird der berichtigte Winkel zwischen der Linie des aufsteigenden Knotens K und des Satellitenorts S bezeichnet. In der Variablen r ist die berichtigte Entfernung des Satelliten vom Erdmittelpunkt enthalten.

Abb. 9.4 zeigt die Zusammenhänge schematisch. Dort ist die Bahnebene des Satelliten dargestellt. Die x-Achse ist die Schnittlinie dieser Satelliten-Bahnebene mit der Äquatorebene der Erde. Der Schnittpunkt K der elliptischen Bahn mit der x-Achse ist der aufsteigende Knoten. Der andere, in der Abbildung nicht bezeichnete Schnittpunkt ist der hier nicht interessierende absteigende Knoten. Die y-Achse verläuft im rechten Winkel zur x-Achse genau in der Bahnebene.

Der Punkt P auf der Ellipse markiere das Perihel. Damit ist der rot markierte Winkel ω das Argument des Perihels. Der blau markierte Winkel v ist die wahre Anomalie. Die Summe beider Winkel sei der korrigierte Polarwinkel u des Satelliten S und r dessen Entfernung vom Erdmittelpunkt.

Die kartesischen Bahnkoordinaten x_1 und y_1 des Satelliten in seiner Bahnebene werden durch die Beziehungen $x_1 = \cos(u) \cdot r$ und $y_1 = \sin(u) \cdot r$ bestimmt:

```
x1:cos(u)*r
y1:sin(u)*r
```

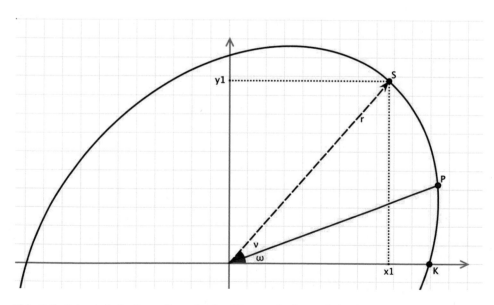

Abb. 9.4 Schematische Darstellung des Satellitenorts in dessen Bahnebene

Table 20-IV. Elements of Coordinate Systems (sheet 3 of 3)	
$x_k' = r_k \cos u_k$ $y_k' = r_k \sin u_k$ $\Big\}$	Positions in orbital plane.
$\Omega_k = \Omega_0 + (\dot{\Omega} - \dot{\Omega}_e)\, t_k - \dot{\Omega}_e\, t_{oe}$	Corrected longitude of ascending node.
$x_k = x_k' \cos\Omega_k - y_k' \cos i_k \sin\Omega_k$ $y_k = x_k' \sin\Omega_k + y_k' \cos i_k \cos\Omega_k$ $z_k = y_k' \sin i_k$ $\Bigg\}$	Earth-fixed coordinates.

Abb. 9.5   Berechnung der Satellitenposition (Tafel 3)

Die letzten Berechnungsschritte bis hin zur Bestimmung der Satellitenposition in ECEF-Koordinaten gehen aus Abb. 9.5 hervor.

9.7   Länge des aufsteigenden Knotens bestimmen

Für die Ortsbestimmung des Satelliten bezüglich der Erde muss die Position des aufsteigenden Knotens in der Äquatorebene der Erde bestimmt und korrigiert werden. Dabei sind die folgenden Größen beteiligt:

Ω_0:   Länge des aufsteigenden Knotens in der Äquatorebene zu Beginn der GPS-Woche

$\dot{\Omega}$:   Änderungsrate des aufsteigenden Knotens in der Äquatorebene

$\dot{\Omega}_e$:   Rotationsgeschwindigkeit der Erde (als Konstante festgelegt)

t_k: Zeitspanne seit Veröffentlichung der Ephemeriden

t_{oe}:   Zeitpunkt der Veröffentlichung der Ephemeriden, gleichzeitig die Zeitspanne seit Beginn der GPS-Woche

Die Berechnung der Länge des aufsteigenden Knotens Ω zum gewünschten Berechnungszeitpunkt erfolgt mit der Formel

$$\Omega = \Omega_0 + \left(\dot{\Omega} - \dot{\Omega}_e\right) \cdot t_k - \dot{\Omega}_e \cdot t_{oe},$$

die genau in dieser Form im *user interface* angegeben ist. Besser verständlich wird diese Gleichung, wenn man die enthaltene Klammer ausmultipliziert

$$\Omega = \Omega_0 + \dot{\Omega} \cdot t_k - \dot{\Omega}_e \cdot t_k - \dot{\Omega}_e \cdot t_{oe}$$

und stattdessen die beiden letzten Summanden zusammenfasst:

$$\Omega = \Omega_0 + \dot{\Omega} \cdot t_k - \dot{\Omega}_e \cdot (t_k + t_{oe})$$

Ausgangspunkt ist die Länge des aufsteigenden Knotens Ω_0 zu Beginn der GPS-Woche um Mitternacht zwischen Samstag und Sonntag. Zu diesem Ausgangswert wird ein Korrekturwert addiert, da sich die Lage des aufsteigenden Knotens mit der Zeit leicht ändert. Dieser Korrekturwert ist das Produkt aus der Änderungsrate $\dot{\Omega}$ und der seit der Ephemeridenausgabe verstrichenen Zeitspanne t_k.

Die Bahnebene des Satelliten steht ortsfest im Raum, während sich die Erde innerhalb der Bahnellipse fortlaufend weiterdreht. Da sich die Erde, von oben mit Blick auf den Nordpol betrachtet, in mathematisch positiver Richtung dreht, hat es von der Erde aus den Eindruck, dass die Lage des aufsteigenden Knotens im Lauf der Zeit zu kleineren Winkelwerten hinwandert.

Die Lage des aufsteigenden Knotens Ω_0 wird zur Zeit des Wochenbeginns angegeben, somit muss man die seit diesem Zeitpunkt erfolgte Erddrehung von dem korrigierten Ausgangswert subtrahieren. Die seither insgesamt verstrichene Zeitspanne ist die Summe aus der Zeit zwischen dem Wochenbeginn und dem Ausgabezeitpunkt t_{oe} der Ephemeridendaten sowie der Zeit t_k, die seit diesem Ausgabezeitpunkt verstrichen ist. Multipliziert mit der Drehgeschwindigkeit der Erde $\dot{\Omega}_e$ erhält man den Winkel, um den sich die Erde seit dem Wochenbeginn weitergedreht hat.

Wir verwenden in Maxima die Gleichung in ihrer originalen Form:

```
OMEGA:OMEGA_0+(OMEGA_dot-OMEGAe_dot)*tk-OMEGAe_dot*toe
```

Zu guter Letzt muss noch der Hauptwert von Ω erzeugt werden:

```
OMEGA:hauptwert(OMEGA)
```

9.8   ECEF-Koordinaten bestimmen

9.8.1   Geozentrisches Koordinatensystem

Für die Belange der Satellitennavigation hat sich ein auf die Erde zentriertes und fixiertes Koordinatensystem (*earth centered and earth fixed* – ECEF) als vorteilhaft herausgestellt. Dabei handelt es sich um ein dreidimensionales kartesisches Koordinatensystem, das seinen Ursprung im Mittelpunkt der Erde hat. Wie in Abb. 9.6 dargestellt, verläuft die x-Achse vom Erdmittelpunkt aus durch den Schnittpunkt des Nullmeridians mit dem Äquator. Die z-Achse verläuft entlang der Erdachse zum Nordpol

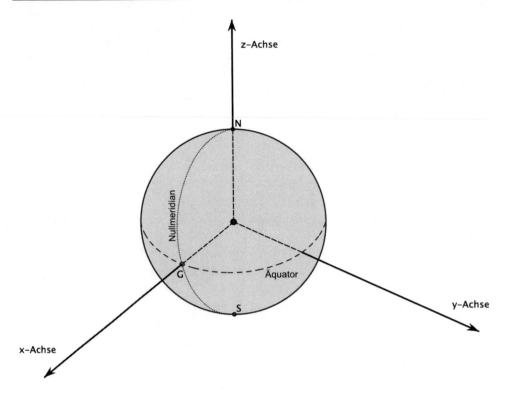

Abb. 9.6 Geozentrisches Koordinatensystem

und die *y*-Achse schließlich verläuft vom Erdmittelpunkt zum Schnittpunkt des 90°-Ost-meridians mit dem Äquator.

9.8.2   Satellitenort in ECEF-Koordinaten

Schließlich und endlich müssen für die Bestimmung des Satellitenorts dessen drei-dimensionale, geozentrische ECEF-Koordinaten aus seinen zweidimensionalen Koordinaten in der Bahnebene berechnet werden. Um diese Berechnungen durchführen zu können, benötigen wir neben diesen zweidimensionalen Koordinaten x_1 und y_1 des Satelliten in dessen Bahnebene außerdem die Inklination *i*, also den Winkel zwischen der Bahnebene und der Äquatorebene, und schließlich noch die Länge des aufsteigenden Knotens Ω. Die Inklination und die Länge des aufsteigenden Knotens bestimmen die Lage der Bahnebene zur Äquatorebene.

Die Herleitung der Gleichungen für die Bestimmung der dreidimensionalen ECEF-Koordinaten aus den zweidimensionalen Bahnkoordinaten ist durchaus herausfordernd, da sie eine gehörige Portion räumliches Vorstellungsvermögen voraussetzt. Das eigene

Verstehen kann mit einem simplen Hilfsmittel einfacher gestaltet werden. Hierzu schneidet man sich aus Karton eine Ellipsenhälfte aus, auf deren Rand man beliebig eine Satellitenposition markiert. Die Projektion dieser Satellitenposition auf die große Halbachse sei die Koordinate y_1 und die Projektion auf die kleine Halbachse die Koordinate x_1. Auf einem weiteren Pappstück markiert man im rechten Winkel zueinander die x- und die y-Achse des ECEF-Systems. Dieses Pappstück repräsentiert somit die Äquatorebene der Erde. Die z-Achse des ECEF-Systems denken wir uns nur, sie verlaufe aus der Äquatorebene senkrecht nach oben.

Man kann nun, wie in Abb. 9.7 dargestellt, die Ellipsenhälfte unter verschiedenen Winkeln i und Ω auf diese Ebene stellen (wobei die große Halbachse der Ellipse immer auf den Koordinatenursprung treffen soll) und die nachfolgend aufgeführten Fälle besser nachvollziehen. Für eine Veränderung der Inklination kippt man die Ellipsenhälfte und für eine Änderung des aufsteigenden Knotens wird sie um die z-Achse des geozentrischen Koordinatensystems gedreht.

Sonderfall 1: Der Satellit umläuft die Erde über die Pole. Dies bedeutet, dass die Inklination 90° beträgt. Außerdem verlaufe die Satellitenbahn mit dem aufsteigenden Knoten zunächst genau durch den Null-Grad-Meridian, dessen Länge Ω beträgt somit 0°. Stellen wir also die Pappellipse senkrecht auf die x–y-Ebene und richten deren kleine Halbachse entlang der x-Achse aus. Hieraus ergeben sich die einfachen Beziehungen

$$x = x_1,$$

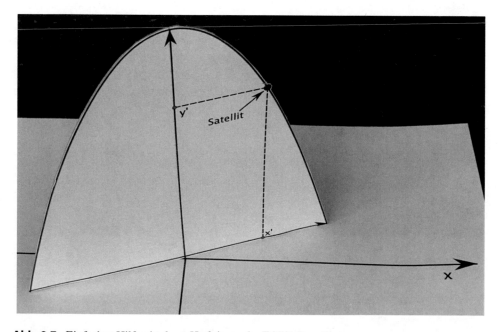

Abb. 9.7 Einfaches Hilfsmittel zur Herleitung der ECEF-Koordinaten

$$y = 0 \text{ und}$$

$$z = y_1.$$

Drehen wir die Bahn des polar umlaufenden Satelliten und die Pappellipse um 90°, sodass sich die Länge seines aufsteigenden Knotens bei 90° befindet, dann gelten die Beziehungen

$$x = 0,$$

$$y = x_1 \text{ und}$$

$$z = y_1.$$

Bei dieser Drehung des aufsteigenden Knotens von 0° nach 90° nimmt die x-Koordinate von x_1 auf null ab, während die y-Koordinate von null auf x_1 zunimmt. Die x_1-Koordinate des Satellitenorts wird bei dieser Drehung senkrecht in die x–y-Ebene des ECEF-Systems projiziert. Ihre Koordinaten in dieser Ebene sind abhängig von der Länge des aufsteigenden Knotens, sie betragen

$$x = x_1 \cdot \cos \Omega \text{ und}$$

$$y = x_1 \cdot \sin \Omega.$$

Der Wert der z-Koordinate

$$z = y_1$$

ändert sich bei dieser Drehung nicht.

Sonderfall 2: Die Länge des aufsteigenden Knotens Ω betrage wieder 0° und die Inklination i zunächst 90°. Die zugehörigen Koordinatenumrechnungen sind bereits im Fall 1 dargestellt. Wir verändern ausgehend von dieser Stellung die Inklination i, während die Länge des aufsteigenden Knotens Ω beibehalten wird. Je geringer die Inklination ist, desto flacher verläuft die Satellitenbahn zur Äquatorebene, und bei einer Inklination von 0° umläuft der Satellit die Erde um den Äquator. Neigt man die Satellitenbahn bzw. die Pappellipse ausgehend von der senkrechten Lage immer flacher auf die Äquatorebene, so wandert die Projektion des Satellitenorts in der Äquatorebene immer weiter in die positive y-Richtung. Die y-Koordinate nimmt mit kleiner werdender Inklination zu, während die x-Koordinate unverändert bleibt. Mit kleiner werdendem Inklinationswinkel verändert sich allerdings nun auch die z-Koordinate, die ebenfalls kleiner wird. Damit gelten die Beziehungen

$$x = x_1,$$

$$y = y_1 \cdot \cos i \text{ und}$$

$$z = y_1 \cdot \sin i.$$

Betrachten wir weiter die Zusammenhänge ausgehend von einer Länge des aufsteigenden Knotens Ω von 90° bei einer variablen Inklination i. Wir stellen dazu die Ellipsenhälfte auf die y-Achse der Grundfläche. Jetzt ergibt die zweidimensionale x_1-Koordinate die dreidimensionale y-Koordinate. Bei zunehmend flacher werdender Inklination wandert die Projektion des Satellitenortes in der Äquatorebene immer weiter in den Bereich negativer x-Koordinaten. Damit erhalten wir die x-Koordinate aus der Projektion des Satellitenorts in die Grundebene. Maßgeblich hierfür ist die Bahnkoordinate y_1 und deren Kosinus in Abhängigkeit von der Inklination i. Damit gelten hier die Beziehungen

$$x = -y_1 \cdot \cos i,$$

$$y = x_1 \text{ und unverändert}$$

$$z = y_1 \cdot \sin i.$$

Allgemeiner Fall: Nun gilt es, beide Sonderfälle zu kombinieren. Am einfachsten ist dabei die z-Koordinate zu behandeln. Ihre Größe ist ausschließlich von der y_1-Koordinate und der Inklination i abhängig, sie berechnet sich unbeeinflusst von der Länge des aufsteigenden Knotens Ω nach der Gleichung

$$z = y_1 \cdot \sin i.$$

Im Sonderfall 1 hatten wir für die Abhängigkeit der x- und y-Koordinate von der Lage des aufsteigenden Knotens Ω die Gleichungen

$$x = x_1 \cdot \cos \Omega \text{ und}$$

$$y = x_1 \cdot \sin \Omega$$

gefunden. Diese Werte werden entsprechend dem Sonderfall 2 durch die Größe der Inklination beeinflusst. Dabei hatten wir festgestellt, dass sich ausgehend von $\Omega = 0°$ die y-Koordinate um den Term

$$y_1 \cdot \cos i$$

vergrößert und sich die x-Koordinate bei einem Ω-Wert von 90° um den Term

$$-y_1 \cdot \cos i$$

verändert. Der Einfluss der Inklination ist somit seinerseits ebenfalls von der Länge des aufsteigenden Knotens abhängig. Mit zunehmender Länge des aufsteigenden Knotens Ω von 0° bis 90° wächst ebendieser Einfluss auf die x-Koordinate, während er gleichzeitig auf die y-Koordinate abnimmt. Daher wird der Term $-y_1 \cdot \cos i$ mit dem Sinus der Knotenlänge Ω multipliziert, während der Term $y_1 \cdot \cos i$ vom Kosinus der Knotenlänge beeinflusst wird.

Somit sind es die Gleichungen

$$x = x_1 \cdot \cos \Omega - y_1 \cdot \cos i \cdot \sin \Omega,$$

$$y = x_1 \cdot \sin \Omega - y_1 \cdot \cos i \cdot \cos \Omega \text{ und}$$

$$z = y_1 \cdot \sin i,$$

welche aus den zweidimensionalen Bahnkoordinaten x_1 und y_1 unter Berücksichtigung der Länge des aufsteigenden Knotens Ω und der Inklination i die ECEF-Koordinaten des Satelliten errechnen.

```
x:x1*cos(OMEGA)-y1*cos(i)*sin(OMEGA)
y:x1*sin(OMEGA)+y1*cos(i)*cos(OMEGA)
z:y1*sin(i)
```

Wir erhalten schließlich als ECEF-Koordinaten des Satelliten SV5 zur Ephemeridenzeit folgende Werte:

```
x:  -937137.9355995972
y:  1.956407532015419*10⁷
z:  1.770545668629517*10⁷
```

9.9   Maxima-Funktion zur Bestimmung des Satellitenorts

Damit steht der Standort eines Satelliten zur vorgegebenen Uhrzeit in ECEF-Koordinaten zur Verfügung. Der oben dargestellte und manuell nachvollzogene Prozess wird in die Funktion `satpos()` zur Berechnung von Satellitenpositionen übertragen. Als erster Aufrufparameter wird die Uhrzeit, für die der Satellitenort berechnet werden soll, als Wochensekunde angegeben. Als zweiter Parameter *SV* wird die Nummer des gewünschten Satelliten angegeben.

Das Ergebnis der Funktion `satpos()` ist eine Liste mit den ECEF-Koordinaten *X*, *Y* und *Z* der zur angegebenen Zeit berechneten Satellitenposition.

```
satpos(sow,sv):=block(
[SV,af0,af1,af2,k,crs,delta_n,M0,cuc,ecc,cus,sqrt_A,
toe, cic,OMEGA_0,cis,i0,crc,omega,OMEGA_dot,i_dot,
GM,OMEGAe_dot,A,tk,n0,n,M,E,E_old,dE,v,Phi,u,r,i,OMEGA,
x1,y1,sat_x,sat_y,sat_z],
GM:3.986005e14,
OMEGAe_dot:7.2921151467e-5,
set_eph(sv),
A:sqrt_A*sqrt_A,
tk:check_t(sow-toe),
n0:sqrt(GM/A^3),
n:n0+delta_n,
M:M0+n*tk,
M:hauptwert(M),
E:M,
dE:1,
for i:1 thru 10 unless abs(dE)<1*10^-12 do
    (
    E_old:E,
    E:M+ecc*sin(E),
    dE:(mod(E-E_old,2*%pi))
    ),
E:hauptwert(E),
v:atan2(sqrt(1-ecc^2)*sin(E),cos(E)-ecc),
Phi:v+omega,
Phi:hauptwert(Phi),
u:Phi               +cus*sin(2*Phi)+cuc*cos(2*Phi),
r:A*(1-ecc*cos(E))+crs*sin(2*Phi)+crc*cos(2*Phi),
i:i0+i_dot*tk       +cis*sin(2*Phi)+cic*cos(2*Phi),
x1:cos(u)*r,
y1:sin(u)*r,
OMEGA:OMEGA_0+(OMEGA_dot-OMEGAe_dot)*tk-OMEGAe_dot*toe,
OMEGA:hauptwert(OMEGA),
sat_x:x1*cos(OMEGA)-y1*cos(i)*sin(OMEGA),
sat_y:x1*sin(OMEGA)+y1*cos(i)*cos(OMEGA),
sat_z:y1*sin(i),
[sat_x,sat_y,sat_z])
```

Um verschiedene Satellitenpositionen zu unterschiedlichen Zeitpunkten berechnen zu können, verschafft man sich mit

```
timeline:make_timelist()
```

sowie

```
navsatlist:make_navsatlist()
```

einen Überblick einerseits über die Zeitpunkte, für welche Satellitendaten vorliegen, und andererseits über die Satelliten, von welchen Ephemeriden vorhanden sind. Den gewünschten Zeitpunkt speichert man in der Variablen sow:

```
sow:timeline[1]
```

Wir wählen den ersten Satelliten aus der angezeigten Liste aus

```
satnr:navsatlist[1]
```

und rufen auf:

```
satpos(sow,satnr)
```

Sofort erhalten wir das Ergebnis

```
[-7176284.792712593,1.440368930859744*10^7,
2.179376804522306*10^7]
```

9.10 Bahndaten überprüfen

Ob unsere Berechnung schlüssig ist, können wir überprüfen, wenn wir zeitlich aufeinanderfolgende Satellitenpositionen dreidimensional darstellen.

Ausgehend vom oben gewählten Beginn sow werden in der Liste stunden 48 weitere Zeitpunkte im Abstand von jeweils einer halben Stunde berechnet und gespeichert:

```
stunden:makelist(sow+1800*i,i,0,47)$
```

Um die Positionen für den ersten in der Navigationsmatrix aufgeführten Satelliten mit der Nummer 2 berechnen zu können, erstellen wir eine Liste mit 48 Einträgen mit dieser Satellitennummer:

```
satellit:makelist(satnr,i,0,47)$
```

Die Funktion `satpos()` wird auf die eben errechneten 48 Zeitpunkte `stunden` sowie die Liste `satellit` angewendet und die generierten Ergebnisse (48 Satellitenpositionen zu den entsprechenden Zeitpunkten des jeweiligen Satelliten) werden in der Liste `orbit1` gespeichert:

```
orbit1:map(satpos,stunden,satellit),numer
```

Die erzeugte Liste der Satellitenpositionen wird mit der dreidimensionalen Zeichenfunktion `draw3d()` dargestellt:

```
draw3d(
proportional_axes=xyz,
xaxis=true,xaxis_type=solid,xaxis_color=black,
xaxis_width=1,xlabel=X-Achse,
yaxis=true,yaxis_type=solid,yaxis_color=black,
yaxis_width=1,ylabel=Y-Achse,
point_size=3,color=blue,point_type=12,
points(orbit1))
```

Lohn der Mühe ist die in Abb. 9.8 gezeigte dreidimensionale Darstellung der geschlossenen Satellitenbahn eines ganzen Tages.

Vielleicht wundert man sich zunächst, dass nicht eine kreis- bzw. ellipsenförmige Satellitenbahn erscheint. Jedoch muss berücksichtigt werden, dass die von uns errechneten Koordinaten erdzentriert sind. Das heißt, dass die Erde während des Umlaufs eines Satelliten unter dessen Bahn fortwährend weiterdreht. Projiziert man die Umlaufbahn eines Satelliten auf die sich unter ihm weiterdrehende Erde, so entsteht das errechnete und dargestellte Muster einer in sich geschlossenen Schleife.

Generiert man nach einer alternativen Belegung der Variablen `satnr`, beispielsweise

```
satnr:navsatlist[5]
```

mit der Anweisung

```
satellit:makelist(satnr,i,0,47)$
```

eine neue Liste, so lassen sich problemlos die Positionen dieses Satelliten zu den jeweils genannten Zeitpunkten berechnen:

```
orbit2:map(satpos,stunden,satellit),numer$
```

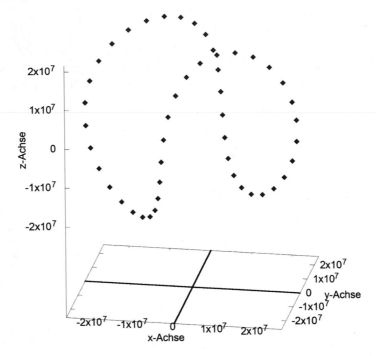

Abb. 9.8   3-D-Darstellung der Bahn eines Satelliten

Man erhält auf diese Weise weitere Listen mit den Orbitkoordinaten anderer Satelliten, die durch eine Erweiterung der obigen `draw3d()`-Funktion zusätzlich dargestellt werden können. In Abb. 9.9 sind die Tagesbahnen von insgesamt vier Satelliten dargestellt. Man kann bereits sehr gut die die Erde umgebende Kugelschale erkennen, welche durch die Satellitenpositionen gebildet wird.

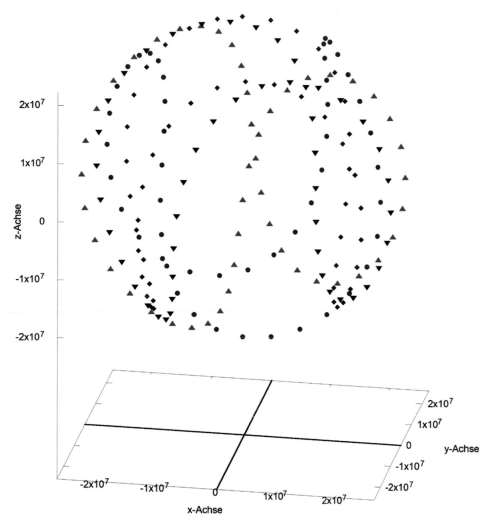

Abb. 9.9   3-D-Darstellung der Bahnen von vier Satelliten

Der Almanach

10

Die Bestimmung der Satellitenpositionen aus den Ephemeriden ist eine umfangreiche Aufgabe: So geht nicht nur eine Vielzahl von Parametern in die Positionsbestimmung ein, auch der rechnerische Aufwand ist beträchtlich. Es leuchtet jedoch unmittelbar ein, dass für eine genaue Positionsbestimmung des Empfängers eben auch hochgenaue Satellitenpositionen benötigt werden. Für den Empfänger ist es aufgrund der in Kap. 5 dargestellten aufwendigen Decodierung der Satellitensignale hilfreich, wenn er beim Einschalten wenigstens grob über die Positionen aller Satelliten Bescheid weiß. Genau diesem Zweck dient der Almanach. Dieser enthält die notwendigen Daten, um die Positionen aller Satelliten wenigstens näherungsweise zu berechnen. Außerdem hat der Almanach eine Gültigkeit von einer Woche und damit eine wesentlich längere Gültigkeit als die Ephemeriden mit zwei Stunden. Ein Empfänger, der mehrere Stunden oder gar Tage ausgeschaltet war, kann somit über den vormals empfangenen und gespeicherten Almanach schnell die aktuelle Satellitenkonstellation am Himmel bestimmen und sich gezielt auf den Empfang der für ihn sichtbaren Satelliten konzentrieren, um schneller betriebsbereit zu sein.

Steht der Almanach nicht zur Verfügung, dann muss der Empfänger nacheinander alle 32 PRN-Sequenzen ausprobieren und überprüfen, mit welcher Sequenz er sich mit einem Satelliten synchronisieren kann. Kann er endlich einen Satelliten empfangen, wird er von diesem Satelliten den Almanach empfangen und kann dann gezielt nach weiteren, in seinem Sichtbereich liegenden Satelliten suchen.

Mit geringen Änderungen der erstellten Funktion `satpos()` können wir die Satellitenposition aus dem Almanach bestimmen, sodass wir einen Vergleich zwischen den unterschiedlich generierten Ergebnissen vornehmen können. Außerdem ist es uns möglich, die Positionen aller Satelliten zu einem bestimmten Zeitpunkt zu berechnen und grafisch darzustellen.

H. Albrecht, *Geometrie und GPS,* Mathematik Primarstufe und Sekundarstufe I + II, https://doi.org/10.1007/978-3-662-64871-1_10

10.1   Einlesen des Almanachs in Maxima

Der aktuelle Almanach kann – wie bereits in Abschn. 6.2.6 erwähnt – ebenfalls über das Programm *u-center* eingelesen und als Textdatei abgespeichert werden. Darüber hinaus gibt es im Internet mehrere Quellen[1], welche die aktuellen und frühere Almanach-Daten zum Herunterladen zur Verfügung stellen.

Für unsere Zwecke sind die Dateien im YUMA-Format als Textdateien am besten geeignet, da wir diese Daten problemlos in Maxima einlesen können.

Nachfolgend ist der Anfang einer Almanach-Textdatei mit den Daten der Satelliten 1 und 10 dargestellt.

```
******** Week   105 almanac for PRN-01 ********
ID:                          01
Health:                      000
Eccentricity:                0.1070308685E-001
Time of Applicability(s):    233472.0000
Orbital Inclination(rad):    0.984135
Rate of Right Ascen(r/s):    -0.7440309919E-008
SQRT(A)    (m 1/2):          5153.64600
Right Ascen at Week(rad):    -0.2685886135E+001
Argument of Perigee(rad):    0.828356
Mean Anom(rad):              -0.1108410101E+001
Af0(s):                      0.7171630859E-003
Af1(s/s):                    -0.1091393642E-010
week:                        105
******** Week   105 almanac for PRN-10 ********
ID:                          10
Health:                      000
Eccentricity:                0.6570816040E-002
Time of Applicability(s):    233472.0000
Orbital Inclination(rad):    0.968334
Rate of Right Ascen(r/s):    -0.7977475151E-008
SQRT(A)    (m 1/2):          5153.61279
Right Ascen at Week(rad):    -0.1650832598E+001
Argument of Perigee(rad):    -2.562953
Mean Anom(rad):              0.3120159991E+001
Af0(s):                      -0.1010894775E-003
Af1(s/s):                    -0.7275957614E-011
week:                        105
```

---

[1] https://www.navcen.uscg.gov/?pageName=gpsAlmanacs (letzter Aufruf: 31.10.2021) und http://www.celestrak.com/GPS/almanac/Yuma/ (letzter Aufruf: 31.10.2021).

Zur Angabe der Wochenzahl ist eine Anmerkung nötig: Bekanntlich werden in der GPS-Zeit die Wochen seit dem 06.01.1980 durchnummeriert und seither sind unzweifelhaft mehr als 105 Wochen verstrichen. Allerdings stehen für die Übertragung der Wochenanzahl nur 10 Bits zur Verfügung.[2] Dies bedeutet, dass nach der Woche 1023 die Zählung wieder bei null beginnt. Dieser Überlauf wird wohl bei der Konvertierung in RINEX-Dateien berücksichtigt, jedoch nicht im Almanach. So wird in den Ephemeriden unserer Beispieldatei die Wochenzahl 2153 angegeben, im Almanach jedoch die Zahl 105 genannt. Seit dem 06.01.1980 sind zweimal 1024 plus $105 = 2153$ Wochen verstrichen, beide Wochenangaben entsprechen daher einander.

Die klare Struktur des Almanachs macht uns das Einlesen der Daten in Maxima recht leicht. Wir gehen davon aus, dass die Almanach-Datei unter dem Namen `sonnenpfad_alm.txt` im GPS-Verzeichnis gespeichert ist, und legen in Maxima zuerst den Pfad auf diese Datei fest:

```
pfad:"c:/users/xxxx/gps/sonnenpfad_alm.txt"
```

Auf dem Mac entsprechend:

```
pfad:"/users/xxxx/gps/sonnenpfad_alm.txt"
```

Denken Sie wieder daran, den Platzhalter `xxxx` durch den Namen Ihres persönlichen Benutzerverzeichnisses zu ersetzen!
Wir öffnen zunächst die Datei

```
h:openr(pfad)
```

und können dann mit

```
readline(h)
```

den Dateiinhalt zeilenweise als Text einlesen. Mit der Anweisung

```
split(readline(h))
```

wird der Zeileninhalt in eine Liste umgebrochen. Diesen Befehl sollten wir für jede Zeile der Datensequenz des ersten Satelliten wiederholen, um einen Überblick über den Aufbau der Datei zu bekommen. So sollte deutlich werden, dass sich das Muster nach 15 Zeilen mit den Daten des nächsten Satelliten wiederholt. Am Ende dürfen wir nicht vergessen, die Datei wieder zu schließen:

---

[2] Siehe *user interface*, Abschn. 6.2.4.

```
close(h)
```

Erfreulicherweise kann die Almanach-Datei von Maxima in einem Zug eingelesen werden:

```
h:openr(pfad)
almanach_txt:read_nested_list(h)$
close(h)
```

Die gesamte Datei steht hernach in der verschachtelten Liste `almanach_txt` zur Verfügung und man kann mit

```
almanach_txt[1]
almanach_txt[2]
```

usw. auf deren einzelne Zeilen zugreifen. Es ist sinnvoll, die obigen drei Befehle in eine Funktion zum Einlesen der Almanach-Datei zusammenzufassen:

```
read_almanach(pfad):=block(
[h,almanach_txt],
h:openr(pfad),
almanach_txt:read_nested_list(h),
close(h),
almanach_txt)
```

Der Einlesevorgang und die Zuweisung erfolgen über folgenden Funktionsaufruf:

```
almanach_txt:read_almanach(pfad)$
```

Dadurch wird die komplette Almanach-Datei in die geschachtelte Liste `almanach_txt` übertragen. Die einzelnen Zeilen werden mit der Zeilennummer als Index dargestellt. So liefert der Aufruf

```
almanach_txt[7]
```

die siebte Zeile, beispielsweise:

```
[Rate,of,Right,Ascen,(,r,/,s,),:,-7.440309919*10^-9]
```

Wir haben erkannt, dass jeder Datenblock eines Satelliten 15 Zeilen lang ist, außerdem stehen die uns interessierenden Werte immer am Ende einer Zeile und damit als letzter

Eintrag in der zugehörigen Liste. Mit diesen Erkenntnissen können wir eine Funktion schreiben, welche die relevanten Daten extrahiert. Dafür bedienen wir uns der Funktion `last()`, die den letzten Eintrag einer Liste liefert.

```
make_almatrix(alm_txt):=block(
[sv,ecc,time,i0,OMEGA_dot,sqrt_A,OMEGA_0,omega,M0,
af0,af1,almlist,svlist],
almatrix:[],
svlist:[],
for i:1 thru length(alm_txt) step 15 do
(
    sv:last(alm_txt[i+1]),
    ecc:last(alm_txt[i+3]),
    time:last(alm_txt[i+4]),
    i0:last(alm_txt[i+5]),
    OMEGA_dot:last(alm_txt[i+6]),
    sqrt_A:last(alm_txt[i+7]),
    OMEGA_0:last(alm_txt[i+8]),
    omega:last(alm_txt[i+9]),
    M0:last(alm_txt[i+10]),
    af0:last(alm_txt[i+11]),
    af1:last(alm_txt[i+12]),
    almlist:[sv,ecc,time,i0,OMEGA_dot,sqrt_A,OMEGA_0,
        omega,M0,af0,af1],
    almatrix:endcons(almlist,almatrix),
    svlist:endcons(sv,svlist)
),
print("Im Almanach vertretene Satelliten:"),
print(sort(svlist)),
almatrix)
```

Diese Funktion steuert durch die festgelegte Schrittweite von 15 in einer Schleife nacheinander die Datenblöcke der Satelliten an. Der Aufruf lautet:

```
make_almatrix(almanach_txt)$
```

Aus jedem Datenblock werden die interessierenden Werte als jeweils letztes Element aus den verschiedenen Zeilen ausgelesen und in einer Liste gesammelt. Nach dem Abarbeiten der Daten eines Satelliten wird dessen Werteliste an die übergreifende geschachtelte Liste mit den Daten aller Satelliten angehängt und eine globale Datenstruktur namens `almatrix` mit den Almanach-Daten aller Satelliten erzeugt.

Um den Datensatz eines bestimmten Satelliten zu finden, benötigen wir eine weitere Funktion.

```
find_almanach(sv):=block(
[index],
index:0,
for i:1 thru length(almatrix) do
    if almatrix[i][1]=sv then index:i,
index)
```

Als Ergebnis liefert die Funktion einen Index auf den Datensatz des gewünschten Satelliten als Liste. Sollte der angefragte Satellit nicht im Almanach vertreten sein, wird die Zahl 0 zurückgeliefert.

Damit können, ganz ähnlich wie weiter oben für die Ephemeriden gezeigt, die im Almanach eines Satelliten übertragenen Daten dargestellt werden:

```
show_alm(sv):=block(
[index],
index:find_almanach(sv),
if index=0 then (print("SV:",sv,"nicht vorhanden"),re-
turn()),
print("SV:        ",almatrix[index][1]),
print("ecc:       ",almatrix[index][2]),
print("time:      ",almatrix[index][3]),
print("i0:        ",almatrix[index][4]),
      "in Grad:",float(almatrix[index][4]*180/%pi)),
print("OMEGA_dot:",almatrix[index][5]),
print("sqrt_A:    ",almatrix[index][6],
      "quadriert: ", almatrix[index][6]^2),
print("OMEGA_0:   ",almatrix[index][7],
      "in Grad:",float(almatrix[index][7]*180/%pi)),
print("omega:     ",almatrix[index][8]),
print("M0:        ",almatrix[index][9]),
return(true))
```

Als Ergebnis des Aufrufs `show_alm(1)` erscheinen beispielsweise die folgenden Daten:

```
SV:        1
ecc:       0.01070308685
time:      233472.0
i0:        0.984135      in Grad: 56.38678197110727
OMEGA_dot:-7.440309919*10^-9
sqrt_A:    5153.646   quadriert: 2.6560067093316*10^7
OMEGA_0:   -2.685886135 in Grad: -153.8899397882049
omega:     0.828356
M0:        -1.108410101
```

Die Daten für die Inklination i_0 sowie den aufsteigenden Knoten Ω_0 werden der besseren Interpretation wegen auch in Winkelgrad und die Wurzel der großen Halbachse quadriert ausgegeben. Lässt man die Werte mehrerer Satelliten darstellen, so sieht man schnell, dass es die Satelliten mit den vorgegebenen Bahnen offensichtlich nicht besonders genau nehmen. So weicht die Inklination der Bahn des Satelliten mit der Nummer 1 deutlich von der Vorgabe von 55° ab. Auf diesen Punkt werden wir in Abschn. 10.3.4 nochmals zurückkommen.

10.2   Positionsbestimmung mit dem Almanach

Nach diesen Vorarbeiten kann die Berechnung der Satellitenposition aufgrund der Almanach-Daten erfolgen. Da diese Berechnung ebenfalls über die klassischen Regeln der Himmelsmechanik und die Kepler'schen Bahnelemente erfolgt, verwenden wir dafür die bereits erstellte Funktion satpos(), die wir für die Berechnung der Satellitenposition mit den Almanach-Daten jedoch etwas abwandeln müssen.

10.2.1   Veränderung der Funktion satpos()

Bei dieser Veränderung geht es zunächst darum, dass die Bahnparameter aus dem Almanach verwendet werden, sodass der Funktionsanfang mit der Aufbereitung der Daten umformuliert werden muss. Da nun weniger Daten zur Verfügung stehen, als für die exakte Berechnung mit den Ephemeriden benötigt werden, müssen einige Berechnungsschritte geändert werden. Ein möglicher Weg hierfür ist, wie im *user interface* vorgeschlagen, alle Ephemeridenparameter, die im Almanach nicht vorhanden sind, auf null zu setzen und die Berechnungen unverändert durchzuführen. Eine alternative und hier gewählte Methode besteht darin, in den Berechnungsanweisungen der Funktion satpos() all diejenigen Terme herauszunehmen, die dadurch zu null werden.

```
satpos_alm(sow,sv):=block(
[M0,ecc,sqrt_A,toa,OMEGA_0,i0,omega,OMEGA_dot,GM,
OMEGAe_dot,A,tk,n0,M,E,E_old,dE,v,Phi,u,r,i,OMEGA,x1,y1,
sat_x,sat_y,sat_z],
GM:3.986005e14,
OMEGAe_dot:7.2921151467e-5,
index:find_almanach(sv),
M0:almatrix[index][9],
ecc:almatrix[index][2],
sqrt_A:almatrix[index][6],
toa:almatrix[index][3],
OMEGA_0:almatrix[index][7],
i0:almatrix[index][4],
omega:almatrix[index][8],
OMEGA_dot:almatrix[index][5],
A:sqrt_A*sqrt_A,
```

```
tk:check_t(sow-toa),
n0:sqrt(GM/A^3),
M:M0+n0*tk,
M:hauptwert(M),
E:M,
dE:1,
for i:1 thru 10 unless abs(dE)<1*10^-12 do
    (
    E_old:E,
    E:M+ecc*sin(E),
    dE:(mod(E-E_old,2*%pi))
    ),
E:hauptwert(E),
v:atan2(sqrt(1-ecc^2)*sin(E),cos(E)-ecc),
Phi:v+omega,
Phi:hauptwert(Phi),
u:Phi,
r:A*(1-ecc*cos(E)),
i:i0,
x1:cos(u)*r,
y1:sin(u)*r,
OMEGA:OMEGA_0+(OMEGA_dot-OMEGAe_dot)*tk-OMEGAe_dot*toa,
OMEGA:hauptwert(OMEGA),
sat_x:x1*cos(OMEGA)-y1*cos(i)*sin(OMEGA),
sat_y:x1*sin(OMEGA)+y1*cos(i)*cos(OMEGA),
sat_z:y1*sin(i),
[sat_x,sat_y,sat_z])
```

Wir hatten bereits in Kap. 8 festgestellt, dass die Ausgabe der Ephemeriden des Satelliten mit der Nummer 5 auf den Zeitpunkt

```
sow:50400
```

bezogen ist. Um für diesen Zeitpunkt die Satellitenposition mithilfe des Almanachs zu bestimmen, genügt der Aufruf der Funktion:

```
almpos:satpos_alm(sow,5)
```

Als Ergebnis erhalten wir die Position

```
[-936748.3226379007,1.956210518278728*10^7,1.770655918902768*10^7]
```

in ECEF-Koordinaten. Unter Bezugnahme auf die Ephemeriden errechnen wir für denselben Satelliten zum selben Zeitpunkt mit dem Aufruf

```
ephpos:satpos(sow,5)
```

die folgende Position:

```
[-937137.9355995972,1.956407532015419*10^7,1.770545668629517*10^7]
```

10.2.2 Vergleich der Ergebnisse

Aus zwei Positionen in ECEF-Koordinaten kann leicht der Abstand zwischen beiden
Positionen berechnet werden:

```
norm(almpos,ephpos)
```

Wir erhalten einen Abstand von etwa 2,3 km.

Berechnet man die Positionen aller Satelliten, von denen Ephemeriden vorliegen, zu
einem bestimmten Zeitpunkt sowohl mit den exakten Ephemeriden als auch mit dem
Almanach und bestimmt die Entfernung zwischen beiden Raumpunkten, so erhalten
wir Distanzen bis zu 2,5 km zwischen den Positionen. Diese Abweichung ist natürlich
für eine exakte Ortsberechnung des Empfängers nicht hinnehmbar. Für einen ersten
orientierenden Überblick über die Verteilung der Satelliten am Himmel stellt diese
Unschärfe jedoch kein Problem dar. Plottet man die errechneten Orte über den Zeitraum
eines ganzen Tags im Halbstundenabstand, so ist der Positionsunterschied in Abb. 10.1
gar nicht erkennbar. Die blauen Quadrate sind die über die Ephemeriden berechneten
Positionen, die roten Sterne diejenigen, welche über den Almanach errechnet wurden.

10.3   Verteilung der Satelliten

Es wurde bereits erwähnt, dass der Almanach vom Empfänger verwendet wird, um einen
Überblick über die Verteilung der Satelliten am Himmel zu erhalten. Einen solchen
Überblick können auch wir recht einfach erhalten, indem wir uns die Positionen aller
Satelliten zu einem bestimmten Zeitpunkt aus dem Almanach errechnen und drei-
dimensional darstellen lassen.

Hierzu ist es vorteilhaft, das bereits weiter oben beschriebene Laden und
Strukturieren des Almanachs in eine einzige Funktion zu übertragen, die den Datei-
namen abfragt und daraus einen Pfad generiert, wobei davon ausgegangen wird, dass der
Almanach ebenfalls im vereinbarten Datenverzeichnis `/users/xxxx/gps` liegt. Der
Platzhalter `xxxx` muss im nachfolgenden Funktionstext zuerst an die eigenen Gegeben-
heiten angepasst werden!

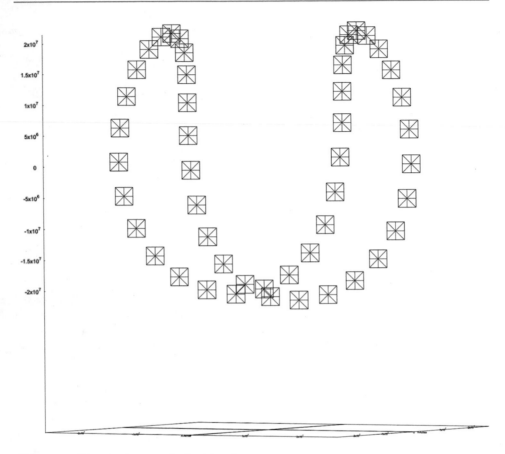

Abb. 10.1 Übereinstimmung der Positionsdaten

```
almanach_einlesen():=block(
[alm_name_list,alm_name,almanach_txt],
alm_name_list:[],
alm_name:read("Namensstamm der Almanach-Datei:"),
pfad:concat("/users/xxxx/gps/",alm_name,"_alm.txt"),
almanach_txt:read_almanach(pfad),
make_almatrix(almanach_txt),
return(true))
```

Beim Aufruf der Funktion wird der Almanach geöffnet, eingelesen und in eine geschachtelte Liste mit den Daten aller Satelliten gewandelt. Damit liegen die Daten des Almanachs in der globalen Liste `almatrix` vor, sie können von dort einzeln über deren Index abgerufen werden. So liefert der Aufruf

```
almatrix[1]
```

beispielsweise die Almanach-Einträge für den ersten Satelliten:

```
[1,0.01070308685,233472.0,0.984135,
-7.440309919*10^-9,5153.646,-2.685886135,0.828356,
-1.108410101,7.171630859*10^-4,-1.091393642*10^-11]
```

Mithilfe der bereits erstellten Funktion `satpos_alm()` werden die Positionen aller Satelliten, die im Almanach verzeichnet sind, berechnet und in einer Liste zusammengefasst:

```
positionen():=block(
[pos_list,time,pos],
pos_list:[],
time:almatrix[1][3],
for i:1 thru length(almatrix) do
    (
    pos:satpos_alm(time,almatrix[i][1]),
    pos_list:endcons(pos,pos_list)
    ),
pos_list)
```

Mit dem Aufruf der Funktion

```
pos_list:positionen()
```

werden die Koordinaten aller Satelliten in die Liste `pos_list` geschrieben und stehen damit für eine grafische Ausgabe zur Verfügung.

10.3.1 Erste Darstellung der Satellitenpositionen

Die dreidimensionale Darstellung erfolgt durch die Maxima-Funktion `draw3d()`, wobei auch die Erde geplottet wird, um eine ungefähre Vorstellung der Dimensionen zu bekommen.

Das erste Grafikobjekt `spherical()` zeichnet die Erde als blaue Kugel mit einem Radius von 6370 km. Das zweite Grafikobjekt `points()` setzt einen Orientierungspunkt auf die Erdkugel. Hierfür muss allerdings dieser Punkt P in ECEF-Koordinaten angelegt sein. Für den Standort mit 50° nördlicher Breite und 10° östlicher Länge – das ist in etwa Würzburg – lauten die Werte:

```
P:[[4032351.55,711012.37,4879703.10]]
```

Die beiden folgenden Grafikobjekte `parametric()` zeichnen den Äquator und den Nullmeridian in Rot auf die Erdkugel.

```
draw3d(
dimensions=[1500,1500],
proportional_axes=xyz,
axis_3d=true,zaxis=true,grid=true,surface_hide=true,
xu_grid=20,yv_grid=20,nticks=60,
spherical(6370000,u,0,2*%pi,v,0,%pi),
point_size=1,point_type=7,color=red,
points(P),
line_width=3,
parametric(6371000*cos(alpha),
                6371000*sin(alpha),0,alpha,0,2*%pi),
parametric(6371000*sin(alpha),0,
                6371000*cos(alpha),alpha,0*%pi,1*%pi),
point_size=2,point_type=13,color=black,
points(pos_list))
```

Schließlich werden mit dem Grafikobjekt `points()` die Satelliten gezeichnet, deren Orte in der Liste `pos_list` abgelegt worden sind. Das Ergebnis ist in Abb. 10.2 dargestellt.

In Maxima kann die Grafik für einen besseren räumlichen Überblick mit der Maus beliebig rotiert werden. Diese dreidimensionale Darstellung bietet zwar einen guten Überblick über die Verteilung der Satelliten im Raum, deren tatsächliche Positionen können jedoch bestenfalls erahnt werden. Um auch eine Vorstellung von den Satellitenkoordinaten zu bekommen, ist eine zweidimensionale Darstellung besser geeignet. Hierfür müssen wir zunächst die ECEF-Koordinaten der Satelliten in Polarkoordinaten mit geografischer Breite und Länge sowie der Höhe umrechnen. Genau diese Umrechnung benötigen wir später erneut, um die in ECEF-Koordinaten errechnete Empfängerposition in geografischen Polarkoordinaten ausdrücken zu können.

10.3.2 Umrechnung von ECEF-Koordinaten in Polarkoordinaten

Die Ergebnisse unserer Berechnungen von Satelliten- bzw. Empfängerpositionen liegen immer in ECEF-Koordinaten vor. Die Angabe eines Standorts auf der Erde wird jedoch üblicherweise durch Polarkoordinaten mit der Angabe einer geografischen Länge und Breite ausgedrückt.

Für die Koordinatentransformation legen wir zunächst eine ideale Kugelgestalt der Erde, das sogenannte *sphärische Modell*, zugrunde. Die Umrechnung erfolgt dann über die in Abb. 10.3 dargestellten Zusammenhänge.

Für die Bestimmung der Breite φ und Länge λ sowie der Höhe h des Empfängers über dem Erdboden gilt bei gegebenen ECEF-Koordinaten x_E, y_E und z_E:

$$\varphi = \arctan\left(\frac{z_E}{\sqrt{x_E^2 + y_E^2}}\right) \cdot \frac{180°}{\pi}$$

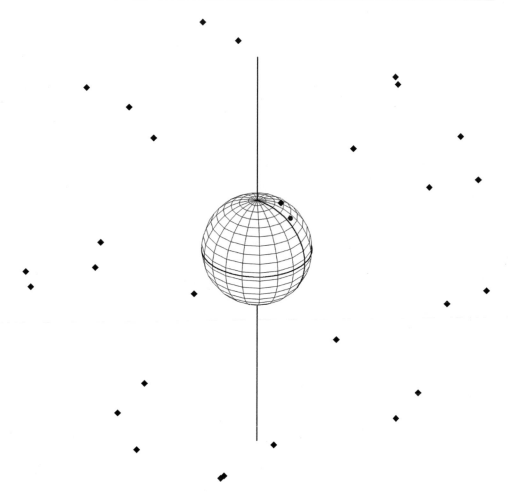

Abb. 10.2 Verteilung der Satelliten

$$\lambda = \arctan\left(\frac{y_E}{x_E}\right) \cdot \frac{180°}{\pi}$$

$$h = \sqrt{x_E^2 + y_E^2 + z_E^2} - r_E$$

Die Umrechnung übernimmt die Funktion `ecef_polar_grad()`, die als Aufrufparameter das geordnete Tripel der errechneten ECEF-Koordinaten erwartet.

```
ecef_polar_grad(pos):=
[float(atan2(pos[3],sqrt(pos[1]^2+pos[2]^2))*180/%pi),
float(atan2(pos[2],pos[1])*180/%pi),
float(sqrt(pos[1]^2+pos[2]^2+pos[3]^2)-6378137)]
```

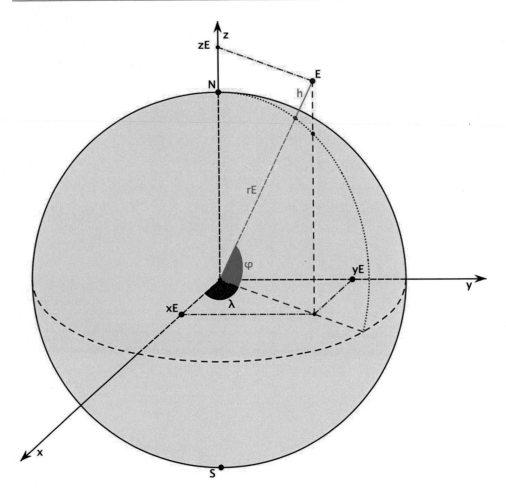

Abb. 10.3 Bestimmung von Länge und Breite aus ECEF-Koordinaten

Die Funktion wird mit einem Tripel aus ECEF-Koordinaten aufgerufen, im folgenden Beispiel mit den weiter oben aus dem Almanach berechneten Koordinaten des ersten Satelliten:

```
pos:ecef_polar_grad(pos_list[1])
```

Das Ergebnis ist ebenfalls eine Liste mit drei Elementen, der Breite φ, der Länge λ und der Höhe h über dem Erdboden, wobei der Höhenwert im Kugelmodell sehr ungenau ist. Die Angaben der Breite und der Länge werden in Dezimalgrad ausgegeben, beispielsweise:

```
[-14.21559329793502,59.04781511879872,2.005757397958776*10^7]
```

Mit den ersten beiden Zahlenwerten kann die errechnete Position problemlos in Google Maps visualisiert werden. Dazu kopiert man die ersten beiden Listenelemente und fügt diese in Google Maps genau an der Stelle ein, wo „In Google Maps suchen" steht, und klickt dann auf das Vergrößerungsglas.

Falls darüber hinaus eine weitere Umwandlung in die gebräuchliche Angabe der geografischen Breite und Länge in Grad, Minuten und Sekunden erfolgen soll, so kann das über die Funktion `polar_gms(pos)` geschehen.

```
polar_gms(pos):=block(
[b,bg,bmr,bm,bs,l,lg,lmr,lm,ls,h],
[b,l,h]:pos,
bg:floor(b),
bmr:((b-bg)*60),
bm:floor(bmr),
bs:floor((bmr-bm)*60),
lg:floor(l),
lmr:((l-lg)*60),
lm:floor(lmr),
ls:floor((lmr-lm)*60),
[[bg,bm,bs],[lg,lm,ls],h])
```

Die oben angegebenen Dezimalwerte erhalten durch den Aufruf

```
polar_gms(pos)
```

die Form:

```
[[-15,47,3],[-60,57,7],2.005757397958776*10^7]
```

Dieses Ergebnis sagt aus, dass sich der Satellit an der Stelle 15° 47′ 03″ Süd und 60° 57′ 07″ West in einer Höhe von etwa 20.000 km befindet.

10.3.3 Darstellung der Satellitenpositionen in der Ebene

Mit der Funktion `ecef_polar_grad()` und der bereits erstellten Positionsliste `pos_list` bestimmen wir zunächst die Polarkoordinaten der Satellitenpositionen:

```
polarkoord:map(ecef_polar_grad,pos_list)
```

Für eine zweidimensionale Darstellung müssen wir diese Liste jedoch noch etwas umorganisieren: So benötigen wir den Höhenwert nicht, außerdem müssen die Angaben für die geografische Breite und Länge vertauscht werden, da der Längenwert in x- und der Breitenwert in *y*-Richtung aufgetragen werden soll. Für diese Aufgabe erstellen wir eine kleine Funktion:

```
make_polarlist(liste):=block(
    [listeneu],
listeneu:[],
for i in liste do
listeneu:endcons([i[2],i[1]],listeneu),
listeneu)
```

Nach deren Aufruf

```
pk:make_polarlist(polarkoord)
```

stehen die für die zweidimensionale Darstellung benötigten Werte in der Liste `pk` zur Verfügung. Die Darstellung selbst erfolgt über den nachfolgend wiedergegebenen Aufruf der Maxima-Funktion `draw2d()`:

```
draw2d(
font="Arial",font_size=30,
title="Darstellung der Satellitenpositionen in der Ebene",
font_size=24,
dimensions=[1500,1000],
proportional_axes=xy,grid=true,
xaxis=true,yaxis=true,
xtics={-180,-150,-120,-90,-60,-30,0,30,60,90,120,150,180},
ytics={-90,-60,-30,0,30,60,90},
xrange=[-180,180],yrange=[-90,90],
xaxis_type=solid,yaxis_type=solid,
xaxis_color=red,yaxis_color=red,
xaxis_width=2,yaxis_width=2,
xlabel="geografische Länge",ylabel="geografische Breite",
point_type=13,point_size=2,
points(pk))
```

Bei diesem Aufruf ist nicht nur die Darstellung der Satellitenpositionen von Interesse, vielmehr kommen hier die vielfältigen Optionen der Funktionenfamilie `draw` zum Ausdruck. Das Ergebnis selbst zeigt Abb. 10.4. Die horizontale rote Linie stellt den Äquator dar, die vertikale Linie in der Mitte den Nullmeridian. Es wird deutlich, dass die größten Werte der geografischen Breite von Satellitenorten gerade dem Inklinationswinkel von 55° entsprechen.

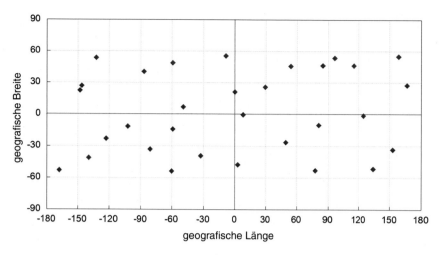

Abb. 10.4 Darstellung der Satellitenpositionen in der Ebene

10.3.4 Überprüfung der Satellitenbahnen

Bei der Darstellung der Bahnparameter im Almanach fällt bei der Überprüfung der Inklinationswinkel verschiedener Satelliten sofort auf, dass die vorgegebenen 55° nie exakt eingehalten werden. In einer sortierten Liste wird deutlich, dass die Werte zwischen 53,22° und 56,40° streuen:

```
[53.22,53.51,53.61,53.7,53.71,53.98,54.56,54.62,54.74,
54.81,54.83,54.85,54.85,55.04,55.07,55.17,55.19,55.45,
55.45,55.48,55.48,55.49,55.75,55.8,55.8,55.94,56.21,
56.29,56.36,56.39,56.4]
```

Berechnet man den Mittelwert, so liegt dieser mit 55,089° allerdings wieder recht nah bei der geforderten Inklination von 55°. Aus einem Dokument des amerikanischen Verteidigungsministeriums geht hervor, dass eine Abweichung der Inklination von plus/minus 3° im operablen Rahmen liegt.[3]

Dieselbe Feststellung einer deutlichen Streuung der Werte macht man bei der Überprüfung der Länge des aufsteigenden Knotens. Laut Vorgabe verteilen sich die Satelliten auf sechs Bahnen, die jeweils um 60° um den Äquator versetzt sind. In den Daten des

---

[3] GPS SPS PS, 5. Ausgabe April 2020, S. 40.

Almanachs lassen sich tatsächlich insgesamt sechs Cluster mit nahe beieinanderliegenden Werten erkennen. Die Werte innerhalb dieser Cluster streuen jedoch wieder deutlich:

```
[-158.64,-158.62,-154.36,-153.89,-153.18,-102.7,-100.03,
-96.5,-95.92,-94.59,-94.42,-41.0,-35.39,-34.82,-32.5,
-26.91,21.61,26.05,27.01,27.07,83.12,85.48,88.15,89.66,
90.74,90.94,144.6,145.57,149.03,149.74,151.62]
```

Bildet man die Mittelwerte innerhalb der Cluster, so erhält man die folgenden Ergebnisse:

```
-155.74  (5 Satelliten)
-97.36  (6 Satelliten)
-34.12  (5 Satelliten)
  25.43  (4 Satelliten)
  88.01  (6 Satelliten)
 148.11  (5 Satelliten)
```

Daraus errechnet sich annähernd der in allen Veröffentlichungen angegebene Versatz des aufsteigenden Knotens um 60°.

Dasselbe Bild bieten die Daten zu den großen Halbachsen der einzelnen Bahnen. Auch hier streuen die Werte in einem Bereich zwischen 26.539.345,75 m und 26.566.398,72 m. Als Mittelwert errechnet sich eine Länge von 26.559.943,84 m, was wiederum sehr gut zu der nominalen Länge der großen Halbachse von 26.559,8 km passt.

Im Übrigen ist die nominelle Exzentrizität der Bahnen auf null festgelegt, die Satelliten sollten daher die Erde auf genau kreisförmigen Bahnen umlaufen. Toleriert werden jedoch Abweichungen bis zu einem Wert von 0,03. Daraus und aus der nominellen Länge der großen Halbachse errechnet sich mit Gl. 8.3 eine zugehörige lineare Exzentrizität von knapp 800 km und eine Differenz zwischen großer und kleiner Halbachse von etwa 12 km.

Offensichtlich sind die im Almanach festgestellten Bahnabweichungen der Satelliten insgesamt noch klein genug, dass diese zwar in den Ephemeriden und im Almanach quantifiziert werden, aber noch keine Rückführung in den eigentlich vorbestimmten Orbit auslösen.

Überraschend ist jedoch schon, dass jeder Satellit offensichtlich auf seiner ganz eigenen Bahn unterwegs ist und diese individuellen Bahnen nur näherungsweise mit den festgelegten Bahnen übereinstimmen. Aus dieser Feststellung entstand letztlich der Wunsch, nicht nur die Positionen der Satelliten dreidimensional darstellen, sondern auch noch deren gemittelte Bahnen zeichnen zu können. Maxima kann mit der Funktion draw3d() problemlos Kurven in Parameterdarstellung zeichnen. Hierfür muss allerdings zuvor geklärt werden, wie Kreise im Raum parametrisch dargestellt werden können.

10.4   Parameterdarstellung von Kreisen

Die Parameterdarstellung von geometrischen Objekten ist Thema der analytischen Geometrie. Bekannt ist wahrscheinlich die Parameterdarstellung einer Geraden in der Form

$$\vec{r} = \vec{r}_0 + \lambda \cdot \vec{u}.$$

Die dargestellte Gerade verläuft durch die Spitze des Ortsvektors $\vec{r}_0$ in Richtung des Vektors $\vec{u}$. Die Parameterdarstellung einer Ebene lautet

$$\vec{r} = \vec{r}_0 + \lambda \cdot \vec{u} + \mu \cdot \vec{v}.$$

Die Ebene wird durch den Endpunkt des Ortsvektors $\vec{r}_0$ und die beiden voneinander verschiedenen Richtungen $\vec{u}$ und $\vec{v}$ eindeutig festgelegt.

10.4.1 Parameterdarstellung von Kreisen in der Ebene

Die Parameterdarstellung eines Kreises in der Ebene lässt sich gut am Beispiel des Einheitskreises anhand der Darstellung in Abb. 10.5 erläutern.

Der Einheitskreis wird durch die Spitze des Zeigers $\vec{r}$ mit der Länge 1 erzeugt, wenn man den Winkel φ, den dieser mit der x-Achse einschließt, alle Werte von 0 bis 2π durchlaufen lässt. Man notiert die Parameterdarstellung des Einheitskreises in der Form

$$\vec{r}(\varphi) = \begin{pmatrix} \cos \varphi \\ \sin \varphi \end{pmatrix} \quad \text{für } 0 \leq \varphi < 2\pi.$$

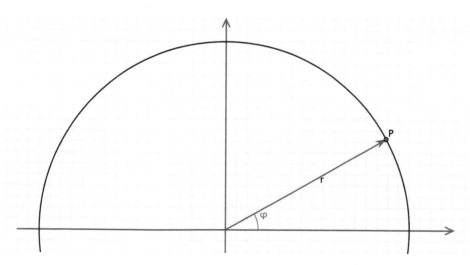

Abb. 10.5 Parameterdarstellung des Einheitskreises

Multipliziert man die Vektorkomponenten jeweils mit einem beliebigen Faktor k, so wird ein Kreis mit dem Radius k um den Koordinatenursprung gezeichnet:

$$\vec{r}_k(\varphi) = \begin{pmatrix} k \cdot \cos\varphi \\ k \cdot \sin\varphi \end{pmatrix} \quad \text{für } 0 \leq \varphi < 2\pi$$

Um den Kreis beliebig in die Ebene zu legen, müssen die Koordinaten des Mittelpunkts zu den Vektorkomponenten addiert werden. Für einen Kreis mit dem Radius 1,5 und dem Mittelpunkt in [3,2] lautet die Parameterdarstellung:

$$\vec{r}_k(\varphi) = \begin{pmatrix} 1,5 \cdot \cos\varphi + 3 \\ 1,5 \cdot \sin\varphi + 2 \end{pmatrix} \quad \text{für } 0 \leq \varphi < 2\pi$$

Für Maxima sind diese Angaben ausreichend, um die Kreise mit dem Grafikobjekt `parametric()` zeichnen zu können. Die Syntax lautet:

```
parametric(x(t),y(t),t,t1,t2)
```

Die folgende Anweisung zeichnet den Einheitskreis und einen Kreis mit dem Radius 2 jeweils um den Koordinatenursprung sowie einen Kreis mit dem Radius 1,5 um den Mittelpunkt [3, 2]:

```
draw2d(
proportional_axes=xy,
parametric(cos(t),sin(t),t,0,2*%pi),
color=red,
parametric(2*cos(t),2*sin(t),t,0,2*%pi),
color=dark-green,
parametric(1.5*cos(t)+3,1.5*sin(t)+2,t,0,2*%pi))
```

10.4.2 Parameterdarstellung von Kreisen im Raum

Um einen beliebigen Kreis im Raum zu beschreiben, muss die Kreisebene durch zwei Vektoren $\vec{e}_1$ und $\vec{e}_2$ definiert sein. Beide Vektoren müssen in der gewünschten Kreisebene liegen und senkrecht aufeinander stehen. In unserem speziellen Fall der Beschreibung von Satellitenbahnen, deren Ebenen alle durch den Erdmittelpunkt verlaufen, ist die folgende Festlegung der Vektoren naheliegend:

Beide Vektoren beginnen im Erdmittelpunkt und damit im Ursprung des ECEF-Koordinatensystems. Der erste Vektor $\vec{e}_1$ weist genau in Richtung der x-Achse und hat somit den Wert

$$\vec{e}_1 = \begin{bmatrix} 1 \\ 0 \\ 0 \end{bmatrix}.$$

Der zweite Vektor muss dazu senkrecht stehen und zur xy-Ebene des Koordinatensystems genau den Winkel i der Inklination, somit etwa 55° einnehmen. Damit erhält der zweite Vektor den Wert

$$\vec{e}_2 = \begin{bmatrix} 0 \\ \cos i \\ \sin i \end{bmatrix}.$$

Setzt man in der Parametergleichung

$$\vec{r}(\varphi) = r \cdot \cos \varphi \cdot \begin{bmatrix} 1 \\ 0 \\ 0 \end{bmatrix} + r \cdot \sin \varphi \cdot \begin{bmatrix} 0 \\ \cos i \\ \sin i \end{bmatrix} \quad \text{für } 0 \le \varphi < 2\pi$$

für r den mittleren Radius 26.560.000 m der Satellitenbahn und für i den Inklinationswinkel von 55° ein, so wird genau diejenige Satellitenbahn beschrieben, deren Länge des aufsteigenden Knotens 0° beträgt. Die Bahnebene verläuft somit genau durch die x-Achse des ECEF-Koordinatensystems, sie ist außerdem um 55° zur xy-Ebene geneigt. Die drei Kreisparameter $x(\varphi)$, $y(\varphi)$ und $z(\varphi)$ lauten in diesem Fall:

$$x(\varphi) = 26560000 \cdot \cos \varphi$$

$$y(\varphi) = 26560000 \cdot \sin \varphi \cdot \cos i$$

$$z(\varphi) = 26560000 \cdot \sin \varphi \cdot \sin i$$

Legt man mit der Anweisung

```
i:bogen(55)
```

die Inklination auf 55° fest, kann damit bereits diese Bahn dargestellt werden. Der zugehörige Aufruf der Funktion draw3d() lautet:

```
draw3d(
view=[80,70],
font="arial",font_size=25,
dimensions=[3000,3000],
proportional_axes=xyz,
axis_3d=true,
zaxis=true,zaxis_type=solid,zaxis_width=3,
grid=true,
xu_grid=20,yv_grid=20,nticks=60,
xtics={-2*10^7,-10^7,0,10^7,2*10^7},
ytics={-2*10^7,-10^7,0,10^7,2*10^7},
ztics={-2*10^7,-10^7,0,10^7,2*10^7},
surface_hide=true,
```

```
spherical(6370000,u,0,2*%pi,v,0,%pi),
point_size=2,point_type=7,color=red,
points(P),
line_width=3,
parametric(6371000*cos(alpha),6371000*sin(alpha),0,
   alpha,0,2*%pi),
parametric(6371000*sin(alpha),0,6371000*cos(alpha),
   alpha,0*%pi,1*%pi),
line_width=4,color=dark_green,
parametric(26560000*cos(alpha),
   26560000*sin(alpha)*cos(i),
   26560000*sin(alpha)*sin(i),alpha,0,2*%pi),
points_joined=true,line_width=3,color=black,point_size=0,
points([[-3*10^7,0,0],[3*10^7,0,0]]))
```

Der Funktionsaufruf ist im Wesentlichen gleich demjenigen zur Darstellung der Satelliten im Orbit in Abb. 10.2. Hier ist lediglich die Darstellung der Satelliten durch die Bahndarstellung ausgetauscht worden.

Mit dem letzten Aufruf von `parametric()` wird die dunkelgrüne Satellitenbahn dargestellt. Das Ergebnis in Abb. 10.6. lässt unschwer die Inklination von 55° und die Länge des aufsteigenden Knotens bei 0° erkennen.

Damit ist es uns möglich, eine spezielle Satellitenbahn darzustellen. Wie bereits bekannt ist, gibt es allerdings sechs verschiedene Bahnebenen, die alle um 60° gegeneinander versetzt sind. Um auch solche Bahnen darstellen zu können, müssen wir die Ausrichtung des die Bahnebene definierenden Paars der Vektoren $\vec{e}_1$ und $\vec{e}_2$ ändern. Diese Vektoren hatten wir so festgelegt, dass $\vec{e}_1$ in der xy-Ebene liegt und in Richtung der x-Achse zeigt. Der Vektor $\vec{e}_2$ steht senkrecht zu $\vec{e}_1$ und nimmt den Inklinationswinkel von 55° zur xy-Ebene ein. Alle weiteren Bahnebenen erhalten wir, wenn wir dieses Vektorpaar um die Drehachse der Erde und damit um die z-Achse des ECEF-Koordinatensystems drehen. Wie weit wir jeweils drehen müssen, erfahren wir durch die Länge des aufsteigenden Knotens der darzustellenden Bahn. Zur Drehung des Vektorpaars bedienen wir uns einer Drehmatrix. Was es allgemein mit Abbildungsmatrizen und speziell mit einer Drehmatrix auf sich hat, klären wir im folgenden Abschnitt.

10.5   Affine Abbildungen und Abbildungsmatrizen

Um eine Drehung in unseren Lösungsansatz einzubeziehen, ist es notwendig, Punkte im Raum um die Erdachse und damit die z-Achse des ECEF-Koordinatensystems zu drehen. Dies geschieht rechnerisch am einfachsten durch die Anwendung einer Drehmatrix.

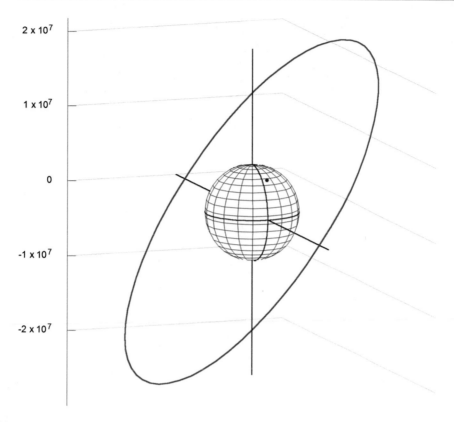

Abb. 10.6 Eine Satellitenbahn durch die x-Achse

10.5.1 Kartesisches und affines Koordinatensystem

Eine allgemeine affine Abbildung kann man mittels einer *affinen Transformation* des Koordinatensystems erzeugen. Vergegenwärtigen wir uns zunächst, was es mit dem in aller Regel verwendeten kartesischen Koordinatensystem auf sich hat:

Das *kartesische Koordinatensystem* mit seinen senkrecht aufeinander stehenden Koordinatenachsen ist das bekannteste Koordinatensystem. Es ist nach dem lateinisierten Namen *Cartesius* seines Erfinders René Descartes (1596–1650) benannt. Die horizontale Achse bezeichnet man als *Abszissenachse* (von lat. *abscissa* = abgeschnittene Linie) oder Rechtsachse. Die vertikale Achse heißt *Ordinatenachse* (von lat. *linea ordinate* = geordnete Linie) oder Hochachse.

Häufig werden in der Mathematik die Variablen x und y zur Bezeichnung der Koordinaten verwendet, was die Analogie zum Graphen einer Funktion $y = f(x)$ hervorhebt. Dann spricht man auch von x-Achse (statt Abszisse) und y-Achse (statt Ordinate).

Um Punkte im Koordinatensystem verorten zu können, benötigt man noch einen Längenmaßstab. Im kartesischen System sind die Einheitslängen auf der x- und der y-Achse gleich groß.

Zeichnet man fünf Punkte mit den Koordinaten A: [–2, –1], B: [6, –1], C: [6, 5], D: [2, 8] sowie E: [–2, 5] in ein kartesisches Koordinatensystem und verbindet die Punkte in der genannten Reihenfolge zu einem Streckenzug, so erhält man die in Abb. 10.7 wiedergegebene Figur.

Wenn man die Festlegungen aufgibt, dass die beiden Achsen senkrecht aufeinander stehen müssen und die Maßstäbe in beiden Achsenrichtungen gleich groß sein sollen, erhält man ein affines Koordinatensystem. Das kartesische System ist somit ein Sonderfall des affinen Systems.

Wir zeichnen die obigen Punkte mit denselben Koordinaten in ein *affines Koordinatensystem*. Dessen x-Achse soll ebenfalls horizontal von links nach rechts verlaufen. Die y-Achse soll nun jedoch mit der x-Achse einen Winkel von 60° einnehmen. Die Längeneinheit auf der x-Achse betrage 2, die Längeneinheit auf der y-Achse sei 0,5. Trägt man die genannten Punkte mit ihren Koordinaten in dieses Koordinatensystem ein, so erhalten wir die Figur in Abb. 10.8.

Das erhaltene Bild ist ein Abbild der Figur im kartesischen System. Diese Abbildung ist

- geradentreu,
- parallelentreu,
- teilverhältnistreu und
- bijektiv,

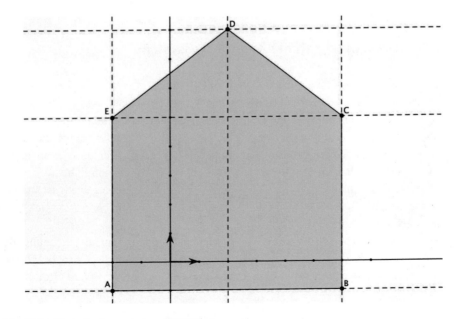

Abb. 10.7 Figur im kartesischen Koordinatensystem

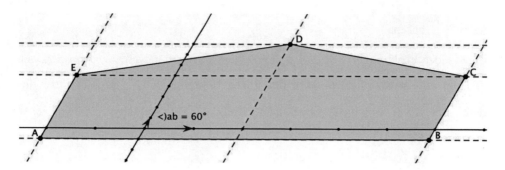

Abb. 10.8 Figur im affinen Koordinatensystem

es handelt sich daher um eine affine Abbildung. Man kann somit eine affine Abbildung durchführen, indem man die Koordinaten der Punkte aus dem speziellen kartesischen System in ein allgemeines affines Koordinatensystem überträgt.

10.5.2 Berechnung affiner Koordinaten

Um die affine Abbildung rechnerisch durchzuführen, gehen wir vom kartesischen Koordinatensystem aus und beziehen die Angaben des affinen Systems ebenfalls wieder auf das kartesische System.

In Abb. 10.9 sind ein affines und ein kartesisches Koordinatensystem überlagert. Das in Rot dargestellte affine System wird von zwei Vektoren aufgespannt, die im kartesischen System die Werte

$$e_1 = \begin{bmatrix} 6 \\ 1 \end{bmatrix} \text{und}$$

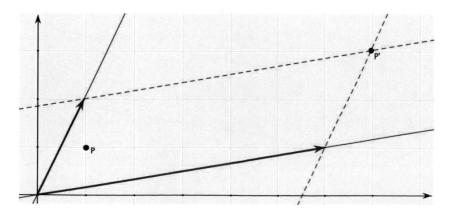

Abb. 10.9 Festlegung eines affinen Systems

$e_2 = \begin{bmatrix} 1 \\ 2 \end{bmatrix}$ haben.

Nun soll der Punkt $P: \begin{bmatrix} 1 \\ 1 \end{bmatrix}$ in das affine System übertragen werden. Der Bildpunkt P' hat im affinen Koordinatensystem die affinen Koordinaten $\begin{bmatrix} 1 \\ 1 \end{bmatrix}$, nun sind aber die Koordinaten von P' im kartesischen System gefragt. Diese Frage kann man im Beispiel leicht durch Ablesen beantworten: Dies sind die Koordinaten $\begin{bmatrix} 7 \\ 3 \end{bmatrix}$. Uns interessiert, wie man aus den Koordinaten des Urbilds und der Einheitsvektoren des affinen Systems diese Koordinaten rechnerisch erhalten kann. Offensichtlich müssen wir für die x-Koordinate des Punktes P' die x-Komponente des ersten Einheitsvektors e_1 einmal nehmen und die x-Komponente des zweiten Einheitsvektors e_2 ebenfalls einfach addieren.

Die y-Koordinate des Bildpunkts erhalten wir entsprechend aus der y-Komponente von e_1 einmal plus die y-Komponente von e_2 einmal.

Wir erhalten somit für $P' = \begin{bmatrix} 6 \cdot 1 + 1 \cdot 1 \\ 1 \cdot 1 + 2 \cdot 1 \end{bmatrix} = \begin{bmatrix} 7 \\ 3 \end{bmatrix}$.

Wir führen ein weiteres Beispiel durch: Nun habe der abzubildende Urbildpunkt P die Koordinaten $\begin{bmatrix} 3 \\ 2 \end{bmatrix}$. Die Koordinaten des Bildpunkts im kartesischen System können in Abb. 10.10 einfach abgelesen werden.

Man erhält die x-Koordinate des Bildpunkts, indem man die x-Komponente des e_1-Vektors mit 3 multipliziert und die x-Koordinate des e_2-Vektors mit 2.

Man erhält die y-Koordinate des Bildpunkts, indem man entsprechend die y-Komponente von e_1 mit 3 und die y-Komponente von e_2 mit 2 multipliziert:

$$P' = \begin{bmatrix} 6 \cdot 3 + 1 \cdot 2 \\ 1 \cdot 3 + 2 \cdot 2 \end{bmatrix} = \begin{bmatrix} 20 \\ 7 \end{bmatrix}$$

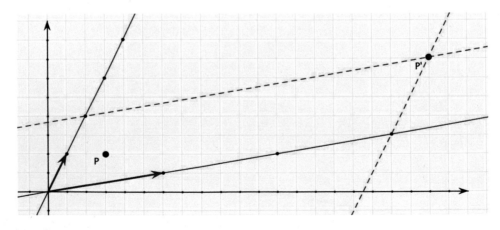

Abb. 10.10   Affine Abbildung eines Punktes

Nach einigen weiteren Beispielen gelangt man leicht zu der folgenden Abbildungsgleichung:

$$\begin{bmatrix} e_{1x} \cdot x + e_{2x} \cdot y \\ e_{1y} \cdot x + e_{2y} \cdot y \end{bmatrix}$$

Dies ist aber genau die Rechenvorschrift für die Multiplikation einer Matrix mit einem Vektor:

$$\begin{bmatrix} e_{1x} & e_{2x} \\ e_{1y} & e_{2y} \end{bmatrix} \cdot \begin{bmatrix} x \\ y \end{bmatrix} = \begin{bmatrix} e_{1x} \cdot x + e_{2x} \cdot y \\ e_{1y} \cdot x + e_{2y} \cdot y \end{bmatrix}$$

Die Matrix $\begin{bmatrix} e_{1x} & e_{2x} \\ e_{1y} & e_{2y} \end{bmatrix}$, die aus den beiden Einheitsvektoren besteht, legt die jeweilige konkrete Abbildung fest, man nennt sie daher die *Abbildungsmatrix*. Rechnerisch wird das Ergebnis der Abbildung ermittelt, indem man die *x*- und *y*-Koordinaten der abzubildenden Punkte als Spaltenvektor schreibt und die Abbildungsmatrix nach der obigen Rechenvorschrift mit diesem Spaltenvektor multipliziert.

10.5.3 Spezielle Abbildungsmatrizen

Es lässt sich relativ leicht verifizieren, dass die Abbildungsmatrix $\begin{bmatrix} 3 & 0 \\ 0 & 3 \end{bmatrix}$ für eine zentrische Streckung um den Ursprung mit dem Streckfaktor 3 steht. Die Abbildungsmatrix $\begin{bmatrix} 1 & 0 \\ 0 & 1 \end{bmatrix}$ hingegen bewirkt gar nichts, sie steht somit für die Identität. Schließlich gilt noch, dass $\begin{bmatrix} 1 & 0 \\ 0 & -1 \end{bmatrix}$ eine Spiegelung an der *x*-Achse, $\begin{bmatrix} -1 & 0 \\ 0 & 1 \end{bmatrix}$ eine Spiegelung an der *y*-Achse und schließlich $\begin{bmatrix} -1 & 0 \\ 0 & -1 \end{bmatrix}$ eine Punktspiegelung am Ursprung bewirken.

10.5.4 Die Drehmatrix

Schließlich interessiert uns die Abbildungsmatrix für eine Drehung um den Ursprung um einen Winkel α. In Abb. 10.11 ist dargestellt, dass das blaue System aus dem schwarzen durch eine Drehung entgegen dem Uhrzeigersinn in mathematisch positiver Richtung um den Winkel α entstanden ist.

Die Einheiten müssen auf allen Achsen gleich groß sein, daher erhalten wir die sogenannte *Drehmatrix* $\begin{bmatrix} \cos\alpha & -\sin\alpha \\ \sin\alpha & \cos\alpha \end{bmatrix}$. Die Drehung eines Punktes $\begin{bmatrix} x \\ y \end{bmatrix}$ um den Winkel α hat das Ergebnis $\begin{bmatrix} \cos\alpha & -\sin\alpha \\ \sin\alpha & \cos\alpha \end{bmatrix} \cdot \begin{bmatrix} x \\ y \end{bmatrix} = \begin{bmatrix} \cos\alpha \cdot x - \sin\alpha \cdot y \\ \sin\alpha \cdot x + \cos\alpha \cdot y \end{bmatrix}$.

Drehen wir beispielsweise den oben verwendeten Punkt P:[3,2] um 30° um den Ursprung, so setzen wir die Rechnung

$$\begin{bmatrix} \cos\frac{\pi}{6} & -\sin\frac{\pi}{6} \\ \sin\frac{\pi}{6} & \cos\frac{\pi}{6} \end{bmatrix} \cdot \begin{bmatrix} 3 \\ 2 \end{bmatrix}$$

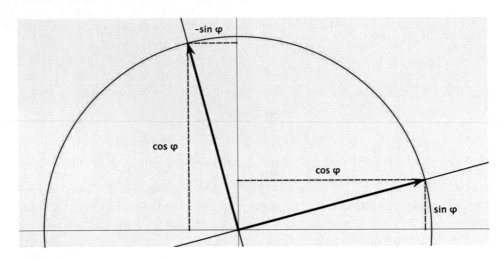

Abb. 10.11   Drehung um den Ursprung

an und erhalten als gerundetes numerisches Ergebnis etwa

$$\begin{bmatrix} 1,6 \\ 3,2 \end{bmatrix}.$$

Soll mit dem Uhrzeigersinn mathematisch negativ gedreht werden, so leistet dies die Drehmatrix $\begin{bmatrix} \cos\alpha & \sin\alpha \\ -\sin\alpha & \cos\alpha \end{bmatrix}$.

Wir haben diesen Ausflug in die analytische Geometrie unternommen, weil wir an verschiedenen Stellen Punkte im Raum um die Erdachse drehen müssen. Das Bezugssystem hierfür ist jeweils das erdfeste ECEF-Koordinatensystem, dessen x- und y-Koordinate die Äquatorebene aufspannen und dessen z-Achse die Drehachse der Erde ist. Folglich müssen wir im Raum um die z-Achse drehen. Für eine Drehung im Raum um die z-Achse wird die Drehmatrix

$$R_Z(\alpha) = \begin{bmatrix} \cos\alpha & -\sin\alpha & 0 \\ \sin\alpha & \cos\alpha & 0 \\ 0 & 0 & 1 \end{bmatrix}$$

angegeben. Dass diese Matrix korrekt ist, kann man schnell durch Nachrechnen überprüfen:

$$\begin{bmatrix} \cos\alpha & -\sin\alpha & 0 \\ \sin\alpha & \cos\alpha & 0 \\ 0 & 0 & 1 \end{bmatrix} \cdot \begin{bmatrix} x \\ y \\ z \end{bmatrix} = \begin{bmatrix} \cos\alpha \cdot x - \sin\alpha \cdot y + 0 \cdot z \\ \sin\alpha \cdot x + \cos\alpha \cdot y + 0 \cdot z \\ 0 \cdot x + 0 \cdot y + 1 \cdot z \end{bmatrix} = \begin{bmatrix} \cos\alpha \cdot x - \sin\alpha \cdot y \\ \sin\alpha \cdot x + \cos\alpha \cdot y \\ z \end{bmatrix}$$

Bei einer Drehung um die z-Achse bleibt die z-Koordinate unverändert erhalten. Die x- und die y-Koordinate erhalten genau dieselben Werte wie bei der Drehung um den Ursprung in der Ebene.

Diese Drehmatrix benötigen wir nicht nur für die Festlegung der Bahnebenen, sondern ebenfalls in Kap. 15, wenn es bei der Bestimmung des Empfängerorts darum gehen wird, die während der Signallaufzeit erfolgte Erddrehung zu berücksichtigen.

10.6   Darstellung aller Satellitenbahnen

Mit einer Drehmatrix ist es einfach möglich, das weiter oben definierte Vektorenpaar

$$\vec{e}_1 = \begin{bmatrix} 1 \\ 0 \\ 0 \end{bmatrix} \quad \text{und} \quad \vec{e}_2 = \begin{bmatrix} 0 \\ \cos i \\ \sin i \end{bmatrix}$$

nacheinander um einen beliebigen Winkel zu drehen. Wir demonstrieren dies anhand einer Drehung um 60°. Die Drehmatrix für eine Drehung um 60° um die z-Achse lautet:

$$D = \begin{bmatrix} \cos \frac{\pi}{3} & -\sin \frac{\pi}{3} & 0 \\ \sin \frac{\pi}{3} & \cos \frac{\pi}{3} & 0 \\ 0 & 0 & 1 \end{bmatrix}$$

Damit erhalten wir die gedrehten Vektoren:

$$\vec{e}_{1\_60} = \begin{bmatrix} \frac{1}{2} & -\frac{\sqrt{3}}{2} & 0 \\ \frac{\sqrt{3}}{2} & \frac{1}{2} & 0 \\ 0 & 0 & 1 \end{bmatrix} \cdot \begin{bmatrix} 1 \\ 0 \\ 0 \end{bmatrix} = \begin{bmatrix} \frac{1}{2} \\ \frac{\sqrt{3}}{2} \\ 0 \end{bmatrix} \quad \text{und}$$

$$\vec{e}_{2\_60} = \begin{bmatrix} \frac{1}{2} & -\frac{\sqrt{3}}{2} & 0 \\ \frac{\sqrt{3}}{2} & \frac{1}{2} & 0 \\ 0 & 0 & 1 \end{bmatrix} \cdot \begin{bmatrix} 0 \\ \cos \frac{11\pi}{36} \\ \sin \frac{11\pi}{36} \end{bmatrix} = \begin{bmatrix} -\frac{\sqrt{3}\cos \frac{11\pi}{36}}{2} \\ \frac{\cos \frac{11\pi}{36}}{2} \\ \sin \frac{11\pi}{36} \end{bmatrix}$$

Diese beiden Vektoren spannen eine Ebene auf, die ebenfalls durch den Ursprung des Koordinatensystems verläuft, aber um dessen z-Achse um 60° gedreht ist. Im linken Teil von Abb. 10.12 sind die ECEF-Koordinatenachsen schwarz dargestellt. Das blaue Vektorenpaar spannt die als blaues Gitter dargestellte Ebene auf, welche durch die x-Achse verläuft und gegen die xy-Ebene um den Inklinationswinkel von 55° geneigt ist. Die rote Ellipse symbolisiert den ebenfalls in der xy-Ebene liegenden Äquator.

Im rechten Teil der Abbildung ist das grüne Vektorenpaar aus dem blauen Paar um 60° um die z-Achse gedreht und spannt die grüne Ebene auf.

Durch Drehen der blauen Ausgangsvektoren mithilfe der Drehmatrix können somit Bahnebenen mit beliebigen Werten für den aufsteigenden Knoten definiert und in diesen Ebenen die jeweiligen Satellitenbahnen gezeichnet werden. Verwendet man die bereits weiter oben bestimmten Mittelwerte für die Knotenlängen der Bahnen,

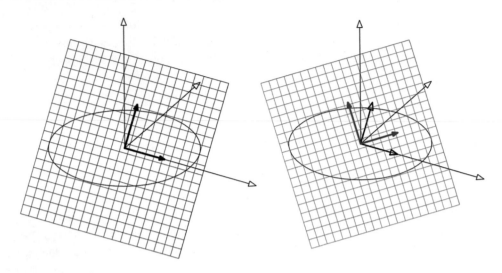

Abb. 10.12 Definition der Bahnebenen

der Inklinationswinkel und der Radien, so lassen sich die sechs Bahnen mitsamt allen Satellitenpositionen darstellen. Abb. 10.13 zeigt anschaulich, dass die Satelliten mitunter deutlich von ihren zugedachten Bahnen abweichen. Die etwas umfangreichere rechnerische Bestimmung der sechs Bahnen und die Zeichenanweisung für die sechs Bahnen ist als Maxima-Datei auf der WWW-Seite zum Buch verfügbar. Maxima bietet zudem den Vorteil, dass die hier im Buch nur statisch zweidimensional wiedergebbare Darstellung auf dem Bildschirm mit der Maus beliebig rotiert und aus beliebigen Blickwinkeln betrachtet werden kann. Die tatsächlichen Zusammenhänge werden erst durch eine solche dynamische Betrachtungsweise deutlich.

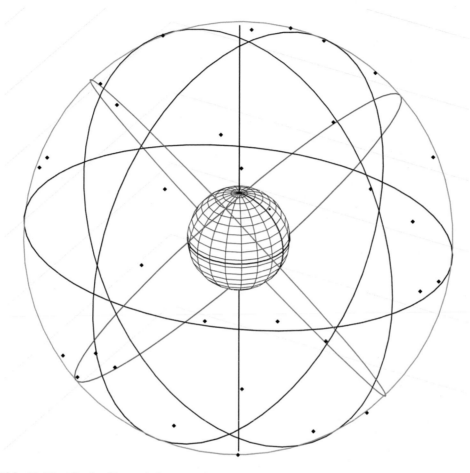

Abb. 10.13 Alle Satelliten mit ihren gemittelten Bahnen

Positionsbestimmung mit vier Satelliten

11

Die Bestimmung der Empfängerposition beruht im Grunde genommen, und wie bereits ganz am Anfang kurz beschrieben, auf den Laufzeiten der Satellitensignale und den daraus berechneten Pseudoentfernungen einzelner Satelliten vom Empfänger. Mit der Kenntnis der Satellitenpositionen lässt sich daraus der Standort des Empfängers berechnen. In einem ersten Ansatz verwenden wir hierfür die Daten von vier Satelliten.

11.1 Entfernung vom Empfänger zu den Satelliten

Die Entfernung vom Empfänger zu den einzelnen Satelliten wird über die Laufzeit der Signale berechnet. Nach $s = v \cdot t$ ist dies problemlos möglich, wenn man die Signalgeschwindigkeit v und die Zeitdauer t kennt. Da sich elektromagnetische Wellen mit Lichtgeschwindigkeit ausbreiten und die Zeitdauer aus dem Zeitstempel[1] der erhaltenen Nachricht ermittelt werden kann, stellt diese Entfernungsbestimmung theoretisch kein Problem dar. In der Praxis ist dies jedoch nicht ganz so einfach:

- Die elektromagnetischen Signale legen nicht den gesamten Weg vom Satelliten zum Empfänger mit der konstanten Lichtgeschwindigkeit zurück. Sie werden vielmehr in der Ionosphäre und in der Troposphäre verzögert, durchlaufen diese Schichten somit mit einer kleineren Geschwindigkeit.

---

[1] Die vom Satelliten ausgestrahlten Signale beinhalten die genaue Uhrzeit, zu der sie vom Satelliten losgesandt wurden. Der Empfänger stellt die Zeit fest, zu der ein Signal bei ihm eintrifft, und kann dann aus beiden Zeitpunkten die Laufzeit bestimmen.

H. Albrecht, *Geometrie und GPS,* Mathematik Primarstufe und Sekundarstufe I + II, https://doi.org/10.1007/978-3-662-64871-1_11

- Die Uhren gehen nicht genau genug! In den Satelliten sind zwar hochpräzise Atom-
  uhren eingebaut, im Empfänger ist dies jedoch nicht möglich. Die Bestimmung der
  Laufzeit ist daher fehlerbehaftet.
- Bei jeder Messung treten unweigerlich Messfehler auf.

Die allein über die Laufzeit berechnete Entfernung ist somit nicht korrekt, sie wird daher
Pseudoentfernung p genannt. Sie unterscheidet sich von der tatsächlichen Entfernung ρ
durch die genannten Fehlereinflüsse. Dies sind im Einzelnen …

- Die Signalverzögerung in der Ionosphäre: Die Lichtgeschwindigkeit wird in der Iono-
  sphäre herabgesetzt, das Signal damit verzögert und es trifft später beim Empfänger
  ein. Da dieser mit der konstanten Lichtgeschwindigkeit rechnet, wird er eine größere
  Entfernung ermitteln, als dies der tatsächlichen Entfernung entspricht.
- Die Signalverzögerung in der Troposphäre: Hier gilt dasselbe wie zuvor, durch die
  Verzögerung in der Troposphäre wird die Pseudoentfernung ebenfalls vergrößert.
- Nicht völlig korrekt laufende Uhren. Die Atomuhren in den Satelliten laufen zwar sehr
  präzise, aber doch nicht völlig genau. Die aktuelle Abweichung Δt^k des Satelliten k zur
  tatsächlichen Zeit übermittelt dieser in seinen Datenpaketen an die Empfänger. In den
  Empfängern ist nur eine Quarzuhr eingebaut, die eine Abweichung Δt zur Satellitenzeit aufweist. Die Differenz $\Delta t - \Delta t^k$ gibt den zwischen der Uhr im Satelliten k und
  der Empfängeruhr bestehenden Zeitfehler an, der ebenfalls zu einem Fehler in der
  Streckenmessung führt. Diese falsche Wegstrecke berechnet sich nach $c \cdot (\Delta t - \Delta t^k)$.

Die Verzögerungen in der Iono- und der Troposphäre ermittelt bereits der Empfänger
und für unseren ersten Versuch einer Positionsbestimmung berücksichtigen wir nur den
Zeitunterschied Δt zwischen den hochgenau laufenden Uhren der Satelliten einerseits
und der fehlerbehafteten Uhr im Empfänger andererseits.

Die tatsächliche Entfernung ρ^k eines bekannten Empfängerstandorts zu einem
Satelliten k kann mithilfe des Pythagoras im Raum bestimmt werden. Die in Abb. 11.1
diagonal in einem Quader gegenüberliegenden Punkte E und S seien die Standorte des
Empfängers und eines Satelliten. Um deren Entfernung zu berechnen, benötigt man die
Länge der Raumdiagonalen d des Quaders. Dies ist die Hypotenuse des grünen Dreiecks
mit den Katheten $\sqrt{a^2 + b^2}$ sowie c. Damit erhalten wir für d

$$d = \sqrt{\sqrt{a^2 + b^2}^2 + c^2} = \sqrt{a^2 + b^2 + c^2}.$$

Die Außenmaße a, b, und c des Quaders sind die Differenzen der jeweiligen x-, y- und
z-Koordinaten, sodass wir schließlich für die Entfernung eines Satelliten k von der
Empfängerposition die Gleichung

$$\rho^k = \sqrt{\left(X^k - X\right)^2 + \left(Y^k - Y\right)^2 + \left(Z^k - Z\right)} \tag{11.1}$$

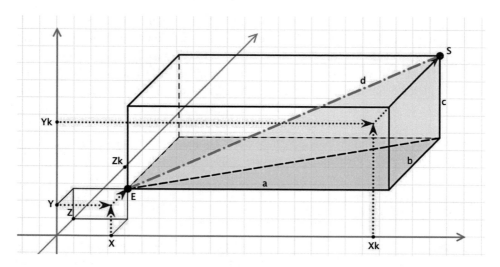

Abb. 11.1   Pythagoras im Raum

erhalten. Dabei sind X^k, Y^k und Z^k die Koordinaten des Satelliten k und X, Y und Z die Koordinaten des Empfängers. Diese tatsächliche Entfernung ρ ist somit eine Funktion der Koordinaten des Empfängers.

Die vom Empfänger ausgegebene Pseudoentfernung p^k unterscheidet sich von der tatsächlichen Entfernung ρ^k um die Wegstrecke, die das Signal in der Zeit des Uhrenfehlers zurücklegt. Dieser Uhrenfehler kommt im Wesentlichen durch die Ungenauigkeiten der beteiligten Uhren zustande. Dabei denkt man zunächst an die Empfängeruhr, aber auch die Atomuhren in den Satelliten gehen nicht genau genug. Außerdem gibt es weitere zeitliche Beeinflussungen, beispielsweise durch die Verringerung der Lichtgeschwindigkeit beim Durchgang durch die Ionosphäre und die Troposphäre. Schließlich spielen gar relativistische Effekte eine Rolle.

Wir beschränken uns auf die Ungenauigkeiten der beiden Uhren, die Ungenauigkeit der Satellitenuhr nennen wir Δt^k und die Ungenauigkeit der Empfängeruhr Δt. Dann gilt für die Pseudoentfernung p^k zum Satelliten k

$$p^k = \rho^k + c \cdot \left(\Delta t - \Delta t^k \right) = \rho^k + \left(c \cdot \Delta t \right) - \left(c \cdot \Delta t^k \right).$$

Wir ersetzen ρ^k durch den zugehörigen Wurzelterm aus Gl. 11.1 und erhalten:

$$p^k = \sqrt{\left(X^k - X \right)^2 + \left(Y^k - Y \right)^2 + \left(Z^k - Z \right)} + \left(c \cdot \Delta t \right) - \left(c \cdot \Delta t^k \right) \qquad (11.2)$$

Somit ist auch die Pseudoentfernung eine Funktion der Empfängerkoordinaten.

Die Koordinaten X^k, Y^k und Z^k des Satelliten k werden aus den Ephemeriden des Satelliten bestimmt. Die Pseudoentfernung p^k hat der Empfänger ermittelt und der Uhrenfehler Δt^k eines Satelliten kann über Parameter aus den Ephemeriden berechnet

werden. Folglich gibt es noch vier Unbekannte in der Gleichung: die Empfängerkoordinaten X, Y und Z sowie das Produkt $(c \cdot \Delta t)$ aus der Lichtgeschwindigkeit c und
dem Empfängeruhrenfehler Δt. Aus numerischen Gründen fassen wir die beiden letztgenannten Größen zum Produkt $(c \cdot \Delta t)$ zusammen, da wir so eine Länge erhalten
und die anderen Unbekannten ja ebenfalls Längen sind. Um die Empfängerposition
berechnen zu können, benötigt man somit wenigstens vier Pseudoentfernungen zu vier
verschiedenen Satelliten.

Den wirklichen Empfängerstandort haben wir gefunden, wenn Gl. 11.2 eine wahre
Aussage darstellt, beide Gleichungsseiten somit gleich groß sind.

11.2   Taylor-Reihen

Dummerweise stehen die interessierenden Größen – die Empfängerkoordinaten X, Y
und Z – unter einer Wurzel, die Gleichung ist daher nicht linear. Für deren Lösung muss
diese zuerst linearisiert werden! Daher werden wir uns zunächst mit der Idee von Brook
Taylor (1685–1731) beschäftigen, der 1712 die nachfolgend erläuterte Potenzreihenentwicklung einer differenzierbaren Funktion gefunden hat.

Haben Sie sich jemals überlegt, wie ein (Taschen-)Rechner die Funktionswerte für
trigonometrische Funktionen – z. B. $\sin(x)$ – ermittelt? Oder einen Funktionswert von e^x?
Wie gelingt es, diese Werte mit beinahe beliebiger Genauigkeit anzugeben?

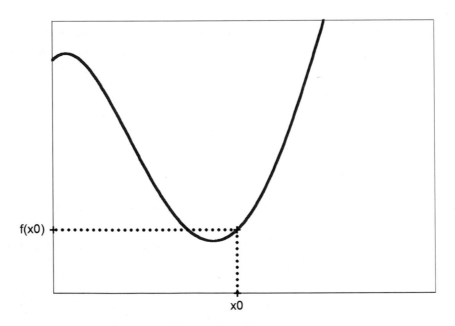

Abb. 11.2 Anzunähernde Funktion

Zur Klärung dieser Fragen gehen wir von der in Abb. 11.2 dargestellten Funktion $f(x)$ aus, für die wir eine Näherung bestimmen wollen. Diese Näherung soll eine Funktion $T(x)$ sein, die an der Stelle x_0 möglichst gut mit $f(x)$ übereinstimmt. Welche Ansprüche stellen wir an diese Funktion $T(x)$?

Das Mindeste, was wir verlangen müssen, ist, dass die Näherungsfunktion $T(x)$ an der Stelle x_0 denselben Funktionswert hat wie $f(x)$. Damit erhalten wir für eine nullte Näherungsfunktion $T_0(x)$

$$T_0(x_0) = f(x_0)$$

an der Stelle x_0. Diese Stelle x_0, an der die Näherung erfolgen soll, wird Arbeits- oder Entwicklungspunkt genannt.

11.2.1 Erste Näherung

Besser wird die Näherung, wenn die beiden Funktionen nicht nur in einem Punkt übereinstimmen, sondern an diesem Punkt auch noch dieselbe Steigung haben. Diese Forderung bedeutet, dass wir die erste Ableitung der Funktion $f(x)$ an der Stelle x_0, also $f'(x_0)$, ermitteln müssen.

Mit der Ableitung als solcher ist es noch nicht getan, wir benötigen die Gleichung dieser Tangente an den Punkt $[x_0, f(x_0)]$. Mit bekannter Ableitung und damit der Steigung im Punkt $[x_0, y_0]$ können wir allerdings über die Punkt-Steigungs-Form die Geraden- gleichung der Tangente ermitteln. Die Punkt-Steigungs-Form einer Geraden lautet:

$$m = \frac{y - y_0}{x - x_0} \quad \Leftrightarrow \quad y - y_0 = m \cdot (x - x_0) \quad \Leftrightarrow \quad y = y_0 + m \cdot (x - x_0)$$

Wenn wir berücksichtigen, dass y_0 der Funktionswert an der Stelle x_0 und damit gleich $f(x_0)$ ist, und dass die Steigung m die Ableitung an der Stelle x_0 und damit gleich $f'(x_0)$ ist, dann gilt für unsere verbesserte Näherungsfunktion $T_1(x)$:

$$T_1(x) = f(x_0) + f'(x_0) \cdot (x - x_0)$$

Diese Tangentengleichung ist eine verbesserte Näherung an unsere Funktion $f(x)$. Wir hatten gefordert, dass

1. diese Näherungsfunktion $T_1(x)$ an der Stelle x_0 denselben Funktionswert und
2. dieselbe Steigung haben muss wie die Funktion $f(x)$.

Dies lässt sich leicht nachweisen, wenn wir $T_1(x_0)$ bestimmen. Dann gilt nämlich zu 1: $T_1(x_0) = f(x_0) + f'(x_0) \cdot (x_0 - x_0)$

Der zweite Summand wird null und es bleibt übrig:

$$T_1(x_0) = f(x_0) + 0,$$

d. h., die Funktionen $T_1(x)$ und $f(x)$ haben an der Stelle x_0 dieselben Funktionswerte.

Zu 2. bilden wir die erste Ableitung von $T_1(x)$:

$$T_1(x) = f(x_0) + f'(x_0) \cdot x - f'(x_0) \cdot x_0$$

Ableiten führt auf

$$T_1'(x) = 0 + f'(x_0) + 0,$$

da der erste und dritte Summand Konstanten sind, die beim Ableiten entfallen, und die Ableitung von $f'(x_0) \cdot x$ ist $f'(x_0)$. Damit haben wir bestätigt, dass die erste Ableitung von $T'(x)$ genau der Ableitung von $f(x)$ an der Stelle x_0 entspricht.

Diese erste Näherung

$$T_1(x) = f(x_0) + f'(x_0) \cdot (x - x_0)$$

erfüllt somit die in sie gesetzten Anforderungen. Formal betrachtet haben wir unsere nullte Näherung (Übereinstimmung der Funktionswerte) durch den Summanden $f'(x_0) \cdot (x - x_0)$ erweitert und so die zweite Forderung nach Übereinstimmung der Steigungen hinzugewonnen.

Diese erste Näherung ist, wie in Abb. 11.3 deutlich wird, natürlich nur eine sehr grobe Approximation an die gegebene Funktion und auch nur in der direkten Umgebung von x_0 hinnehmbar, aber genau diese erste Näherung ist in vielen Fällen schon ausreichend, sie wird beispielsweise beim Linearisieren nichtlinearer Funktionen verwendet. Bezogen auf unser eigentliches Problem – nämlich die Linearisierung des nichtlinearen Systems bei der Positionsberechnung beim GPS – könnten wir die Herleitung der Taylor-Polynome

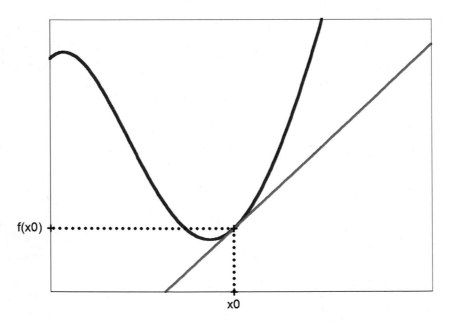

Abb. 11.3 Funktion mit Tangente

an dieser Stelle bereits abbrechen, weil wir mit dieser ersten Näherung eine effektive Möglichkeit gefunden haben, einen nichtlinearen Graphen in der Umgebung eines bestimmten Punktes durch eine Gerade und damit eine lineare Gleichung anzunähern. Um das Taylor-Prinzip insgesamt transparent zu machen, werden wir jedoch diese Idee zunächst weiterführen und im Sinne einer zunehmenden Verbesserung unserer Näherung fortentwickeln.

11.2.2 Zweite Näherung

Für eine zweite, bessere Näherung fordern wir, dass neben den Funktionswerten und den ersten Ableitungen auch die zweiten Ableitungen übereinstimmen müssen. Wir gehen formal vor und greifen auf, dass von der nullten zur ersten Näherung ein Ausdruck mit der ersten Ableitung hinzugekommen ist, und schließen daraus, dass nun zur erhaltenen ersten Näherung ein Term hinzugefügt wird, der eine zweite Ableitung enthält, also grob etwa der folgenden Gleichung entspricht:

$$T_2(x) = f(x_0) + f'(x_0) \cdot (x - x_0) + ???f''(x_0)???$$

Während wir in der ersten Näherung eine Gerade und damit eine Funktion ersten Grades an die Funktion f angenähert haben, werden wir nun eine Funktion zweiten Grades annähern. Dies ist schon deshalb notwendig, weil wir ja eine zweite Ableitung bilden wollen, und für diese ist mindestens eine Funktion zweiten Grades nötig. Tatsächlich erhalten wir mit dem Hinzufügen einer quadratischen Funktion eine Schmiegeparabel, die sich an der Stelle x_0 noch besser an den Graphen von $f(x)$ anschmiegt, als dies die Tangente tut. Abb. 11.4 zeigt diese Verbesserung.

Ganz in Analogie zur ersten Näherung formulieren wir die zweite Näherung:

$$T_2(x) = \underbrace{f(x_0) + f'(x_0) \cdot (x - x_0)}_{\text{Tangentengleichung}} + f''(x_0) \cdot \frac{(x - x_0)^2}{2} \tag{11.3}$$

Warum hier plötzlich eine Zwei im Nenner auftaucht, wird noch plausibel werden.

Ob unsere Überlegungen stimmen, können wir überprüfen, indem wir zeigen, dass …

1. T_2 und f an der Stelle x_0 denselben Funktionswert haben,
2. T_2 und f an der Stelle x_0 dieselben ersten Ableitungen haben und
3. T_2 und f an der Stelle x_0 dieselben zweiten Ableitungen haben.

1. Nachweis des gleichen Funktionswerts:
   Man setzt für x x_0 ein und erkennt sofort, dass die Summanden mit den Ableitungen verschwinden, es bleibt wunschgemäß $T_2(x_0) = f(x_0)$ übrig.
2. Nachweis derselben ersten Ableitungen:
   Die beiden ersten Summanden auf der rechten Seite der Gl. 11.3 bilden genau die Geradengleichung für die Tangente durch x_0, diese hat selbstverständlich die erste

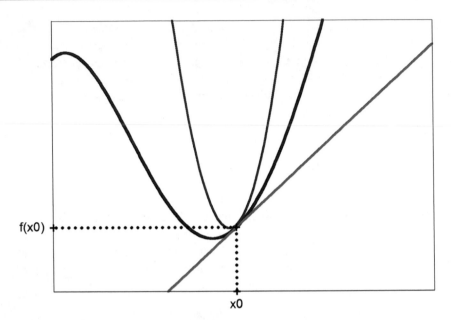

Abb. 11.4 Funktion mit Tangente und Schmiegeparabel

Ableitung von f an der Stelle x_0. Genau mit dieser Forderung hatten wir diesen Term ja schließlich gefunden!

Überlegen wir uns, welches geometrische Objekt bzw. welchen Graphen der dritte Summand auf der rechten Seite darstellt. Etwas umgeformt lautet er

$$\frac{f''(x_0)}{2} \cdot (x - x_0)^2.$$

Der Term $f''(x_0)$ und damit der gesamte Bruch vor dem Binom ist eine Konstante, damit haben wir einen Ausdruck der Form

$$a \cdot (x - x_0)^2.$$

Dies stellt genau eine Parabel dar, die mit ihrem Scheitel auf der x-Achse und dort genau auf dem Punkt x_0 liegt. Es ist leicht einsichtig, dass diese Parabel an ihrem Scheitel die Steigung null hat. Die erste Ableitung dieses Terms ist daher gleich null und damit die obige Forderung 2 erfüllt. Die erste Ableitung von $T_2(x)$ ist somit

$$T'(x) = f'(x_0).$$

3. Nachweis der gleichen zweiten Ableitungen:

$$T_2(x) = \underbrace{f(x_0) + f'(x_0) \cdot (x - x_0)}_{\text{Tangentengleichung}} + f''(x_0) \cdot \frac{(x - x_0)^2}{2}$$

Die ersten beiden Summanden auf der rechten Seite stehen nach wie vor für die Tangente und die zweite Ableitung einer Geraden ist null.

Wir müssen uns somit nur noch Gedanken über die Ableitung des dritten Summanden machen. Vergegenwärtigen wir zuvor, dass $f''(x_0)$ eine Konstante ist! Wenn man diesen Summanden das erste Mal ableitet, dann kommt der Exponent 2 vor die Klammer $(x - x_0)$ und wird sofort mit der Zwei im Nenner gekürzt. Als erste Ableitung bleibt somit $f''(x_0) \ (x - x_0)$ übrig. Leiten wir das zweite Mal ab, so bleibt nur noch $f''(x_0)$ übrig und damit sind auch die zweiten Ableitungen an der Stelle x_0 wie gefordert gleich.

11.2.3 Dritte Näherung

Noch besser wird die Näherung, wenn wir eine kubische Parabel hinzufügen und fordern, dass zusätzlich auch die dritten Ableitungen gleich sein sollen. Ganz mechanisch erweitern wir dafür die vorhandene zweite Näherung, welche ja die Schmiegeparabel darstellt, um einen weiteren Summanden:

$$T_3(x) = \underbrace{f(x_0) + f'(x_0) \cdot (x - x_0) + f''(x_0) \cdot \frac{(x - x_0)^2}{2}}_{\text{Schmiegeparabel}} + f'''(x_0) \cdot \frac{(x - x_0)^3}{6}$$

Nähere Erläuterung bedarf die Sechs im Nenner des letzten Bruchs: Wir müssen in der Folge nachweisen, dass auch die dritten Ableitungen gleich sind, dafür darf nach der dreimaligen Ableitung des letzten Summanden nur noch $f'''(x_0)$ übrig bleiben. Bei der ersten Ableitung kommt der Exponent 3 als Faktor vor die Klammer, bei der zweiten Ableitung kommt schließlich noch der Exponent 2 als weiterer Faktor vor die Klammer. Beide Faktoren werden somit durch die Sechs im Nenner weggekürzt.

Insgesamt wird bereits eine Struktur erkennbar. Die obige Gleichung für T_3 kann man auch in der Form

$$T_3(x) = f(x_0) \cdot \frac{(x - x_0)^0}{1} + f'(x_0) \cdot \frac{(x - x_0)^1}{1} + f''(x_0) \cdot \frac{(x - x_0)^2}{1 \cdot 2} + f'''(x_0) \cdot \frac{(x - x_0)^3}{1 \cdot 2 \cdot 3}$$

schreiben. Der Koeffizient für jede hinzukommende weitere Ableitung besteht aus einem Bruch, in dessen Zähler die Differenz $(x - x_0)$ in der entsprechenden Potenz auftritt und im Nenner die jeweilige Fakultät, wobei man sich für den ersten Summanden in Erinnerung ruft, dass $0! = 1$ gilt.

11.2.4 Vierte Näherung und Verallgemeinerung

Nun hat man bereits eine Struktur vor Augen und kann die vierte Näherung aufschreiben. Wir vereinbaren, dass wir die n-te Ableitung nicht mehr durch n Striche, sondern durch die entsprechende Zahl in Klammern angeben wollen, also beispielsweise $f''' := f^{(3)}$.

$$T_4(x) = f(x_0) \cdot \frac{(x - x_0)^0}{1} + f^{(1)}(x_0) \cdot \frac{(x - x_0)^1}{1} + f^{(2)}(x_0) \cdot \frac{(x - x_0)^2}{1 \cdot 2}$$
$$+ f^{(3)}(x_0) \cdot \frac{(x - x_0)^3}{1 \cdot 2 \cdot 3} + f^{(4)}(x_0) \cdot \frac{(x - x_0)^4}{1 \cdot 2 \cdot 3 \cdot 4}$$

Für weitere Näherungen und damit immer bessere Annäherungen von $T_n(x)$ an $f(x)$ an der Stelle x_0 macht man in der gezeigten Form weiter. Dabei erscheinen in den Nennern sukzessive die Fakultäten aufeinanderfolgender natürlicher Zahlen:

$$T_n(x) = f(x_0) \cdot \frac{(x - x_0)^0}{1} + f^{(1)}(x_0) \cdot \frac{(x - x_0)^1}{1} + f^{(2)}(x_0) \cdot \frac{(x - x_0)^2}{1 \cdot 2}$$
$$+ f^{(3)}(x_0) \cdot \frac{(x - x_0)^3}{1 \cdot 2 \cdot 3} + f^{(4)}(x_0) \cdot \frac{(x - x_0)^4}{1 \cdot 2 \cdot 3 \cdot 4} + \ldots + f^{(n)}(x_0) \cdot \frac{(x - x_0)^n}{n!}$$

Wir erhalten somit eine unendliche Summe, die wir kurz in der Form

$$T_n(x) = \sum_{k=0}^{n} f^{(k)}(x_0) \cdot \frac{(x - x_0)^k}{k!}$$

notieren. Dabei berücksichtigen wir, dass für $k = 0$ die nullte Ableitung die Funktion selbst ist und dass (wie bereits erwähnt) $0! = 1$ gilt!

11.2.5 Anwendungen

Nach dieser Herleitung sollen nun einfache, konkrete Anwendungen demonstrieren, welchen Vorteil das gezeigte Verfahren bietet. Wir lassen dazu die trigonometrische Funktion

$$f(x) = \sin(x)$$

zunächst mit den ersten vier Näherungen approximieren. Die zugehörige Taylor-Reihe lautet allgemein:

$$T_4(x) = f(x_0) \cdot \frac{(x - x_0)^0}{1} + f^{(1)}(x_0) \cdot \frac{(x - x_0)^1}{1} + f^{(2)}(x_0) \cdot \frac{(x - x_0)^2}{1 \cdot 2}$$
$$+ f^{(3)}(x_0) \cdot \frac{(x - x_0)^3}{1 \cdot 2 \cdot 3} + f^{(4)}(x_0) \cdot \frac{(x - x_0)^4}{1 \cdot 2 \cdot 3 \cdot 4}$$

Wir ersetzen die allgemeine Funktion $f(x)$ durch $\sin(x)$ und wählen als Stelle x_0 vorteilhaft $x_0 = 0$:

$$T_4(x) = \sin(0) + \sin^{(1)}(0) \cdot \frac{x^1}{1!} + \sin^{(2)}(0) \cdot \frac{x^2}{2!} + \sin^{(3)}(0) \cdot \frac{x^3}{3!} + \sin^{(4)}(0) \cdot \frac{x^4}{4!}$$

Die aufeinanderfolgenden Ableitungen der Sinusfunktion verlaufen zyklisch:
$$\sin \to \cos \to -\sin \to -\cos \to \sin \dots,$$
damit erhalten wir als Näherung für die ersten vier Summanden:

$$T_4(x) = \sin(0) + \cos(0) \cdot x - \sin(0) \cdot \frac{x^2}{2!} - \cos(0) \cdot \frac{x^3}{3!} + \sin(0) \cdot \frac{x^4}{4!}$$

Außerdem können wir bereits die zugehörigen Funktionswerte einsetzen:

$$T_4(x) = 0 + 1 \cdot x - 0 \cdot \frac{x^2}{2!} - 1 \cdot \frac{x^3}{3!} + 0 \cdot \frac{x^4}{4!}$$

Weitere Summanden können nach diesem Schema einfach hinzugefügt werden:

$$T_n(x) = 0 + 1 \cdot x - 0 \cdot \frac{x^2}{2!} - 1 \cdot \frac{x^3}{3!} + 0 \cdot \frac{x^4}{4!} + 1 \cdot \frac{x^5}{5!} - 0 \cdot \frac{x^6}{6!} - 1 \cdot \frac{x^7}{7!} + 0 \cdot \frac{x^8}{8!} + 1 \cdot \frac{x^9}{9!} + \dots$$

Diese Reihe lässt sich in der Form

$$T_n(x) = \frac{x^1}{1!} - \frac{x^3}{3!} + \frac{x^5}{5!} - \frac{x^7}{7!} + \frac{x^9}{9!} + \dots$$

stark vereinfacht darstellen. Genau dies ist die Potenzreihe für den Sinus! Als Summe kann sie folgendermaßen notiert werden:

$$\sin(x) = \sum_{n=1}^{\infty} (-1)^n \cdot \frac{x^{2n+1}}{(2n+1)!}$$

Dass unsere Überlegungen stimmen, kann man leicht – wie in Abb. 11.5 gezeigt – mithilfe einer Tabellenkalkulation überprüfen.

Der Sinus eines beliebigen Winkels (im gezeigten Beispiel 67°, entsprechend 1,169.370.599 im Bogenmaß) kann somit über eine Folge, in der nur Potenzen von x vorkommen, berechnet werden. Auffällig ist das schnelle Konvergieren der Reihe. Die der Kalkulation zugrunde liegenden Formeln sind in Abb. 11.6 dargestellt. Es ist eine gute Übung, auf Basis der hier gezeigten Entwicklung der Sinusreihe diese zur Übung selbst für den Kosinus zu erstellen.

	A	B	C	D	E	F
3	Winkel:	67	Bogenmaß:	1,169370599	Sinus:	0,920504853
4						
5	n	Vorz.	Zähler	Nenner	Quotient	Summe
6	0	1	1,169370599	1	1,169370599	1,169370599
7	1	-1	1,599029628	6	0,266504938	0,902865661
8	2	1	2,186557243	120	0,01822131	0,921086971
9	3	-1	2,989958718	5040	0,000593246	0,920493725
10	4	1	4,088552065	362880	1,1267E-05	0,920504992

Abb. 11.5 Sinus-Approximation mit Excel

	A	B	C	D	E	F
1	Sinusapp					
2						
3	Winkel: 20		Bogenmaß: =BOGENMASS(B3)		Sinus: =SIN(D3)	
4						
5	n	Vorz.	Zähler	Nenner	Quotient	Summe
6	0	1	=$D$3^(A6*2+1)	=FAKULTÄT(A6*2+1)	=C6/D6	=E6
7	=A6+1	=B6*(-1)	=$D$3^(A7*2+1)	=FAKULTÄT(A7*2+1)	=C7/D7	=F6+B7*E7
8	=A7+1	=B7*(-1)	=$D$3^(A8*2+1)	=FAKULTÄT(A8*2+1)	=C8/D8	=F7+B8*E8
9	=A8+1	=B8*(-1)	=$D$3^(A9*2+1)	=FAKULTÄT(A9*2+1)	=C9/D9	=F8+B9*E9
10	=A9+1	=B9*(-1)	=$D$3^(A10*2+1)	=FAKULTÄT(A10*2+1)	=C10/D10	=F9+B10*E10

Abb. 11.6 Verwendete Formeln in Excel

Als weitere Anwendung soll noch die Potenzreihenentwicklung für e^x hergeleitet werden, dies machen wir wieder an der Stelle $x_0 = 0$.

Ausgehend von der Taylor-Entwicklung bis zur vierten Stelle

$$T_4(x) = f(x_0) + f'(x_0) \cdot (x - x_0) + f''(x_0) \cdot \frac{(x - x_0)^2}{2} + f'''(x_0) \cdot \frac{(x - x_0)^3}{6} + f''''(x_0) \cdot \frac{(x - x_0)^4}{4!}$$

schreiben wir in dieser konkret für $f(x) = e^x$ und ersetzen im Wissen, dass die Ableitung von e^x wiederum e^x ist, sofort auch die Ableitungen:

$$T_4(x) = e^0 + e^0 \cdot x + e^0 \cdot \frac{x^2}{2!} + e^0 \cdot \frac{x^3}{3!} + e^0 \cdot \frac{x^4}{4!}$$

Da e^0 bekanntlich 1 ist, erhalten wir daraus schnell die allgemeine Reihenentwicklung

$$T_n(x) = 1 + x + \frac{x^2}{2!} + \frac{x^3}{3!} + \frac{x^4}{4!} + \frac{x^5}{5!} + \frac{x^6}{6!} + \dots,$$

bzw. als Summe formuliert:

$$e^x = \sum_{n=0}^{\infty} \frac{x^n}{n!}$$

Auch diese Beziehung lässt sich leicht mithilfe der Tabellenkalkulation überprüfen. In Abb. 11.7 wird deutlich, dass hier die Konvergenz deutlich langsamer voranschreitet.

Damit lässt sich auch der Wert von e^x über eine Potenzreihe annähern.

11.2.6 Taylor-Reihen in Maxima

In einer letzten Anwendung wollen wir nicht erneut eine numerische Näherung vornehmen, sondern uns die Graphen sukzessiver Reihenglieder zusammen mit der Ausgangsfunktion

	A	B	C	D	E		A	B	C	D	E
1	Approximation für e^x					1	Approxin				
2	x:	3		e^x:	20,08553692	2	x:	3		e^x:	=EXP(1)^B2
3	n	Zähler	Nenner	Quotient	Summe	3	n	Zähler	Nenner	Quotient	Summe
4	0	1	1	1	1	4	0	=$B$2^A4	=FAKULTÄT(A4)	=B4/C4	=D4
5	1	3	1	3	4	5	=A4+1	=$B$2^A5	=FAKULTÄT(A5)	=B5/C5	=E4+D5
6	2	9	2	4,5	8,5	6	=A5+1	=$B$2^A6	=FAKULTÄT(A6)	=B6/C6	=E5+D6
7	3	27	6	4,5	13	7	=A6+1	=$B$2^A7	=FAKULTÄT(A7)	=B7/C7	=E6+D7
8	4	81	24	3,375	16,375	8	=A7+1	=$B$2^A8	=FAKULTÄT(A8)	=B8/C8	=E7+D8
9	5	243	120	2,025	18,4	9	=A8+1	=$B$2^A9	=FAKULTÄT(A9)	=B9/C9	=E8+D9
10	6	729	720	1,0125	19,4125	10	=A9+1	=$B$2^A10	=FAKULTÄT(A10)	=B10/C10	=E9+D10
11	7	2187	5040	0,433928571	19,84642857	11	=A10+1	=$B$2^A11	=FAKULTÄT(A11)	=B11/C11	=E10+D11
12	8	6561	40320	0,162723214	20,00915179	12	=A11+1	=$B$2^A12	=FAKULTÄT(A12)	=B12/C12	=E11+D12

Abb. 11.7 Reihenentwicklung für e^x in Excel

darstellen lassen und dabei die Möglichkeiten von Maxima nutzen. Als Funktion wählen wir den natürlichen Logarithmus, d. h. $f(x) = \ln(x)$:

```
f(x):=log(x)
```

Als Arbeitspunkt x_0 wählen wir $x_0 = 2$:

```
x0:2
```

Den Graphen samt dem gewählten Arbeitspunkt plotten wir in Maxima mit der Funktion draw2d:

```
draw2d(
proportional_axes=xy,
xrange=[0,8],yrange=[-1,3],
xaxis=true,
line_width=3,
explicit(f(x),x,-2,8),
point_type=4,point_size=2,
points([[2,f(2)]])))
```

Das Ergebnis ist in Abb. 11.8 dargestellt, der Arbeitspunkt ist dort durch ein kleines Kreuz markiert.

Die ersten sechs Ableitungen von $f(x) = \ln(x)$ lassen wir von Maxima bestimmen und jeweils als Ableitungsfunktion definieren:

```
define(f1(x),diff(f(x),x,1))
define(f2(x),diff(f(x),x,2))
define(f3(x),diff(f(x),x,3))
define(f4(x),diff(f(x),x,4))
```

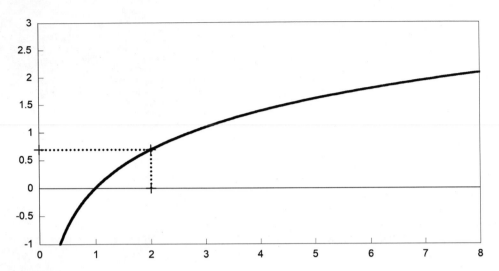

Abb. 11.8 Die Funktion ln(x) mit dem Arbeitspunkt bei $x_0 = 2$

```
define(f5(x),diff(f(x),x,5))
define(f6(x),diff(f(x),x,6))
```

Die Ableitungen lauten:

$$f^{(1)}(x) = \frac{1}{x}, \qquad f^{(2)}(x) = -\frac{1}{x^2}, \qquad f^{(3)}(x) = \frac{2}{x^3},$$

$$f^{(4)}(x) = -\frac{6}{x^4}, \qquad f^{(5)}(x) = \frac{24}{x^5}, \qquad f^{(6)}(x) = -\frac{120}{x^6}$$

Die erste Näherung wird in Maxima nach dem oben hergeleiteten Schema erstellt

```
t1(x):=f(x0)+f1(x0)*(x-x0)
```

und zusammen mit dem Graphen der zugrunde liegenden Funktion geplottet.

```
draw2d(
proportional_axes=xy,
xrange=[0,8],yrange=[-1,3],
xaxis=true,
line_width=3,
color=blue,
explicit(f(x),x,-2,8),
color=red,
explicit(t1(x),x,-2,8),
```

```
point_type=4,point_size=2,
points([[2,f(2)]]))
```

Bricht man die Entwicklung des Taylor-Polynoms nach der ersten Näherung ab, so erhält man, wie in Abb. 11.9 dargestellt, die Tangente durch den Arbeitspunkt.

Die zweite Näherung lautet in Maxima:

```
t2(x):=f(x0)+f1(x0)*(x-x0)+f2(x0)*(x-x0)^2/2
```

Plottet man mit der oben dargestellten Funktion `draw2d()`, wobei man im Funktionstext nur den Bezug auf die zweite Näherung `t2` aktualisieren muss, so erhält man die Schmiegeparabel an den Funktionsgraphen. So kann man schrittweise weitere Näherungen in Maxima aufbauen und jeweils zusammen mit dem Funktionsgraphen plotten lassen.

In Abb. 11.10 sind alle sukzessiven Näherungen in der Umgebung des Arbeitspunkts gemeinsam aufgeführt. Es wird deutlich, dass sich die Näherungen immer besser an den Ursprungsgraphen anschmiegen.

Hat man auf die dargestellte Weise ein Arbeitsblatt zur Näherung des Logarithmus in Maxima erstellt, so lassen sich ohne weiteren Aufwand auch andere Funktionen annähern. Ersetzt man beispielsweise die einleitende Funktionsdefinition durch

```
f(x):=sin(x)
```

oder durch

```
f(x):=sqrt(x),
```

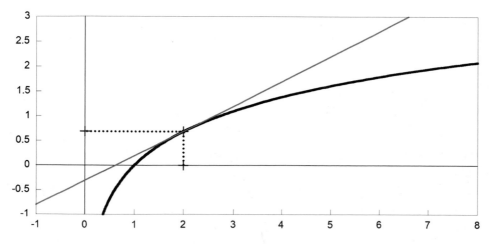

Abb. 11.9 Graph mit erster Näherung

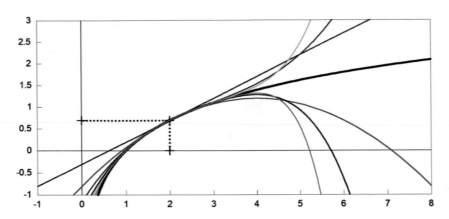

Abb. 11.10   Die ersten sechs Näherungen

so können durch ein erneutes, sukzessives Ausführen der aufgeführten weiteren Maxima-Anweisungen die Näherungen für die Sinus- bzw. für die Wurzel-Funktion dargestellt werden.

Aufwendig bei der gezeigten Methode ist, dass die Terme der Näherungsfunktionen etwas mühsam aufgestellt werden müssen! Was für eine erste Annäherung an Taylor-Reihen didaktisch ganz sinnvoll sein kann, ist beim praktischen Einsatz recht lästig. Daher ist es nur konsequent, dass sich Taylor-Reihen in Maxima deutlich einfacher erstellen lassen. Dies ist über die eingebaute Funktion `taylor()` möglich. Diese hat folgende Syntax:

```
taylor(f,x,x0,n)
```

Sie liefert die Taylor-Reihe n-ter Ordnung der Funktion $f(x)$ um den Arbeitspunkt x_0. So liefert der Aufruf

```
taylor(sin(x),x,0,7)
```

das Ergebnis

$$x - \frac{x^3}{6} + \frac{x^5}{120} - \frac{x^7}{5040} + \dots$$

Dass es sich um eine Taylor-Reihe handelt, wird durch den Zusatz /T/ neben der Ausgabemarke und durch die Auslassungspunkte am Ende kenntlich gemacht. Die geschlossene Form der Reihenentwicklung erhält man mit der Funktion `powerseries()`, beispielsweise liefert

```
powerseries(sin(x),x,0)
```

den weiter oben hergeleiteten Summenausdruck für die Sinusfunktion

$$\sum_{i_1=0}^{\infty} \frac{(-1)^{i_1} \cdot x^{2i_1+1}}{(2i_1+1)!},$$

wobei Maxima lediglich die obige Laufvariable n durch i_1 ersetzt.

11.2.7 Taylor mehrdimensional

Es wurde bereits darauf hingewiesen, dass die erste Taylor-Näherung in vielen Fällen ausreichend ist, beispielsweise wenn es darum geht, nichtlineare Funktionen zu linearisieren. Für die Positionsberechnung beim GPS wird genau diese Linearisierung benötigt. Allerdings haben wir es hierbei mit Funktionen mehrerer Veränderlicher zu tun. Das oben gezeigte Verfahren muss daher erweitert werden. Für eine zweidimensionale Funktion $f(x, y)$ lässt sich das Vorgehen noch sehr anschaulich darstellen:

Der Funktionsgraph zweidimensionaler Funktionen ist keine Linie, sondern eine mehr oder weniger gebogene oder gewellte Fläche im Raum – ein „Funktionsgebirge", an dem wir in jedem Punkt eine Tangentialfläche (anstatt einer Tangente) anlegen können. Es geht nun darum, die genaue Lage dieser Tangentialfläche zu beschreiben. Mit einer Gleichung der Form $z = a + b \cdot x + c \cdot y$ kann eine Ebene im Raum beschrieben werden:

Sind die Koordinaten für x und y jeweils null, so hat die z-Koordinate den Wert a.

Setzen wir $y = 0$, so erhalten wir die Geradengleichung $z = a + bx$ und damit die rote Gerade in Abb. 11.11, welche durch den z-Achsenabschnitt a in Richtung der x-Achse verläuft und die Steigung b hat.

Setzen wir $x = 0$, so erhalten wir mit der Gleichung $z = a + cy$ die grüne Gerade in Abb. 11.11, welche ebenfalls den Achsenabschnitt a besitzt, in y-Richtung verläuft und

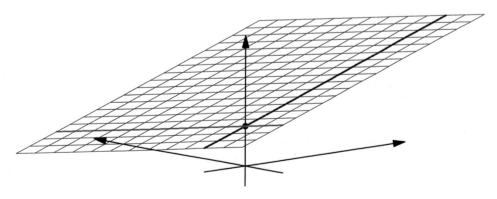

Abb. 11.11 Darstellung der Ebenengleichung

die Steigung c hat. Auf diese beiden Geraden kann man die als blaues Gitter angedeutete Ebene auflegen, und damit ist diese Ebene im Raum eindeutig festgelegt! Wir benötigen somit einen Punkt im Raum und – von diesem ausgehend – zwei in unterschiedliche Richtungen verlaufende Geraden mit jeweils eigener Steigung.

Für die Festlegung der Ebene benötigen wir die beiden partiellen Ableitungen. Wir kennen aufgrund der Funktionsgleichung einen Punkt $[x_0, y_0, z_0]$ im Raum und können, ausgehend von diesem Punkt, die genaue Lage der Tangentialebene einmal in Richtung der x-Achse und zusätzlich in Richtung der y-Achse angeben.

Übersetzen wir damit die allgemeine Ebenengleichung $z = a + b \cdot x + c \cdot y$ in die Bezeichnungen unserer zweidimensionalen Funktion:

Die linke Seite z ist der Funktionswert an einer beliebigen Stelle $f(x, y)$.

Die Größe a ist der Funktionswert z_0 an einer Stelle (x_0, y_0), also $f(x_0, y_0)$.

Mit b und c haben wir die Steigungen in x- bzw. y-Richtung bezeichnet, dies sind allgemein die partiellen Ableitungen $\frac{\partial f}{\partial x}$ bzw. $\frac{\partial f}{\partial y}$ und konkret die jeweiligen Ableitungen an der Stelle (x_0, y_0). Damit können wir die allgemeine Form der Ebenengleichung $z = a + b \cdot x + c \cdot y$ entsprechend der ersten Taylor-Näherung im eindimensionalen Fall übersetzen in die Gleichung:

$$f(x, y) = f(x_0, y_0) + f_x'(x_0, y_0) \cdot (x - x_0) + f_y'(x_0, y_0) \cdot (y - y_0)$$

Bringen wir $f(x_0, y_0)$ auf die linke Seite, so erhalten wir:

$$\underbrace{f(x, y) - f(x_0, y_0)}_{df} = \underbrace{f_x'(x_0, y_0)}_{\frac{\partial f}{\partial x}} \cdot \underbrace{(x - x_0)}_{dx} + \underbrace{f_y'(x_0, y_0)}_{\frac{\partial f}{\partial y}} \cdot \underbrace{(y - y_0)}_{dy}$$

Auf der linken Seite steht die Differenz der z-Werte, auf der rechten Seite haben wir die Summe der partiellen Ableitungen nach x bzw. y, jeweils multipliziert mit den infinitesimal kleinen Differenzen in x- bzw. y-Richtung. Den Ausdruck

$$df = \frac{\partial f}{\partial x} \cdot dx + \frac{\partial f}{\partial y} \cdot dy$$

nennt man vollständiges oder *totales Differential*. Diese Bezeichnung rührt daher, dass das totale Differential die gesamte Information über die Ableitung enthält, während die partiellen Ableitungen nur Informationen über die Ableitung in Richtung der Koordinatenachsen enthalten. Betrachten wir die rechte Seite unserer Gleichung

$$f(x, y) - f(x_0, y_0) = f_x(x_0, y_0) \cdot (x - x_0) + f_y(x_0, y_0) \cdot (y - y_0)$$

genauer, so erkennen wir darin ein Skalarprodukt, und zwar

$$\begin{pmatrix} f_x(x_0, y_0) \\ f_y(x_0, y_0) \end{pmatrix} \cdot \begin{pmatrix} x - x_0 \\ y - y_0 \end{pmatrix}.$$

Den linken Faktor des Skalarprodukts kennen wir bereits: Dieser Vektor ist nichts anderes als der Gradient von f an der Stelle (x_0, y_0) und damit die Richtung der größten

Steigung. Der rechte Faktor des Skalarprodukts ist zunächst ebenfalls ein Vektor. Im eindimensionalen Fall gibt $x - x_0$ an, wie weit wir uns in x-Richtung von der Stelle x_0 wegbewegen. Entsprechend gibt $y - y_0$ an, wie weit wir uns in y-Richtung von der Stelle y_0 wegbewegen. Der Vektor

$$\begin{pmatrix} x - x_0 \\ y - y_0 \end{pmatrix}$$

gibt somit an, wie weit und in welche Richtung wir uns vom Punkt (x_0, y_0) wegbewegen.

Die grundsätzliche Fragestellung lautet, wie sich der Funktionswert ändert, wenn wir uns ein wenig von der Stelle x_0 und damit vom Funktionswert $f(x_0)$ wegbewegen. Diese Frage können wir bei eindimensionalen Funktionen beantworten, wenn wir den Funktionswert $f(x_0)$, die Steigung an der Stelle x_0 und die Größe der Abweichung kennen. Diese Funktionswertänderung kann dann mit der oben hergeleiteten Gleichung

$$df = \frac{\partial f}{\partial x} \cdot dx$$

näherungsweise berechnet werden. Dieselbe Frage lässt sich auch für zweiwertige Funktionen stellen: Wie ändert sich der Funktionswert in linearer Näherung, wenn wir sowohl mit dem x-Wert als auch mit dem y-Wert jeweils einen kleinen Schritt weiter gehen? Die Antwort darauf liefert die hergeleitete Gleichung

$$df = \frac{\partial f}{\partial x} \cdot dx + \frac{\partial f}{\partial y} \cdot dy,$$

des totalen Differentials. Für die Bestimmung der Empfängerposition benötigen wir das Taylor-Verfahren jedoch für eine dreidimensionale Funktion $f(x, y, z)$. Dieses leiten wir rein formal und induktiv aus dem zweidimensionalen Verfahren ab. Es liegt nahe, dass für eine dreidimensionale Funktion dann der Ansatz

$$f(x, y, z) = f(x_0, y_0, z_0) + f_x'(x_0, y_0, z_0) \cdot (x - x_0) + f_y'(x_0, y_0, z_0) \cdot (y - y_0)$$
$$+ f_z'(x_0, y_0, z_0) \cdot (z - z_0)$$

gilt. Wieder bringen wir $f(x_0, y_0, z_0)$ auf die andere Seite und erhalten:

$$f(x, y, z) - f(x_0, y_0, z_0) = f_x'(x_0, y_0, z_0) \cdot (x - x_0) + f_y'(x_0, y_0, z_0) \cdot (y - y_0)$$
$$+ f_z'(x_0, y_0, z_0) \cdot (z - z_0)$$

In Kurzform geschrieben lautet somit das totale Differential für den dreidimensionalen Fall:

$$df = \frac{\partial f}{\partial x} \cdot dx + \frac{\partial f}{\partial y} \cdot dy + \frac{\partial f}{\partial z} \cdot dz.$$

11.3 Linearisierung

Die für unsere Lösung notwendige Linearisierung erhält man durch die eben dargestellte Potenzreihenentwicklung nach Taylor, die man bereits nach dem ersten Glied abbricht. Für eine eindimensionale Funktion $f(x)$ hatten wir für die erste Näherung nach Taylor die Gleichung

$$T_1(x) = f(x_0) + f'(x_0) \cdot (x - x_0)$$

oder auch

$$T_1(x) = f(x_0) + f'(x_0) \cdot \Delta x$$

gefunden. Die erste Näherung nach Taylor für die Stelle x erhalten wir demnach über den Funktionswert an einer beliebig gewählten Stelle x_0 plus die Ableitung an der Stelle x_0, multipliziert mit Δx. Die Empfängerposition befindet sich jedoch im Raum, wir haben es daher mit einer dreidimensionalen Funktion $f(x, y, z)$ zu tun. Für deren Linearisierung haben wir die Beziehung

$$f(x, y, z) = f(x_0, y_0, z_0) + f'_x(x_0, y_0, z_0) \cdot (x - x_0) + f'_y(x_0, y_0, z_0) \cdot (y - y_0)$$
$$+ f'_z(x_0, y_0, z_0) \cdot (z - z_0)$$

hergeleitet.

Übersetzt in unsere Aufgabenstellung bedeutet dies, dass wir eine geschätzte Empfängerposition mit den Koordinaten X_g, Y_g und Z_g als beliebig gewählte Stelle $[x_0, y_0, z_0]$ verwenden. In der Realität nutzt der Empfänger beim Einschalten die letzte ihm bekannte Position vor dem Ausschalten. Wir verwenden für unsere Iteration als erste geschätzte Empfängerposition den Erdmittelpunkt mit den Koordinaten $[0, 0, 0]$. Diese geschätzte Empfängerposition X_g, Y_g und Z_g ist um die Größen $\Delta x = (x - x_0)$, $\Delta y = (y - y_0)$ und $\Delta z = (z - z_0)$ fehlerbehaftet und es gilt für die tatsächlichen Empfängerkoordinaten X, Y und Z

$$X = X_g + \Delta x,$$

$$Y = Y_g + \Delta y$$

und

$$Z = Z_g + \Delta z.$$

Die Entfernung R_g^k eines Satelliten k zur geschätzten Empfängerposition mit den Koordinaten X_g, Y_g und Z_g kann analog zur Gl. 11.1 durch die Beziehung

$$R_g^k = \sqrt{\left(X^k - X_g\right)^2 + \left(Y^k - Y_g\right)^2 \left(Z^k - Z_g\right)^2} \tag{11.4}$$

berechnet werden. Damit haben wir $f(x_0, y_0, z_0)$ als R_g^k bestimmt.

Bereits im ersten Abschnitt des Kapitels hatten wir im Zusammenhang mit Gl. 11.2 festgehalten, dass die Pseudoentfernung p eine Funktion der Empfängerkoordinaten ist. Damit können wir $f(x, y, z)$ durch p ersetzen.

Schließlich benötigen wir die partiellen Ableitungen an der Stelle $[x_0, y_0, z_0]$. Die zu bestimmende Entfernung hängt von drei Größen ab, in unserem Fall von den Koordinaten X_g, Y_g und Z_g. Es handelt sich somit um die dreidimensionale Funktion

$$f\left(X_g, Y_g, Z_g\right) = \sqrt{\left(X^k - X_g\right)^2 + \left(Y^k - Y_g\right)^2 + \left(Z^k - Z_g\right)^2}.$$

Diese Funktion müssen wir dreimal partiell ableiten, dies erledigt Maxima für uns. Dafür definieren wir zuerst die Funktion $f\left(X_g, Y_g, Z_g\right)$:

```
f(Xg,Yg,Zg):=sqrt((Xk-Xg)^2+(Yk-Yg)^2+(Zk-Zg)^2)
```

Dann kann differenziert werden:

```
diff(f(Xg,Yg,Zg),Xg,1)
```

$$\frac{\partial f\left(X_g, Y_g, Z_g\right)}{\partial X_g} = -\frac{X^k - X_g}{\sqrt{\left(X^k - X_g\right)^2 + \left(Y^k - Y_g\right)^2 + \left(Z^k - Z_g\right)^2}}$$

```
diff(f(Xg,Yg,Zg),Yg,1)
```

$$\frac{\partial f\left(X_g, Y_g, Z_g\right)}{\partial Y_g} = -\frac{Y^k - Y_g}{\sqrt{\left(X^k - X_g\right)^2 + \left(Y^k - Y_g\right)^2 + \left(Z^k - Z_g\right)^2}}$$

```
diff(f(Xg,Yg,Zg),Zg,1)
```

$$\frac{\partial f\left(X_g, Y_g, Z_g\right)}{\partial Z_g} = -\frac{Z^k - Z_g}{\sqrt{\left(X^k - X_g\right)^2 + \left(Y^k - Y_g\right)^2 + \left(Z^k - Z_g\right)^2}}$$

Alle drei partiellen Ableitungen haben im Nenner denselben Term

$$\sqrt{\left(X^k - X_g\right)^2 + \left(Y^k - Y_g\right)^2 + \left(Z^k - Z_g\right)^2} = R_g^k$$

gemeinsam, dies ist die Entfernung R_g^k der geschätzten Empfängerposition zum jeweiligen Satelliten k. Wir schreiben daher kürzer:

$$\frac{\partial f\left(X_g, Y_g, Z_g\right)}{\partial X_g} = -\frac{X^k - X_g}{R_g^k}$$

$$\frac{\partial f\left(X_g, Y_g, Z_g\right)}{\partial Y_g} = -\frac{Y^k - Y_g}{R_g^k}$$

$$\frac{\partial f\left(X_g, Y_g, Z_g\right)}{\partial Z_g} = -\frac{Z^k - Z_g}{R_g^k}$$

Schließlich und endlich können wir für unsere Taylor-Näherung schreiben:

$$p^k = R_g^k - \frac{X^k - X_g}{R_g^k} \cdot \Delta x - \frac{Y^k - Y_g}{R_g^k} \cdot \Delta y - \frac{Z^k - Z_g}{R_g^k} \cdot \Delta z + (c \cdot \Delta t) - \left(c \cdot \Delta t^k\right)$$

$$(11.5)$$

Wir bringen den Summanden R_g^k auf die linke Seite, tauschen die Summanden in den Zählern und lassen für unseren allerersten Versuch die Gangungenauigkeit der Satellitenuhren $\left(c \cdot \Delta t^k\right)$ außer Betracht. Dies führt zur Gleichung

$$p^k - R_g^k = \frac{X_g - X^k}{R_g^k} \cdot \Delta x + \frac{Y_g - Y^k}{R_g^k} \cdot \Delta y + \frac{Z_g - Z^k}{R_g^k} \cdot \Delta z + (c \cdot \Delta t).$$

Diese Gleichung stellen wir für jeden der vier empfangenen Satelliten auf. Der Empfänger liefert die Pseudoentfernungen p^k. Die Entfernung R_g^k eines Satelliten k können wir für die angenommene Empfängerposition mit den Koordinaten X_g, Y_g und Z_g mit Gl. 11.4 berechnen, und die Satellitenkoordinaten X^k, Y^k und Z^k bestimmen wir aus den Ephemeriden. Somit können wir das folgende Gleichungssystem aufstellen:

$$p^1 - R_g^1 = \frac{X_g - X^1}{R_g^1} \cdot \Delta x + \frac{Y_g - Y^1}{R_g^1} \cdot \Delta y + \frac{Z_g - Z^1}{R_g^1} \cdot \Delta z + (c \cdot \Delta t)$$

$$p^2 - R_g^2 = \frac{X_g - X^2}{R_g^2} \cdot \Delta x + \frac{Y_g - Y^2}{R_g^2} \cdot \Delta y + \frac{Z_g - Z^2}{R_g^2} \cdot \Delta z + (c \cdot \Delta t)$$

$$p^3 - R_g^3 = \frac{X_g - X^3}{R_g^3} \cdot \Delta x + \frac{Y_g - Y^3}{R_g^3} \cdot \Delta y + \frac{Z_g - Z^3}{R_g^3} \cdot \Delta z + (c \cdot \Delta t)$$

$$p^4 - R_g^4 = \frac{X_g - X^4}{R_g^4} \cdot \Delta x + \frac{Y_g - Y^4}{R_g^4} \cdot \Delta y + \frac{Z_g - Z^4}{R_g^4} \cdot \Delta z + (c \cdot \Delta t)$$

Verwendet man die Notationsweise der linearen Algebra, so erhält man – etwas umgestellt – die folgende Matrixgleichung:

$$\begin{bmatrix} \frac{X_g-X^1}{R_g^1} & \frac{Y_g-Y^1}{R_g^1} & \frac{Z_g-Z^1}{R_g^1} & 1 \\ \frac{X_g-X^2}{R_g^2} & \frac{Y_g-Y^2}{R_g^2} & \frac{Z_g-Z^2}{R_g^2} & 1 \\ \frac{X_g-X^3}{R_g^3} & \frac{Y_g-Y^3}{R_g^3} & \frac{Z_g-Z^3}{R_g^3} & 1 \\ \frac{X_g-X^4}{R_g^4} & \frac{Y_g-Y^4}{R_g^4} & \frac{Z_g-Z^4}{R_g^4} & 1 \end{bmatrix} \cdot \begin{bmatrix} \Delta x \\ \Delta y \\ \Delta z \\ (c \cdot \Delta t) \end{bmatrix} = \begin{bmatrix} p^1 - R_g^1 \\ p^2 - R_g^2 \\ p^3 - R_g^3 \\ p^4 - R_g^4 \end{bmatrix}$$

Die hochgestellten Ziffern bezeichnen darin keine Potenzen, sondern die laufende Nummer der Satelliten!

Diese Gleichung hat die Form

$$J \cdot x = d,$$

wobei J die Jacobi-Matrix der partiellen Ableitungen ist und d ein Vektor mit den Differenzen zwischen den vom Empfänger ermittelten Pseudoentfernungen p^k sowie den Entfernungen zwischen den Satelliten und dem angenommenen Standort des Empfängers R_g^k. Gelöst wird diese Gleichung durch Linksmultiplikation mit der invertierten Jacobi-Matrix:

$$x = J^{-1} \cdot d$$

Die Lösungen Δx, Δy und Δz des linearen Gleichungssystems nutzt man, um die geschätzte Position entsprechend den Gleichungen

$$X_{g\_neu} = X_{g\_alt} + \Delta x$$

$$Y_{g\_neu} = Y_{g\_alt} + \Delta y$$

$$Z_{g\_neu} = Z_{g\_alt} + \Delta z$$

zu verbessern.

Die vierte Lösung $(c \cdot \Delta t)$ ist die Strecke, um welche die Pseudoentfernungen aufgrund des Uhrenfehlers im Empfänger berichtigt werden müssen.

Man errechnet aus der neuen geschätzten Position die veränderten Entfernungen R_g^k zu den Satelliten und löst das veränderte lineare Gleichungssystem erneut. Dies macht man, bis die Lösungen und damit die Unterschiede nahe null liegen. Dann gilt in sehr guter Näherung:

$$X = X_{g\_neu}$$

$$Y = Y_{g\_neu}$$

$$Z = Z_{g\_neu}$$

Mit den Koordinaten X, Y und Z hat man dann schließlich die gesuchten ECEF-Koordinaten des Empfängers gefunden.

11.4   Rechnerische Bestimmung mit vier Datensätzen

Nach der theoretischen Herleitung soll es nun an die rechnerische Durchführung gehen. Am besten öffnen Sie ein neues Maxima-Arbeitsblatt und laden Ihre Bibliothek mit den bereits erstellten Funktionen. Wie in Abschn. 7.3 beschrieben, müssen sowohl die Navigations- als auch die Beobachtungsdatei eingelesen werden, damit die globalen Datenstrukturen `navmatrix` und `obsmatrix` zur Verfügung stehen. Der gesamte Prozess geschieht komfortabel über die bereits erstellte und in der Bibliothek enthaltene Funktion `einlesen()`. Diese Funktion erfragt den Namensstamm der Navigations- und der Beobachtungsdatei und erstellt die beiden Datenstrukturen.

11.4.1 Überprüfung der Daten

Im Beobachtungsdatensatz `obsmatrix` liegen die Beobachtungsdaten zeitlich aufeinanderfolgend vor. Dabei wird jeder Eintrag mit der Zeitangabe im GPS-Zeitformat eingeleitet. Es ist daher hilfreich festzuhalten, für welche Zeitpunkte solche Beobachtungen vorliegen. Für diesen Zweck haben wir bereits in Abschn. 7.3 die Funktion `make_timelist()` erstellt. Ihr Aufruf

```
timeline:make_timelist()
```

erzeugt die Liste `timeline` mit den Sekundenangaben zu den Beobachtungsdaten, beispielsweise:

```
[46552,46553,46554,46555,46556,46557,46558,46559,46560,
46561,46562,46563,46564,46565]
```

In diesem Fall liegen 14 Beobachtungsdatensätze im Zeitraum 46.552 bis 46.565 vor, wobei diese Zeitangaben die Wochensekunden der GPS-Woche sind. Daraus wählen wir einen Zeitpunkt aus, für den die Positionsbestimmung des Empfängers durchgeführt werden soll. Dies kann entweder durch die direkte Angabe einer Sekundenangabe erfolgen

```
sow:46552
```

oder durch einen indizierten Zugriff auf die Liste:

```
sow:timeline[1]
```

Die Satelliten, von denen zum gewählten Zeitpunkt Beobachtungsdaten vorliegen, stellt die Funktion `read_avail_sats()` in einer Liste zusammen:

```
obssatlist:read_avail_sats(sow)
[2,4,5,12,18,25,26,29,31]
```

Eine Liste mit den Nummern derjenigen Satelliten, von denen Ephemeridendaten zur Verfügung stehen, liefert die Funktion `make_navsatlist()`:

```
navsatlist:make_navsatlist()
[2,4,5,6,12,18,25,26,29,31,32]
```

11.4.2 Eine erste Funktion zur Positionsbestimmung

Die Positionsbestimmung des Empfängers muss, wie oben aufgezeigt, iterativ durch Annähern einer angenommenen an die tatsächliche Position erfolgen. Diese Annäherung geschieht in Maxima durch eine Schleife, die so oft durchlaufen wird, bis der Unterschied zwischen der angenommenen und der tatsächlichen Position genügend klein geworden ist. Die Erfahrung zeigt, dass hierfür in aller Regel weniger als zehn Iterationen nötig sind.

Bei jedem Iterationsschritt müssen für die vier beobachteten Satelliten jeweils die notwendigen Daten berechnet werden, um die Jacobi-Matrix J und den Differenzenvektor d zu erzeugen. Dies geschieht in einer weiteren Schleife innerhalb der Iterationsschleife. Durch diese geschachtelte Schleifenstruktur wäre es sehr aufwendig und daher kaum sinnvoll, die Berechnung der Empfängerposition in Maxima zunächst im Direktmodus durchzuführen, um danach aus den dafür verwendeten Befehlen die gewünschte Funktion aufzubauen. Wir müssen somit die Funktion zur Ortsbestimmung direkt erstellen.

Weil die Ergebnisse eines spontanen „Drauflos-Programmierens" in aller Regel recht frustrierend sind, sollten wir unser Vorgehen bereits im Vorfeld gut überlegen und strukturieren:

Kernpunkt der Ortsbestimmung ist die Lösung der Gleichung

$$J \cdot x = d$$

Dafür müssen zuvor in der inneren Schleife die Jacobi-Matrix J

$$J = \begin{bmatrix} \frac{X_g - X^1}{R_g^1} & \frac{Y_g - Y^1}{R_g^1} & \frac{Z_g - Z^1}{R_g^1} & 1 \\ \frac{X_g - X^2}{R_g^2} & \frac{Y_g - Y^2}{R_g^2} & \frac{Z_g - Z^2}{R_g^2} & 1 \\ \frac{X_g - X^3}{R_g^3} & \frac{Y_g - Y^3}{R_g^3} & \frac{Z_g - Z^3}{R_g^3} & 1 \\ \frac{X_g - X^4}{R_g^4} & \frac{Y_g - Y^4}{R_g^4} & \frac{Z_g - Z^4}{R_g^4} & 1 \end{bmatrix}$$

und der Differenzenvektor d

$$d = \begin{bmatrix} p^1 - R_g^1 \\ p^2 - R_g^2 \\ p^3 - R_g^3 \\ p^4 - R_g^4 \end{bmatrix}$$

für jeden der vier Satelliten erstellt werden. Die Koordinaten X_g, Y_g und Z_g sind die Koordinaten des angenommenen Empfängerstandorts. Die Koordinaten X^k, Y^k und Z^k sind die Koordinaten des Satelliten k, die zuvor aus dessen Ephemeriden berechnet werden müssen. Die Größe R_g^k ist die Entfernung zwischen dem geschätzten Standort und der Satellitenposition. Die Pseudoentfernungen p^k können den Beobachtungsdaten entnommen werden.

Wenn die Jacobi-Matrix und der Differenzenvektor vorliegen, kann über die Gleichung

$$x = J^{-1} \cdot d$$

der Lösungsvektor

$$x = \begin{bmatrix} \Delta x \\ \Delta y \\ \Delta z \\ c \cdot \Delta t \end{bmatrix}$$

errechnet werden. Mit dessen Komponenten Δx, Δy und Δz wird die geschätzte Empfängerposition verbessert. Aufgrund dieses verbesserten Standorts müssen dann alle Daten neu berechnet und die Jacobi-Matrix samt dem Differenzenvektor neu erstellt werden. Die veränderte Gleichung wird wieder gelöst und aus der Lösung die Position erneut verbessert. Dies macht man so lange, bis Δx, Δy und Δz klein genug geworden sind.

Es ist hilfreich, die von der Funktion auszuführenden Schritte zunächst strukturiert in eigenen Worten zu notieren, zum Beispiel:

Liste der lokalen Variablen erstellen

Ausgangspunkt der geschätzten Empfängerposition in den Erdmittelpunkt legen

Lösungsvektor initialisieren

Liste mit den Satellitenkoordinaten initialisieren

Index auf die `obsmatrix` aufgrund des angegebenen Zeitpunkts ermitteln

Bis die Abweichungen klein genug geworden sind:

- Vektor d leeren
- Jacobi-Matrix J leeren
- Für jeden der vier Satelliten:
  - aktuelle Satellitennummer sv ermitteln
  - Pseudoentfernung des Satelliten sv auslesen

- − Satellitenposition errechnen
- − Vektorkomponente $p^k - R_g^k - (c \cdot \Delta t)$ berechnen
- − Vektorkomponente an den Vektor d anfügen
- − Zeile der Jacobi-Matrix bestimmen
- − Zeile an die Jacobi-Matrix anfügen
- • Gleichungssystem lösen
- • Position aufgrund der Lösung verbessern

Position ausgeben

Aus diesen Vorüberlegungen entsteht die folgende Funktion für die Berechnung der Empfängerposition aus den Daten von vier Satelliten:

```
recpos_4(sow):=block(
[estpos,L,svpos,obsindex,d,J,sv,pr,dist,A,pos],
estpos:[0.0,0.0,0.0],
L:matrix([1.0],[1.0],[1.0],[0.0]),
svpos:[],
obsindex:find_obsindex(sow),
unless abs(L[1][1])+abs(L[2][1])+abs(L[3][1])<0.1 do
    (
    d:matrix(),
    J:matrix(),
    for i:3 thru 6 do
        (
        sv:obsmatrix[obsindex][i][1],
        pr:read_prange(sow,sv),
        svpos:satpos(sow,sv),
        dist:pr-norm(svpos,estpos)-L[4][1],
        d:addrow(d,[dist]),
        A:[(estpos[1]-svpos[1])/norm(svpos,estpos),
            (estpos[2]-svpos[2])/norm(svpos,estpos),
            (estpos[3]-svpos[3])/norm(svpos,estpos),
             1],
        J:addrow(J,A)
        ),
    L:float(invert(J).d),
    estpos[1]:estpos[1]+L[1][1],
    estpos[2]:estpos[2]+L[2][1],
    estpos[3]:estpos[3]+L[3][1]
    ),
ecef_polar_grad(estpos))
```

Unter der Voraussetzung, dass die in Abschn. 11.4.1 genannten Vorarbeiten erledigt sind und die beiden Datenstrukturen `navmatrix` und `obsmatrix` global vorliegen, berechnet der Aufruf der Funktion

```
recpos_4(sow)
```

die Empfängerposition zum angegebenen Zeitpunkt für die ersten vier in der Beobachtungsdatei aufgeführten Satelliten. Die derart bestimmte Position mit den Koordinaten

```
[45.08121694433489,10.14514059082507,-225751.7376539381]
```

befindet sich bei Cremona in der Poebene östlich von Mailand und liegt damit weitab von der tatsächlichen Aufnahmeposition in Süddeutschland.

11.5   Berechnung mit den Daten anderer Satelliten

Da die Satellitendaten in der Beobachtungsmatrix erst ab der dritten Stelle beginnen, läuft die innere Schleife von drei bis sechs und arbeitet damit die ersten vier empfangenen Satelliten ab. In aller Regel hat man jedoch mehr als nur vier Satelliten empfangen, sodass auch andere Satellitenkonstellationen für die Berechnung des Empfängerstandorts verwendet werden können.

11.5.1 Variation durch Veränderung der Schleife

Mit der Angabe eines alternativen Schleifenintervalls innerhalb der Funktionsdefinition kann die Ortsbestimmung leicht und schnell für ein anderes Satellitenquartett erfolgen. In unserem konkreten Fall haben wir Beobachtungen von insgesamt neun Satelliten vorliegen. Damit kann die Schleife alternativ lauten:

```
for i:4 thru 7 do
```

oder auch

```
for i:5 thru 8 do
```

bis – im Rahmen unserer Beispieldaten – zu:

```
for i:8 thru 11 do
```

Dabei muss man freilich darauf achten, nicht über das Ende der Liste hinauszulesen. Auf diese einfache Weise sind immerhin sechs verschiedene Satellitenquartette auswertbar. Die Freude über die problemlose Berechnung der Empfängerposition wird leider recht schnell von der Verwunderung über divergierende Standorte gedämpft: Die erhaltenen Empfängerpositionen variieren je nach Auswahl der vier in die Berechnung einbezogenen Satelliten ganz beträchtlich! So liefert der Schleifendurchlauf von vier bis sieben eine Position im Inntal südöstlich von Landeck, eine Schleife mit den Grenzen von fünf bis acht führt uns in die Schweiz nach Andermatt. Weitere Positionen liegen südlich von Montreux, in Frankreich bei Annecy und bei Kißlegg im Allgäu.

11.5.2 Darstellung der Position in Google Maps

Die errechneten Empfängerpositionen kann Google Maps darstellen, wenn die von der Funktion `recpos_4()` als Ergebnis gelieferten ersten beiden Listenelemente für die geografische Breite und Länge gemeinsam kopiert und innerhalb von Google Maps in das Fenster „In Google Maps suchen" eingefügt werden. Ein nachfolgender Klick auf das Lupensymbol markiert die angegebene Position auf der Karte. Diese direkte Übernahme funktioniert allerdings nur für positive Koordinaten. Sollten Positionen mit negativen Koordinaten für die geografische Breite oder Länge dargestellt werden, so muss das negative Vorzeichen jeweils entfernt und stattdessen hinter der Breitenangabe der Buchstabe S bzw. hinter der Längenangabe ein W eingefügt werden.

Eine weitere Möglichkeit besteht darin, die errechneten Positionsangaben gleich in der URL beim Aufruf von Google Maps anzufügen, beispielsweise:

```
https://www.google.de/maps/place/48.79177869366239,9.829419549350574
```

Das Erstellen der kompletten URL kann Maxima übertragen werden:

```
make_url(pos):=block(
[url,nord,east],
url:"https://www.google.de/maps/place/",
nord:string(pos[1]),
east:string(pos[2]),
concat(url,nord,",",east))
```

Beim Aufruf mit dem von der Funktion `recpos_4()` generierten Ergebnis wird die komplette URL geliefert, die nur noch kopiert und in den Browser eingefügt werden muss. Allerdings werden nach dem Einfügen in den Browser die Anführungszeichen wieder sichtbar. Diese müssen manuell entfernt werden, da der Browser sonst eine Fehlermeldung liefert.

11.5.3 Auswertung aller Satellitenkombinationen

Wir ermitteln zunächst, wie viele verschiedene Möglichkeiten es gibt, aus den uns vorliegenden Daten von neun Satelliten jeweils vier auszuwählen. Einen entsprechenden Fall kennen wir vom Lotto, wo sechs Zahlen aus den vorhandenen 49 gezogen werden. Im Urnenmodell ziehen wir in unserem Fall aus den vorhandenen neun Kugeln vier Stück mit einem Griff. Das heißt, wir ziehen ohne Wiederholung und ohne die Reihenfolge zu beachten. Die Kombinatorik liefert für genau dieses Modell die Häufigkeit

$$\binom{n}{k} = \frac{n!}{(n-k)! \cdot k!}.$$

Mit unseren Werten erhalten wir

$$\binom{9}{4} = \frac{9!}{(9-4)! \cdot 4!} = \frac{\cancel{1} \cdot \cancel{2} \cdot \cancel{3} \cdot \cancel{4} \cdot \cancel{5} \cdot \cancel{6} \cdot 7 \cdot 8 \cdot 9}{\left(\cancel{1} \cdot \cancel{2} \cdot \cancel{3} \cdot \cancel{4} \cdot \cancel{5}\right) \cdot \left(1 \cdot \cancel{2} \cdot \cancel{3} \cdot 4\right)} = 7 \cdot 2 \cdot 9 = 126$$

Möglichkeiten, vier verschiedene Satelliten in die Berechnung eingehen zu lassen. Diese 126 verschiedenen Satellitenkonstellationen lassen sich kaum mehr sinnvoll von Hand erstellen, wir nutzen daher die Möglichkeiten von Maxima. Mengentheoretisch betrachtet benötigen wir alle Teilmengen mit der Mächtigkeit 4 einer Ausgangsmenge mit der Mächtigkeit 9. Unsere konkrete Ausgangsmenge der verfügbaren Satelliten ist in der Liste `obssatlist` verfügbar. Allerdings handelt es sich dabei um eine Liste und nicht um eine Menge. Die Funktion `setify()` wandelt jedoch problemlos eine Liste in eine Menge um:

```
obsmenge:setify(obssatlist)
```

Nun können alle Teilmengen der Mächtigkeit 4 erzeugt werden:

```
ps:powerset(obsmenge,4)
```

Der Aufruf

```
cardinality(ps)
```

gibt Auskunft über die Mächtigkeit dieser Teilmengen-Menge; wie erwartet erhalten wir das Ergebnis 126. Für die weitere Arbeit muss diese Menge der Teilmengen wieder in eine geschachtelte Liste umgewandelt werden:

```
full_listify(ps)
```

Die aufgeführten Schritte lassen sich problemlos zu der Funktion `make_svmix()` zusammenfügen, welche die für den Zeitpunkt `sow` zur Verfügung stehenden Kombinationen erzeugt:

```
make_svmix(sow):=block(
[svnrlist,svnrset,ps],
svnrlist:read_avail_sats(sow),
svnrset:setify(svnrlist),
ps:powerset(svnrset,4),
print("Anzahl der Kombinationen:",cardinality(ps)),
full_listify(ps))
```

Der Aufruf

```
kombinationen:make_svmix(sow)
```

erzeugt eine geschachtelte Liste mit allen möglichen Kombinationen. Um nun diese für die Berechnung des Empfängerstandorts nutzen zu können, müssen wir allerdings die oben aufgeführte Funktion recpos_4() etwas abwandeln:

```
recpos_vier(sow,svliste):=block(
[estpos,L,svpos,d,J,sv,pr,dist,A,pos],
estpos:[0.0,0.0,0.0],
L:matrix([1.0],[1.0],[1.0],[0.0]),
svpos:[],
unless abs(L[1][1])+abs(L[2][1])+abs(L[3][1])<0.1 do
    (
    d:matrix(),
    J:matrix(),
    for i:1 thru 4 do
        (
        sv:svliste[i],
        pr:read_prange(sow,sv),
        svpos:satpos(sow,sv),
        dist:pr-norm(svpos,estpos)-L[4][1],
        d:addrow(d,[dist]),
        A:[(estpos[1]-svpos[1])/norm(svpos,estpos),
            (estpos[2]-svpos[2])/norm(svpos,estpos),
            (estpos[3]-svpos[3])/norm(svpos,estpos),
            1],
        J:addrow(J,A)
        ),
    L:float(invert(J).d),
    estpos[1]:estpos[1]+L[1][1],
    estpos[2]:estpos[2]+L[2][1],
    estpos[3]:estpos[3]+L[3][1],
    if norm(estpos,[0,0,0])>10^10 then return(false)
    ),
ecef_polar_grad(estpos))
```

Die Veränderungen sind fett markiert: Um die bereits erstellte Funktion nicht zu überschreiben, wurde der Funktionsname abgeändert. Als weiterer Aufrufparameter muss eine Liste mit den vier Satellitennummern übergeben werden, die in die Berechnung mit einbezogen werden sollen. Die Zeile `obsindex:find_obsindex(sow)` vor der `unless`-Anweisung kann hier entfallen, da die benötigten Satellitennummern in einer Liste vorliegen.

Die am Ende eingefügte Fallunterscheidung ist nötig, weil sich bei ausgiebigen Versuchen gezeigt hat, dass nicht alle Satellitenquartette für eine Berechnung geeignet sind! Im Rahmen der iterativen Positionsbestimmung geht es darum, den genäherten Ausgangsstandort immer mehr dem tatsächlichen Standort anzunähern. Dazu müssen die Komponenten des Lösungsvektors immer kleiner werden. Bei speziellen Satellitenkonstellationen, insbesondere wenn zwei der vier Satelliten sehr eng beieinander stehen, liefert die Lösung des linearen Gleichungssystems jedoch immer größere Komponenten, sodass die Koordinaten der errechneten Position immer größer werden und das Verfahren nicht konvergiert. Dieser Fehler wird von der Fallunterscheidung abgefangen, da alle Positionen, die mehr als 10^{10} m vom Erdmittelpunkt entfernt sind, nicht mehr als Empfängerstandort infrage kommen können.

Man kann nun diese Funktion von Hand mit unterschiedlichen Satellitenquartetten aufrufen, beispielsweise mit dem Befehl:

```
recpos_vier(sow,kombinationen[1])
```

Variiert man den Index und lässt sich die errechneten Positionen in Google Maps anzeigen, so findet man die obige Feststellung bestätigt, dass die ermittelten Standorte deutlich voneinander abweichen. Eine schnelle Möglichkeit für die Berechnung der Ergebnisse aller Satellitenquartette lautet:

```
for i:1 thru 70 do.
        print(i, kombinationen[i],
                recpos_vier(sow,kombinationen[i])).
```

Stellt man die errechneten Positionen grafisch dar, so wird deutlich, dass sich die allermeisten Orte in einem Gebiet in Süddeutschland und den Alpen häufen, es allerdings auch markante Ausreißer bis in den Südpazifik gibt! Der rote Punkt in Abb. 11.12 stellt die tatsächliche Aufnahmeposition dar.

Schließlich kann man alle Satellitenkonstellationen auswerten und daraus einen Mittelwert bilden. Dies kann beispielsweise über die folgende Funktion geschehen:

```
mean_recpos(sow,mix):=block(
[posliste,x_wert,y_wert],
posliste:[],
x_wert:0,
```

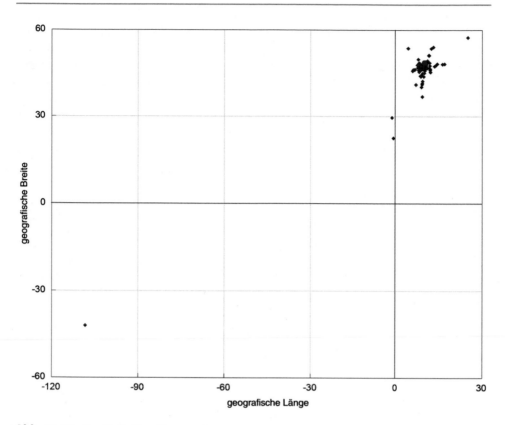

Abb. 11.12 Ermittelte Empfängerpositionen

```
y_wert:0,
for i:1 thru length(mix) do
    (
    pos:recpos_vier(sow,mix[i]),
    x_wert:x_wert+pos[1],
    y_wert:y_wert+pos[2].
    ),
anzahl:length(mix),
[x_wert/anzahl,y_wert/anzahl])
```

Mit dem Aufruf

```
mean_recpos(sow,kombinationen)
```

erhalten wir folgenden Mittelwert:

```
[46.0276055433587,8.690937510156159]
```

Diese Position liegt am Westufer des Lago Maggiore. Unser erster Ansatz zur Positionsbestimmung ist daher trotz der aufwendigen Mittelwertbildung leider nicht brauchbar!
Ganz offensichtlich müssen wir die Zeitmessung ernster nehmen und unter anderem
den Summanden $\left(c \cdot \Delta t^k\right)$, den wir in Gl. 11.5 zunächst großzügig unter den Tisch fallen
ließen, wieder in unser Gleichungssystem einbauen. Mit einer deutlich verbesserten Zeitbestimmung beschäftigen wir uns im folgenden Kapitel.

Verbesserte Zeitbestimmung 12

Bei unserem ersten Ansatz zur Positionsbestimmung haben wir die Satellitenposition zum jeweiligen Beobachtungszeitpunkt t_{SV} bestimmt, den wir den Beobachtungsdaten der Satelliten entnommen haben. Das Signal benötigt allerdings eine nicht zu vernachlässigende Zeitspanne zwischen 70 und 90 ms, um den Weg vom Satelliten zum Empfänger zurückzulegen. Die über die Laufzeit gemessenen Pseudoentfernungen gehen damit von Positionen aus, welche die Satelliten rund 80 ms zuvor innehatten. Wir dürfen somit die Satellitenpositionen nicht zu den Beobachtungszeitpunkten berechnen, die in der Beobachtungsdatei `sonnenpfad_obs.txt` angegeben sind, sondern müssen diese Zeitpunkte korrigieren.

Es gibt noch einen weiteren Grund, die angegebenen Beobachtungszeiten zu berichtigen. Neben der Berücksichtigung der Signallaufzeit müssen wir außerdem bedenken, dass selbst die Atomuhren an Bord der Satelliten nicht exakt genug gehen. In den Ephemeriden eines jeden Satelliten sind daher Korrekturparameter enthalten, mit welchen deren Uhrzeit nachjustiert werden muss.

12.1 Aussendezeit des Signals

Da der Empfänger die Pseudoentfernung p zu einem Satelliten über die Laufzeit des Signals Δt und die Lichtgeschwindigkeit c nach dem bekannten Weg-Zeit-Gesetz einer gleichförmigen Bewegung

$$p = c \cdot \Delta t$$

bestimmt hat, können wir über die Beziehung

$$\Delta t = \frac{p}{c}$$

die Signallaufzeit berechnen.

Um die Zeitkorrektur in Maxima nachvollziehen zu können, müssen die beiden Datenstrukturen `navmatrix` und `obsmatrix` vorliegen und alle seither erstellten Funktionen geladen sein. Zunächst verschafft man sich einen Überblick über die vorliegenden Daten:

Die Anweisung

```
timeline:make_timelist()
```

erstellt eine Liste mit den Zeitpunkten der vorliegenden Beobachtungen. Daraus greifen wir uns für unsere weiteren Überlegungen den ersten Zeitpunkt heraus und speichern diesen in der Variablen `sow`:

```
sow:timeline[1]
```

Die Anweisung

```
obssatlist:read_avail_sats(sow)
```

ermittelt die Nummern derjenigen Satelliten, von denen zum angegebenen Zeitpunkt Beobachtungsdaten vorliegen. Wir wählen den ersten Satelliten aus der Liste, dies ist in unserem Beispiel der Satellit mit der Nummer 2, und speichern diese Angabe in der Variablen `sv`:

```
sv:obssatlist[1]
```

Um den Ephemeridendatensatz des Satelliten mit der Nummer 2 in der Matrix mit den Ephemeriden aller Satelliten zu finden, benötigen wir dessen Index in der `navmatrix`. Diesen erhalten wir über die Funktion:

```
satindex:find_ephindex(sv)
```

Nach der Zuweisung

```
eph_list:navmatrix[satindex]
```

können wir im Folgenden über die Variable `eph_list` auf die Ephemeriden des Satelliten Nummer 2 zugreifen.

Die Pseudoentfernung des betreffenden Satelliten zur angegebenen Zeit wird durch die Funktion `read_prange()` ermittelt:

```
pseudorange:read_prange(sow,sv)
```

Über die Lichtgeschwindigkeit, die vorteilhaft am Beginn der Bibliotheksdatei definiert ist,

```
v_light:299792458
```

kann die Signallaufzeit errechnet werden:

```
signallaufzeit:pseudorange/v_light
```

Als Ergebnis erhalten wir knapp 82 ms. Diese Signallaufzeit müssen wir von der erhaltenen Beobachtungszeit subtrahieren

```
tx_RAW:check_t(sow-signallaufzeit)
```

und erhalten die berichtigte Roh-Zeit tx_{RAW}, bei welcher die Signallaufzeit berücksichtigt ist. Der Zeitpunkt tx_{RAW} gibt daher die Uhrzeit an, zu welcher das Signal den Satelliten verlassen hat. Da die Atomuhren in den Satelliten zwar sehr genau, aber eben doch nicht völlig exakt laufen, muss dieser Zeitpunkt noch um den Fehler der Satellitenuhr berichtigt werden.

12.2   Gangabweichung der Satellitenuhr

Zusammen mit den Ephemeriden werden Koeffizienten übermittelt, mit deren Hilfe man die Gangungenauigkeit der Satellitenuhren korrigieren kann.[1] Eine zu langsam oder zu schnell laufende Uhr produziert eine Ungenauigkeit, die mit fortlaufender Gang-dauer, in welcher die Uhr nicht nachgestellt wird, immer größer wird. Die Ephemeriden eines Satelliten werden für einen bestimmten Zeitpunkt von der Kontrollstation in Colorado ermittelt, dieser Zeitpunkt wird in den Ephemeriden als Parameter t_{oe} *(time of ephemerides)* übermittelt. Die Gangungenauigkeit einer Satellitenuhr genau zu diesem Zeitpunkt t_{oe} ist bekannt, sie wird als Parameter a_{f0} in den Ephemeriden übermittelt. Damit kennt man die Gangabweichung der Uhr zum Ephemeridenzeitpunkt.

Da die Uhr nicht völlig exakt, sondern etwas zu langsam oder etwas zu schnell läuft, wird sich diese Gangabweichung im Lauf der Zeit verändern. Diese zeitliche

---

[1] Siehe hierzu im *user interface* S. 95 f.

Drift der Uhr wird im Parameter a_{f1} übermittelt. Dies ist damit die Angabe, mit welcher Geschwindigkeit sich die Uhr weiter von der tatsächlichen Zeit entfernt.

Schließlich wird sogar noch berücksichtigt, dass diese zeitliche Drift unter Umständen nicht konstant ist, sondern ihrerseits im Lauf der Zeit variiert. Damit gibt der Parameter a_{f2} die Beschleunigung an, mit welcher sich die Uhrzeit ändert.

Je weiter man sich vom Zeitpunkt t_{oe} entfernt, desto größer wird die Ungenauigkeit der Satellitenuhr. Für die Korrektur dieser Ungenauigkeit muss somit der Zeitunterschied dt bestimmt werden, um den man zum Aussendezeitpunkt tx_{RAW} des Signals von der Ephemeriden-Bezugszeit t_{oe} entfernt ist.

Die Ungenauigkeit t_{corr} der Satellitenuhr ist von dieser Zeitspanne dt abhängig. Die Berechnung erfolgt über eine quadratische Funktion dieser Ablage dt

$$t_{corr}(dt) = a_{f2} \cdot dt^2 + a_{f1} \cdot dt + a_{f0} + \Delta t_r = (a_{f2} \cdot dt + a_{f1}) \cdot dt + a_{f0} + \Delta t_r$$
$$(12.1)$$

mit den Koeffizienten a_{f2} *(clock drift rate)*, a_{f1} *(clock drift)* und a_{f0} *(clock bias)*.

Die damit bestimmte zeitliche Ablage der Uhr ist somit ihrerseits von dem Zeitpunkt abhängig, für den man sie berechnet, und das Ergebnis hat somit wieder einen Einfluss auf eben diesen Zeitpunkt. Die zeitliche Ablage muss daher iterativ ermittelt werden. Borre und Strang (2012, S. 277 f.) haben in ihrer zugehörigen Matlab-Funktion eine zweimalige Iteration implementiert. Im Rahmen der üblichen 15-stelligen Rechengenauigkeit in Maxima ist dies auch für uns völlig ausreichend.

Der letzte Summand Δt_r der obigen Gl. 12.1 ist eine Korrektur, die aufgrund relativistischer Effekte angebracht wird. Für eine erste Näherung lassen wir diese hier noch unberücksichtigt.

Die Ausgabezeit der Ephemeriden t_{oe} befindet ich an der 19. Position des Ephemeridendatensatzes eines Satelliten:

```
toe:eph_list[19]
```

Zur angegebenen Ausgabezeit hatte die Atomuhr an Bord des Satelliten die im Parameter a_{f0} genannte Abweichung. Je weiter man sich von diesem Zeitpunkt entfernt, umso größer wird die zeitliche Abdrift der Uhr. Daher müssen wir zuerst berechnen, welche Zeitspanne seit der Ephemeridenausgabezeit verstrichen ist:

```
dt:check_t(tx_RAW-toe)
```

Mit den drei Parametern a_{f0}, a_{f1} und a_{f2}, die sich im Ephemeridendatensatz an den Positionen 8, 9 und 10 befinden, muss die Uhrzeit in Abhängigkeit von der seit der Ephemeridenausgabe verstrichenen Zeitspanne korrigiert werden.

```
af0:eph_list[8]
af1:eph_list[9]
```

```
af2:eph_list[10]
tcorr:(af2*dt+af1)*dt+af0
```

Mit dem so errechneten Korrekturwert von $-5.946764146598549 \cdot 10^{-4}$ s muss der oben errechnete Zeitpunkt tx_{RAW} korrigiert werden:

```
tx_GPS:tx_RAW-tcorr
```

Im angesprochenen zweiten Iterationsschritt wird nochmals der zeitliche Versatz des eben ermittelten Zeitpunkts `tx_GPS` von der Ausgabezeit `toe` ermittelt

```
dt:tx_GPS-toe
```

und dafür der Korrekturwert erneut berechnet

```
tcorr:(af2*dt+af1)*dt+af0
```

sowie dieser zweite Korrekturwert $(-5.946764146619508 \cdot 10^{-4}$ s$)$ von dem um die Signallaufzeit berichtigten Zeitpunkt tx_{RAW} subtrahiert:

```
tx_GPS:tx_RAW-tcorr
```

Damit haben wir den berichtigten Zeitpunkt ermittelt, er beträgt 46551.91869258048 Wochensekunden. Die Berechnung der kompletten Zeitkorrektur erfolgt nach dem Schema in Abb. 12.1.

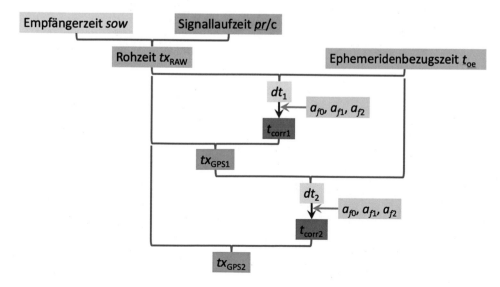

Abb. 12.1 Ablaufschema zur Zeitkorrektur

In Maxima lautet die entsprechende Funktion:

```
timecorrect(time,sv):=block(
[pseudorange,eph_list,signallaufzeit,tx_RAW,toe,dt,
af0,af1,af2,tcorr,tx_GPS],
pseudorange:read_prange(time,sv),
eph_list:navmatrix[find_ephindex(sv)],
signallaufzeit:pseudorange/v_light,
tx_RAW:check_t(time-signallaufzeit),
toe:eph_list[19],
dt:check_t(tx_RAW-toe),
af0:eph_list[8],
af1:eph_list[9],
af2:eph_list[10],
tcorr:(af2*dt+af1)*dt+af0,
tx_GPS:check_t(tx_RAW-tcorr),
dt:check_t(tx_GPS-toe),
tcorr:(af2*dt+af1)*dt+af0,
tx_GPS:tx_RAW-tcorr,
[tx_GPS,tcorr])
```

Das Funktionsergebnis ist eine Liste, die als erstes Element den korrigierten Zeit-punkt `tx_GPS` der Aussendung des Satellitensignals enthält und als zweites Element den aufgrund der Ungenauigkeit der Uhr berechneten Korrekturwert `tcorr`. Damit kann – ausgehend von einer bestimmten Beobachtungszeit und der Nummer eines Satelliten – dessen verbesserte Zeit ermittelt werden. Die exakte Position dieses Satelliten muss dann mit der Funktion `satpos()` für diesen korrigierten Zeitpunkt bestimmt werden.

Außerdem können wir nun den Uhrenfehler der Satellitenuhr bei der Entfernungs-bestimmung berücksichtigen. In Abschn. 11.3 war in Gl. 11.5

$$p^k = R_g^k - \frac{X^k - X_g}{R_g^k} \cdot \Delta x - \frac{Y^k - Y_g}{R_g^k} \cdot \Delta y - \frac{Z^k - Z_g}{R_g^k} \cdot \Delta z + (c \cdot \Delta t) - \left(c \cdot \Delta t^k\right)$$

dieser Faktor im letzten Summanden $\left(c \cdot \Delta t^k\right)$ angegeben, diesen hatten wir allerdings unberücksichtigt gelassen.

Wir verbessern die im vorhergehenden Kapitel erarbeitete Funktion `recpos_vier()` nun dahingehend, dass jetzt die Satellitenpositionen zur Aussendezeit des Signals berechnet werden und außerdem die Entfernungsberechnung durch Berück-sichtigung des Uhrenfehlers verbessert wird.

```
recpos_vier_t(sow,svliste):=block(
[estpos,L,svpos,d,J,sv,pr,t_GPS,tcorr,dist,A,pos],
estpos:[0.0,0.0,0.0],
L:matrix([1.0],[1.0],[1.0],[0.0]),
svpos:[],
unless abs(L[1][1])+abs(L[2][1])+abs(L[3][1])<0.1 do
    (
    d:matrix(),
    J:matrix(),
    for i:1 thru 4 do
        (
        sv:svliste[i],
        [t_GPS,tcorr]:timecorrect(sow,sv),
        pr:read_prange(sow,sv),
        svpos:satpos(t_GPS,sv),
        dist:pr-norm(svpos,estpos)-L[4][1]+v_light*tcorr,
        d:addrow(d,[dist]),
        A:[(estpos[1]-svpos[1])/norm(svpos,estpos),
            (estpos[2]-svpos[2])/norm(svpos,estpos),
            (estpos[3]-svpos[3])/norm(svpos,estpos),
            1],
        J:addrow(J,A)
        ),
    L:float(invert(J).d),
    estpos[1]:estpos[1]+L[1][1],
    estpos[2]:estpos[2]+L[2][1],
    estpos[3]:estpos[3]+L[3][1],
    if norm(estpos,[0,0,0])>10^10 then return(false)
    ),
ecef_polar_grad(estpos))
```

Die notwendigen Änderungen sind wieder fett markiert. Ruft man diese verbesserte
Funktion – wie im vorhergehenden Kapitel dargestellt – mit unterschiedlichen Satelliten-
quartetten auf, so erhalten wir jetzt Positionsangaben, die sich untereinander nur noch
marginal unterscheiden und alle in einem Umkreis von wenigen Metern liegen. Diese
Positionen und ihr Mittelwert befinden sich nun zwar deutlich näher am tatsächlichen
Aufnahmeort, allerdings immer noch rund 21 km von diesem entfernt östlich von
Langenau in Baden-Württemberg, sodass weitere Verbesserungen nötig sind.

Im nächsten Kapitel werden wir jedoch zunächst eine elegante Möglichkeit kennen-
lernen, mit der die umständliche Mittelwertbildung hinfällig wird.

Die Methode der kleinsten Quadrate

13

In aller Regel empfangen wir mehr als die zur Positionsbestimmung mindestens notwendigen vier Satelliten. Empfängt man sechs Satelliten, so hat man 15 Möglichkeiten, aus den sechs Satelliten jeweils vier Beobachtungen für die Positionsbestimmung auszuwählen. Bei acht empfangenen Satelliten sind es 70 Möglichkeiten. Anstatt sich der Mühe zu unterziehen, diese vielen Kombinationen einzeln berechnen zu lassen, um daraus einen Mittelwert zu bestimmen, ist es weitaus komfortabler, die Methode der kleinsten Fehlerquadrate anzuwenden.

13.1 Grundlagen

Anfang des Jahres 1801 wurde der Zwergplanet Ceres entdeckt. Bevor dieser hinter der Sonne verschwand, konnten einige Bahndaten notiert werden. Carl Friedrich Gauß war damals bereits in der Lage, aus drei Bahnpunkten die elliptische Bahn des neu entdeckten Himmelskörpers zu berechnen. Da deutlich mehr Bahnpunkte vorlagen – die ja alle einem gewissen Messfehler unterlagen –, wandte er die von ihm schon 1795 entwickelte *Methode der kleinsten Quadrate* an, um die Genauigkeit der Berechnung zu erhöhen. Tatsächlich wurde Ceres im Dezember desselben Jahres an genau der Position wiederentdeckt, die Gauß vorhergesagt hatte.

Das Verfahren fußt auf einer Idee von Pierre-Simon Laplace, aus vielen (fehlerbehafteten) Messwerten den tatsächlichen Wert so festzulegen, dass sich die vorzeichenbehafteten Abstände der Messwerte zum tatsächlichen Wert zu null aufaddieren.

Die in diesem Abschnitt vorgestellte Methode der kleinsten Quadrate benötigen wir in unserem Zusammenhang, weil in aller Regel mehr Messergebnisse (Pseudoentfernungen zu Satelliten) als die für die Rechnung benötigten vier Stück zur Verfügung stehen und wir alle Ergebnisse im Hinblick auf ein möglichst exaktes Ergebnis verwenden wollen.

H. Albrecht, *Geometrie und GPS,* Mathematik Primarstufe und Sekundarstufe I + II, https://doi.org/10.1007/978-3-662-64871-1_13

13.1.1 Geometrischer Ansatz

Die grundsätzliche Idee des Verfahrens besteht darin, diskret gewonnene Messwerte (Wertepaare) durch einen Graphen und damit eine mathematische Funktion bestmöglich anzunähern. Für eine erste Annäherung gehen wir davon aus, dass in einem physikalischen Versuch die folgenden Messwertepaare ermittelt wurden:

x:	1	3	5	7	9
y:	2	4	4	4	5

Wenn man weiß, dass zwischen den Messwerten ein proportionaler Zusammenhang besteht, dann geht es darum, die zugehörige Ursprungsgerade so einzupassen, dass diese die gefundenen Messwerte bestmöglich repräsentiert.

Diese bestmögliche Anpassung sollte nach der Idee von Laplace so geschehen, dass man von den gemessenen Punkten das Lot auf die x-Achse fällt und die Länge der Strecke vom Messpunkt bis zum Schnittpunkt des Lots mit dem Graphen als gerichtete Strecke misst. In Abb. 13.1 beträgt die Entfernung des Punktes A vom Graphen 1,24, der Punkt D hingegen hat die Entfernung $-1,32$. In einem dynamischen Geometriesystem kann man die Ursprungsgerade so um den Ursprung drehen, dass die Summe der fünf Entfernungen genau null ergibt. Laut dem obigen Bild ist dies für eine Geradensteigung von 0,76 der Fall.

Gauß veränderte diese Laplace'sche Idee dahingehend, dass er nicht mit den vorzeichenbehafteten Entfernungen rechnete, sondern mit den immer positiven Quadraten

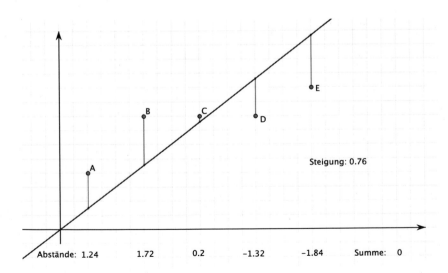

Abb. 13.1 Laplace-Methode am Beispiel einer Proportionalität

dieser Entfernungen. Zum einen eliminiert man damit ein fehlerträchtiges Hantieren mit Vorzeichen, ohne in die Bedrängnis des Rechnens mit Beträgen zu kommen, zum anderen wollte Gauß erreichen, dass größere Abweichungen etwas stärker gewichtet werden. Die bestmögliche Annäherung des Graphen an die Messpunkte ergibt sich nun genau dann, wenn die Summe der Abstandsquadrate minimal ist.

In Abb. 13.2 wurde diese optimale Lage erneut durch Probieren ermittelt, die hierbei erreichte Quadratsumme von 7,61 ist minimal. Es wird deutlich, dass dieser Fall bei einer etwas flacheren Geradensteigung von 0,65 eintritt. Die Summe der vorzeichenbehafteten Entfernungen nach Laplace beträgt in diesem Fall 2,8.

13.1.2 Rechnerische Bestimmung bei einer Proportionalität

Das probierende Lösen in einem dynamischen Geometriesystem ist ein guter didaktischer Ansatz, um ein Verständnis für das Funktionieren der Methode aufzubauen, für den täglichen Gebrauch benötigen wir jedoch ein effizienteres Verfahren. Zu dessen Etablierung formalisieren wir zunächst die seither durchgeführten Schritte und Überlegungen:

Es geht grundsätzlich darum, gefundene diskrete Messwerte (x_i, y_i) durch eine stetige Funktion f anzunähern.

Diese Annäherung sei optimal, wenn die Summe der Entfernungen vom Messpunkt zum Graphen der Funktion minimal ist. Für die Ermittlung der Entfernung benötigen wir den gemessenen y-Wert, also y_i, und den y-Wert, den unsere noch zu findende Funktion f an der Stelle x_i liefern würde, also $f(x_i)$. Die Differenz beider Werte wird quadriert:

$$(y_i - f(x_i))^2$$

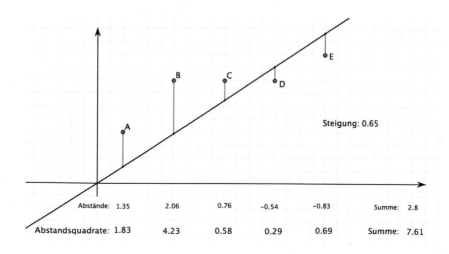

Abb. 13.2 Minimierung der Quadratsumme

Dies machen wir für alle vorhandenen n Messwerte, summieren diese Entfernungs-quadrate auf und erhalten so die Entfernungssumme E, die ein Maß für den Fehler zwischen den praktisch gemessenen Werten und einer theoretisch konstruierten Funktion darstellt:

$$E = \sum_{i=1}^{n} (y_i - f(x_i))^2$$

Für unser obiges Beispiel haben wir festgelegt, dass sich die Messung bzw. der zugrunde liegende Sachverhalt durch eine Proportionalität beschreiben lässt. Diese ein-fache Funktion hat die Form

$$f(x) = m \cdot x.$$

Wie gut der Graph bzw. die Funktion zu den diskreten Werten passt, hängt somit ein-zig und allein von der Steigung m ab. Genau diese Anpassung der Steigung haben wir auch beim Probieren in Cinderella durchgeführt. Anders ausgedrückt: Die Summe der Fehlerquadrate und damit der Fehler E hängen von der Wahl von m ab, E ist daher eine Funktion von m. Wir schreiben:

$$E(m) = \sum_{i=1}^{n} (y_i - m \cdot x_i)^2$$

In dieser Notation haben wir außerdem die oben noch allgemein formulierte Funktion $f(x_i)$ durch die konkret zugrunde gelegte Proportionalität $m \cdot x_i$ ersetzt.

Unsere Gerade passt am besten, wenn E minimal wird, $E(m)$ somit ein Minimum hat. Um das Minimum einer Funktion festzustellen, benötigen wir deren erste Ableitung, die wir gleich null setzen. $E(m)$ nach m abzuleiten ist nicht schwierig. Man kann das Binom in der Summe ausmultiplizieren und dann ableiten oder die Kettenregel anwenden. In beiden Fällen erhalten wir als Ableitung:

$$E'(m) = \sum_{i=1}^{n} 2 \cdot (y_i - m \cdot x_i) \cdot (x_i)$$

Das Summenzeichen können wir beim Ableiten getrost ignorieren, denn die Ableitung einer Summe ist die Summe der Ableitungen. Diese Ableitung muss – um ein Minimum zu erhalten – gleich null gesetzt werden:

$$\sum_{i=1}^{n} 2 \cdot (y_i - m \cdot x_i) \cdot (x_i) = 0$$

Den konstanten Faktor 2 im Summenterm können wir vor das Summenzeichen schreiben

$$2 \cdot \sum_{i=1}^{n} (y_i - m \cdot x_i) \cdot (x_i) = 0$$

und die Gleichung sofort durch diesen Faktor dividieren:

$$\sum_{i=1}^{n} (y_i - m \cdot x_i) \cdot (x_i) = 0$$

Jetzt wird der Summenterm ausmultipliziert

$$\sum_{i=1}^{n} \left(y_i \cdot x_i - m \cdot x_i^2 \right) = 0$$

und die Summe aufgespaltet:

$$\sum_{i=1}^{n} y_i \cdot x_i - \sum_{i=1}^{n} m \cdot x_i^2 = 0$$

Die Gleichung wird neu arrangiert

$$\sum_{i=1}^{n} m \cdot x_i^2 = \sum_{i=1}^{n} y_i \cdot x_i$$

und auf der linken Seite der konstante Faktor m vor die Summe gezogen

$$m \cdot \sum_{i=1}^{n} x_i^2 = \sum_{i=1}^{n} y_i \cdot x_i,$$

sodass wir schließlich für m den Term

$$m = \frac{\sum_{i=1}^{n} y_i \cdot x_i}{\sum_{i=1}^{n} x_i^2}$$

erhalten.

Damit können wir die gesuchte Steigung des Graphen aus unseren Messwerten bestimmen. Wir benötigen dazu die Summe aus allen Produkten $x_i y_i$ sowie die Quadrate aller Messwerte x_i wie in Tab. 13.1 dargestellt.

x_i	y_i	$x_i y_i$	x_i^2
1	2	2	1
3	4	12	9
5	4	20	25
7	4	28	49
9	5	45	81
Summen:		107	165

Tab. 13.1 Numerische Bestimmung der Geradensteigung

Wir erhalten mit diesen Werten eine hervorragende Bestätigung unseres in Cinderella experimentell gefundenen Ergebnisses:

$$m = \frac{107}{165} = 0,6\overline{48}$$

Die Anpassung des Graphen einer Proportionalität an gefundene Messwerte ist experimentell und rechnerisch relativ einfach zu bewerkstelligen und man erhält damit einen guten Einblick in die Methode der kleinsten Quadrate, die im angelsächsischen Sprachgebrauch übrigens *least squares fit* (kurz *lsf*) genannt wird.

13.1.3 Grafische Bestimmung bei einer Linearität

Während bei einer Proportionalität nur die Steigung des Graphen ermittelt werden muss, benötigt man für eine allgemeine Linearität schon zwei Parameter, nämlich neben der Steigung m auch noch den Achsenabschnitt b. Natürlich kann man sich zunächst wieder mithilfe eines dynamischen Geometriesystems auf die Suche machen und wird recht schnell feststellen, dass das Verändern von nun zwei Parametern die Suche nach der kleinsten Summe der Fehlerquadrate deutlich aufwendiger macht. Mit etwas Geduld wird man aber nach einiger Zeit auch hier zu einem Ergebnis kommen und die nach der Methode der kleinsten Quadrate am besten passende Gerade finden. Wir nähern uns auch dieser Problematik zunächst wieder probierend und verwenden dafür folgende Messwerte:

x_i:	1	3	5	7	9
y_i:	3	6	7	5	8

Die grafische Lösung mithilfe von Cinderella zeigt Abb. 13.3. Auch diesmal dient diese geometrisch-probierende Lösungssuche in erster Linie wieder dem eigenen Verständnis und weniger dem Auffinden der konkreten Lösung. Dieses Probieren kann man besser

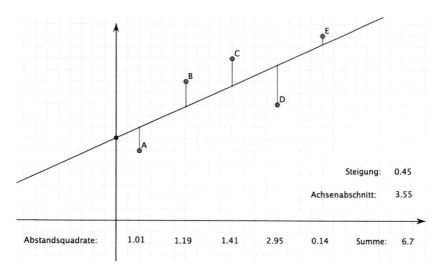

Abb. 13.3 Minimierung der Quadrate bei einer allgemeinen Linearität

dem Computer übertragen. Dafür bedienen wir uns der Tabellenkalkulation, mit der wir diese probierende Suche nach den beiden Funktionsparametern m und b direkt durchführen können.

13.1.4 Bestimmung der Lösung mit Excel

In ein Tabellenblatt schreiben wir in den Spalten B und C in die Zeilen 7 bis 11 die Koordinaten x_i und y_i unserer gefundenen Messwerte.

In der Spalte D lassen wir jeweils rechts daneben die aufgrund einer linearen Funktion $y = mx + b$ berechneten Funktionswerte darstellen. Die zugehörigen Funktionsparameter m und b haben wir (zunächst grob geschätzt) in die Felder B3 und B4 eingetragen.

In der Spalte E werden dann die Quadrate der Differenzen $y_i - f(x_i)$ aus den Zellen in den Spalten C und D eingetragen. Die Summe dieser Quadrate wird in Zelle E9 ausgegeben. In Abb. 13.4 sind die beschriebene Excel-Tabelle sowie die zugehörigen Formeln dargestellt.

Während man im Geometrieprogramm die Lage der Geraden direkt geometrisch beeinflusst, kann man in Excel die Gerade numerisch über Verändern der Werte für m und b manipulieren. Dabei behält man die Summe der Quadrate in E9 im Auge und trachtet so danach, dort einen möglichst kleinen Wert zu erzielen – was auf diese Weise schließlich nicht minder mühsam ist.

	A	B	C	D	E		A	B	C	D	E
1	Least Square Fit: Lineare Funktion					1	Least Sc				
2						2					
3	m:	0,4000				3	m:	0,4			
4	b:	3,0000				4	b:	3			
5						5					
6	x_i	y_i	$f(x_i)$		$(f(x_i)-y_i)^2$	6	x_i	y_i	$f(x_i)$	$(f(x_i)-y_i)^2$	
7		1	3	3,400000	0,160000	7	1	3	=$B$3*B7+$B$4	=(D7-C7)^2	
8		3	6	4,200000	3,240000	8	3	6	=$B$3*B8+$B$4	=(D8-C8)^2	
9		5	7	5,000000	4,000000	9	5	7	=$B$3*B9+$B$4	=(D9-C9)^2	
10		7	5	5,800000	0,640000	10	7	5	=$B$3*B10+$B$4	=(D10-C10)^2	
11		9	8	6,600000	1,960000	11	9	8	=$B$3*B11+$B$4	=(D11-C11)^2	
12				Summe:	10	12				Summe: =SUMME(E7:E11)	

Abb. 13.4 Bestimmung der Geradenparameter mit Excel

Excel hat allerdings den *Solver* eingebaut, der genau diese mühevolle Tätigkeit für uns übernehmen kann! Voraussetzung für die Verwendung des Solvers ist, dass man im Menü „Extras/Add Ins" die Option `Solver.xlam` angekreuzt hat; erst dann wird der Menüpunkt „Solver" im Menü „Extras" aufgeführt. Bei dessen Auswahl erscheint ein Fenster, das die benötigten Angaben erfragt:

Im Feld „Ziel festlegen" trägt man den Bezug derjenigen Zelle ein, welche den zu manipulierenden Ergebniswert enthält. In unserem Fall ist dies die Zelle E12 mit der Summe der Quadrate.

In der nächsten Zeile legt man fest, ob der Wert maximal oder minimal werden oder aber einen bestimmten Wert erreichen soll. Da wir den Minimalwert erreichen wollen, markieren wir die zugehörige Auswahl.

Die nächste Eingabe betrifft diejenigen Variablenzellen, die verändert werden können, um das Gewünschte zu erreichen, dies sind die beiden Zellen B3 und B4.

Schließlich klickt man auf die Schaltfläche „Lösen" und kurz darauf präsentiert Excel die gefundene Lösung. Neben dem Meldungsfenster werden die gefundenen Werte sofort in das Tabellenblatt an den jeweiligen Stellen eingetragen.

Excel hat für die Steigung *m* den Wert 0,45 und für den Achsenabschnitt *b* den Wert 3,55 gefunden. Die Summe der Quadrate hat dabei ihr Minimum bei 6,7.

Damit haben wir wohl ein Ergebnis erhalten, allerdings hat auch Excel dieses Ergebnis nur durch Probieren gefunden. Wir wenden uns deshalb schließlich und endlich noch der konkreten Berechnung zu!

13.1.5 Berechnung der Lösung

Der Vorgang ist hier kaum anders als oben bereits im Zusammenhang mit der Proportionalität erläutert. Der einzige wesentliche Unterschied besteht jetzt darin, dass wir hinter den gefundenen Messwerten bzw. der damit beschriebenen konkreten Situation einen allgemein linearen Zusammenhang vermuten. Nach wie vor gilt, dass unser Fehler die Summe der quadratischen Abweichungen ist:

$$E = \sum_{i=1}^{n} (y_i - f(x_i))^2$$

Die zugrunde liegende Funktion ist nun eine allgemeine Linearität:

$$y = m \cdot x + b$$

Damit hängt E jetzt von zwei Parametern m und b ab. Es gilt somit:

$$E(m,b) = \sum_{i=1}^{n} (y_i - (m \cdot x_i + b))^2$$

Das mathematisch Interessante ist nun, dass wir eine Funktion zweier Veränderlicher vorliegen haben: Die Lage der Geraden und damit die Summe der Quadrate hängt sowohl von deren Steigung m als auch dem Achsenabschnitt b ab. Nach wie vor gilt, dass wir das Minimum dieser Funktion suchen, und dafür benötigen wir die ersten partiellen Ableitungen, die wieder gleich null gesetzt werden. Funktionen mit mehreren Veränderlichen werden partiell abgeleitet, indem man wie gewohnt jeweils nach einer Variablen ableitet und die andere(n) Variable(n) als Konstante behandelt. Wir leiten $E(m, b)$ zum einen nach m und zum anderen nach b ab und erhalten als partielle Ableitung nach m

$$E'_m(m,b) = \sum_{i=1}^{n} 2(y_i - (m \cdot x_i + b)) \cdot (-x_i)$$

sowie die partielle Ableitung nach b:

$$E'_b(m,b) = \sum_{i=1}^{n} 2(y_i - (m \cdot x_i + b)) \cdot (-1)$$

Beide partiellen Ableitungen müssen für das Vorliegen eines Minimums gleich null werden:

$$\sum_{i=1}^{n} 2(y_i - (m \cdot x_i + b)) \cdot (-x_i) = 0$$

$$\sum_{i=1}^{n} 2(y_i - (m \cdot x_i + b)) \cdot (-1) = 0$$

Wieder ziehen wir den konstanten Faktor 2 vor das Summenzeichen und dividieren beide Gleichungen sofort durch diesen:

$$\sum_{i=1}^{n} (y_i - (m \cdot x_i + b)) \cdot (-x_i) = 0$$

$$\sum_{i=1}^{n} (y_i - (m \cdot x_i + b)) \cdot (-1) = 0$$

Wir multiplizieren die Summenterme aus

$$\sum_{i=1}^{n} \left(-x_i y_i + m \cdot x_i^2 + b x_i\right) = 0$$

$$\sum_{i=1}^{n} (-y_i + m \cdot x_i + b) = 0$$

und spalten die einzelnen Summanden auf:

$$-\sum_{i=1}^{n} x_i y_i + \sum_{i=1}^{n} m \cdot x_i^2 + \sum_{i=1}^{n} b x_i = 0$$

$$-\sum_{i=1}^{n} y_i + \sum_{i=1}^{n} m \cdot x_i + \sum_{i=1}^{n} b = 0$$

Schließlich werden die Gleichungen umgestellt

$$\sum_{i=1}^{n} m \cdot x_i^2 + \sum_{i=1}^{n} b x_i = \sum_{i=1}^{n} x_i y_i$$

$$\sum_{i=1}^{n} m \cdot x_i + \sum_{i=1}^{n} b = \sum_{i=1}^{n} y_i$$

und die Konstanten m und b vor die Summenzeichen gezogen:

$$m \cdot \sum_{i=1}^{n} x_i^2 + b \cdot \sum_{i=1}^{n} x_i = \sum_{i=1}^{n} x_i y_i$$

$$m \cdot \sum_{i=1}^{n} x_i + \sum_{i=1}^{n} b = \sum_{i=1}^{n} y_i$$

Nun können aus den Messwerten x_i und y_i bzw. deren Quadraten oder Produkten die benötigten Summen ermittelt werden.

Diese werden danach in die Gleichungen eingesetzt. Dabei bedarf vielleicht der Summenausdruck in der zweiten Gleichung

$$\sum_{i=1}^{n} b$$

noch einer Erläuterung: Die Laufvariable n ist in unserem Fall gleich fünf, da wir insgesamt fünf Messwertpaare haben. Damit wird beim Summieren b fünfmal summiert, was eben $5b$ ergibt. Wir erhalten damit das Gleichungssystem

$$m \cdot 165 + b \cdot 25 = 163$$
$$m \cdot 25 + b \cdot 5 = 29,$$

dessen Lösung schließlich die Parameter

$$m = 0{,}45 \text{ und } b = 3{,}55$$

ergibt, was wiederum unser experimentell gefundenes Ergebnis bestätigt.

Wie in Abb. 13.5 angedeutet, ist Excel in der Lage, lineare Gleichungssysteme zu lösen. Dafür muss die Koeffizientenmatrix im Bereich G5:H6 aus den errechneten Summen gebildet und der Ergebnisvektor im Bereich I5:I6 eingetragen werden. Dann markiert man den Bereich J5:J6, in welchem der Lösungsvektor erscheinen soll, und trägt dort die Berechnungsformel

$$= \text{MMULT}\big(\text{MINV}(\$G\$5 : \$H\$6); \$I\$5 : \$I\$6\big)$$

ein. Zum Abschluss einer Matrixformel muss man in Excel allerdings die Tastenkombination <Strg><Umschalt><Eingabe> drücken. Abb. 13.6 zeigt die Formeln im interessierenden Bereich.

	A	B	C	D	E	F	G	H	I	J
1	Least Square Fit: Lineare Funktion									
2										
3		x_i	y_i	x_i^2	$x_i \cdot y_i$		m	b		
4		1	3	1,00	3,00		165	25	163	0,45
5		3	6	9,00	18,00		25	5	29	3,55
6		5	7	25,00	35,00					
7		7	5	49,00	35,00					
8		9	8	81,00	72,00					
9	Summen:	25	29	165	163					

Abb. 13.5 Berechnung der Lösung mit Excel

	G	H	I	J
3	m	b		
4	=D9	=B9	=E9	=MMULT(MINV(G4:H5);I4:I5)
5	=B9	=ANZAHL(B4:B8)	=C9	=MMULT(MINV(G4:H5);I4:I5)

Abb. 13.6 Excel-Formeln zum Lösen eines linearen Gleichungssystems

13.1.6 Bestimmung mit Maxima

Neben linearen und quadratischen Zusammenhängen kann es für gefundene Mess-werte viele weitere Zusammenhänge geben: Eine experimentell gefundene Situation kann allgemein durch eine Potenzfunktion höheren Grades oder eine Exponential-funktion oder eine trigonometrische Funktion oder derlei mehr modelliert werden. Das Prinzip ist jedoch immer dasselbe: Der Graph der entsprechenden Funktion soll so an die gefundenen Messwerte angepasst werden, dass die Summe der Entfernungsquadrate minimal wird. Jede Funktionsklasse wird durch entsprechende Parameter eindeutig fest-gelegt, so beispielsweise eine allgemeine quadratische Funktion $ax^2 + bx + c$ durch die Parameter a, b und c, eine Funktion fünften Grades $ax^5 + bx^4 + cx^3 + dx^2 + ex + f$ benötigt schon sechs Parameter für eine eindeutige Festlegung. Während der prinzipielle Rechen-weg derselbe bleibt, steigt der rechnerische Aufwand. Im letztgenannten Fall müssen sechs partielle Ableitungen gebildet und schließlich ein lineares Gleichungssystem mit sechs Variablen gelöst werden. Da es uns hier nicht um den Nachweis statistischer Ver-fahren geht, sondern um die Lösung unseres Navigations- bzw. Ortungsproblems, über-geben wir die konkrete Durchführung der Methode der kleinsten Quadrate getrost dem Computer und lassen Maxima den rechnerischen Aufwand für uns durchführen.

Maxima benötigt eine Matrix mit den gefundenen Messwerten und die konkrete Funktion, welche wir hinter dem Zusammenhang vermuten. Zur Klarstellung muss Maxima auch noch wissen, welches die Funktionsvariablen sind (in der Regel x und y) und welche Bezeichnungen die Funktionsparameter haben.

Damit Maxima mit der Methode der kleinsten Quadrate arbeiten kann, muss zunächst das entsprechende Paket mit

```
load(lsquares)
```

geladen werden. Die Funktion, die uns die gewünschten Parameter der zugrunde liegenden Funktion liefert, heißt `lsquares_estimates()`, sie hat die folgende Syntax:

```
lsquares_estimates (<matrix>,<fkt_var>,<fkt_gl>,fkt_param>)
```

`matrix` ist eine Matrix mit den Messwerten,

`fkt_var` ist eine Liste mit den Funktionsvariablen, in aller Regel `[x,y]`.

`fkt_gl` ist die passende Funktionsgleichung, beispielsweise `y = m · x + b`.

`fkt_param` ist eine Liste mit den Funktionsparametern, beispielsweise `[m,b]`.

Um unser erstes diskutiertes Beispiel von Maxima lösen zu lassen, erstellt man zuerst die Matrix mit den Messwerten:

```
M1:matrix([1,2],[3,4],[5,4],[7,4],[9,5])
```

Dann ruft man `lsquares_estimates()` folgendermaßen auf:

```
lsquares_estimates(M1,[x,y],y=m*x,[m])
```

und erhält als Ergebnis

$$\left[m = \frac{107}{165} \right],$$

woran man unschwer erkennen kann, dass Maxima intern genauso arbeitet, wie wir in unserem ersten Beispiel vorgegangen sind.

Für die Lösung des zweiten Beispiels definieren wir zuerst die Matrix mit den Messwerten

```
M2:matrix([1,3],[3,6],[5,7],[7,5],[9,8])
```

und rufen auf:

```
lsquares_estimates(M2,[x,y],y=m*x+b,[m,b])
```

Als Ergebnis erhalten wir

$$\left[m = \frac{9}{20}, \quad b = \frac{71}{20} \right],$$

was wiederum mit unserem oben gefundenen Ergebnis übereinstimmt.

13.1.7 Näherung mithilfe der linearen Algebra

Eine häufige Anwendung der Methode der kleinsten Quadrate ist, eine Gerade möglichst passend durch n Punkte zu legen. Wir wollen in einem weiteren Beispiel eine Gerade bestmöglichst durch die Messwerte A:[1, 3], B:[7, 10] und C:[13, 8] legen und uns dabei der Möglichkeiten der linearen Algebra bedienen.

Zunächst halten wir fest, dass es keine Gerade gibt, die durch alle drei Punkte verläuft. Eine solche Gerade müsste den folgenden Gleichungen genügen:

$$1 \cdot m + 1 \cdot b = 3$$

$$7 \cdot m + 1 \cdot b = 10$$

$$13 \cdot m + 1 \cdot b = 8$$

Wir haben drei Gleichungen für die zwei Unbekannten m und b, dieses System hat allerdings keine Lösung. Das wird in Abb. 13.7 deutlich.

Je nach Lage der Geraden sind die Entfernungen r_1, r_2 und r_3 zwischen den tatsächlich gemessenen Werten und den durch die gewählte Gerade prognostizierten Werten unterschiedlich groß. Diese Entfernungen werden *Residuen* genannt. Die genaue Lage der Geraden hängt von deren Parametern m und b ab.

Die Abweichung des ersten Punktes beträgt

$$1 \cdot m + 1 \cdot b - 3,$$

die des zweiten Punktes

$$7 \cdot m + 1 \cdot b - 10$$

und diejenige des dritten Punktes

$$13 \cdot m + 1 \cdot b - 8.$$

Die Summe E der Quadrate dieser Abweichungen ist eine Funktion von m und b und lautet:

$$E(m,b) = (1 \cdot m + 1 \cdot b - 3)^2 + (7 \cdot m + 1 \cdot b - 10)^2 + (13 \cdot m + 1 \cdot b - 8)^2$$

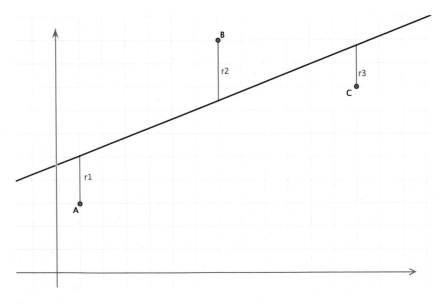

Abb. 13.7 Residuen

Um das Minimum dieser Fehlersumme zu finden, benötigen wir bekanntlich die partiellen Ableitungen von $E(m, b)$, die wir dann zu null setzen. Wir leiten partiell ab, indem wir einmal nach m ableiten (wobei wir b als Konstante behandeln) und einmal nach b ableiten (wobei wir m als Konstante behandeln). Dabei müssen wir die Kettenregel beachten. Wir erhalten, ausführlich geschrieben,

$$\frac{\partial E}{\partial m} = 2 \cdot (1 \cdot m + 1 \cdot b - 3) \cdot 1 + 2 \cdot (7 \cdot m + 1 \cdot b - 10) \cdot 7 + 2 \cdot (13 \cdot m + 1 \cdot b - 8) \cdot 13$$

und

$$\frac{\partial E}{\partial b} = 2 \cdot (1 \cdot m + 1 \cdot b - 3) \cdot 1 + 2 \cdot (7 \cdot m + 1 \cdot b - 10) \cdot 1 + 2 \cdot (13 \cdot m + 1 \cdot b - 8) \cdot 1.$$

Damit der Fehler minimal wird, setzt man beide Ableitungen auf null. Gleichzeitig dividieren wir beide Gleichungen durch den Faktor 2:

$$(1 \cdot m + 1 \cdot b - 3) \cdot 1 + (7 \cdot m + 1 \cdot b - 10) \cdot 7 + (13 \cdot m + 1 \cdot b - 8) \cdot 13 = 0$$

$$(1 \cdot m + 1 \cdot b - 3) \cdot 1 + (7 \cdot m + 1 \cdot b - 10) \cdot 1 + (13 \cdot m + 1 \cdot b - 8) \cdot 1 = 0$$

Fasst man die bisher sehr ausführliche Schreibweise zusammen, so erhält man

$$(m + b - 3) + (7m + b - 10) \cdot 7 + (13m + b - 8) \cdot 13 = 0$$

$$(m + b - 3) + (7m + b - 10) + (13m + b - 8) = 0$$

und daraus schließlich

$$219m + 21b = 177$$

$$21m + 3b = 21.$$

Dieses lineare Gleichungssystem können wir als Matrixgleichung

$$\begin{bmatrix} 219 & 21 \\ 21 & 3 \end{bmatrix} \cdot \begin{bmatrix} m \\ b \end{bmatrix} = \begin{bmatrix} 177 \\ 21 \end{bmatrix} \tag{13.1}$$

schreiben. Deren Lösung erhalten wir, wenn wir die zur Koeffizientenmatrix

$$\begin{bmatrix} 219 & 21 \\ 21 & 3 \end{bmatrix}$$

inverse Matrix

$$\begin{bmatrix} \frac{1}{72} & \frac{-7}{72} \\ \frac{-7}{72} & \frac{73}{72} \end{bmatrix}$$

auf beiden Seiten von links multiplizieren:

$$\begin{bmatrix} \frac{1}{72} & \frac{-7}{72} \\ \frac{-7}{72} & \frac{73}{72} \end{bmatrix} \cdot \begin{bmatrix} 219 & 21 \\ 21 & 3 \end{bmatrix} \cdot \begin{bmatrix} m \\ b \end{bmatrix} = \begin{bmatrix} \frac{1}{72} & \frac{-7}{72} \\ \frac{-7}{72} & \frac{73}{72} \end{bmatrix} \cdot \begin{bmatrix} 177 \\ 21 \end{bmatrix}$$

$$\begin{bmatrix} m \\ b \end{bmatrix} = \begin{bmatrix} \frac{5}{12} \\ \frac{49}{12} \end{bmatrix}$$

Das Gleichungssystem hat die Lösungen

$$m = \frac{5}{12} \text{ und } b = \frac{49}{12},$$

die Gerade

$$y = \frac{5}{12}x + \frac{49}{12}$$

liefert somit die beste Näherung an die gegebenen drei Punkte.

So weit haben wir erneut den bereits weiter oben beschriebenen, relativ aufwendigen Weg über die Ermittlung der partiellen Ableitungen der Entfernungsfunktion $E(m, b)$ beschritten.

Aus den ursprünglichen und hier nochmals wiederholten Gleichungen

$$1 \cdot m + 1 \cdot b = 3$$

$$7 \cdot m + 1 \cdot b = 10$$

$$13 \cdot m + 1 \cdot b = 8$$

kann man die Koeffizientenmatrix A

$$A = \begin{bmatrix} 1 & 1 \\ 7 & 1 \\ 13 & 1 \end{bmatrix},$$

den Lösungsvektor x

$$x = \begin{bmatrix} m \\ b \end{bmatrix}$$

und den Ergebnisvektor d

$$d = \begin{bmatrix} 3 \\ 10 \\ 8 \end{bmatrix}$$

erstellen, wobei die Gleichung

$$A \cdot x = d,$$

wie bereits erwähnt, keine Lösung hat.

Die für unsere Lösung verwendete Koeffizientenmatrix

$$\begin{bmatrix} 219 & 21 \\ 21 & 3 \end{bmatrix},$$

die wir auf dem oben dargestellten Weg über die aufwendigen partiellen Differentiationen errechnet haben, erhalten wir überraschend einfach aus der ursprünglichen Koeffizientenmatrix

$$A = \begin{bmatrix} 1 & 1 \\ 7 & 1 \\ 13 & 1 \end{bmatrix},$$

indem wir die transponierte Matrix A^T von A

$$A^T = \begin{bmatrix} 1 & 7 & 13 \\ 1 & 1 & 1 \end{bmatrix}$$

mit A multiplizieren:

$$\begin{bmatrix} 1 & 7 & 13 \\ 1 & 1 & 1 \end{bmatrix} \cdot \begin{bmatrix} 1 & 1 \\ 7 & 1 \\ 13 & 1 \end{bmatrix} = \begin{bmatrix} 219 & 21 \\ 21 & 3 \end{bmatrix}$$

Auch den Spaltenvektor rechts vom Gleichheitszeichen $\begin{bmatrix} 177 \\ 21 \end{bmatrix}$ erhalten wir aus dem Spaltenvektor d der Ausgangsgleichung, indem wir A^T mit d multiplizieren:

$$A^T \cdot d = \begin{bmatrix} 1 & 7 & 13 \\ 1 & 1 & 1 \end{bmatrix} \cdot \begin{bmatrix} 3 \\ 10 \\ 8 \end{bmatrix} = \begin{bmatrix} 177 \\ 21 \end{bmatrix}$$

Wir haben damit eine einfache Möglichkeit gefunden, das nicht lösbare lineare Gleichungssystem

$$A \cdot x = d$$

nach der Methode der kleinsten Quadrate einer Näherung zuzuführen, ohne den Weg über die partiellen Ableitungen gehen zu müssen. Dazu lösen wir einfach das lineare Gleichungssystem

$$A^T A \hat{x} = A^T d.$$

Der Lösungsvektor $\hat{x}$ ist dabei nicht die Lösung der Ausgangsgleichung, sondern deren beste Näherung. Wir vollziehen diese Vorgehensweise am gewählten Beispiel nach. Wir gehen aus von dem linearen Gleichungssystem $A \cdot x = d$, das keine Lösung hat:

$$\begin{bmatrix} 1 & 1 \\ 7 & 1 \\ 13 & 1 \end{bmatrix} \cdot \begin{bmatrix} m \\ b \end{bmatrix} = \begin{bmatrix} 3 \\ 10 \\ 8 \end{bmatrix}$$

Mithilfe des Ansatzes $A^T A \hat{x} = A^T d$ stellen wir die Gleichung um

$$\begin{bmatrix} 1 & 7 & 13 \\ 1 & 1 & 1 \end{bmatrix} \cdot \begin{bmatrix} 1 & 1 \\ 7 & 1 \\ 13 & 1 \end{bmatrix} \cdot \begin{bmatrix} m \\ b \end{bmatrix} = \begin{bmatrix} 1 & 7 & 13 \\ 1 & 1 & 1 \end{bmatrix} \cdot \begin{bmatrix} 3 \\ 10 \\ 8 \end{bmatrix}$$

und erhalten daraus sofort die bereits weiter oben gelöste Gl. 13.1:

$$\begin{bmatrix} 219 & 21 \\ 21 & 3 \end{bmatrix} \cdot \begin{bmatrix} m \\ b \end{bmatrix} = \begin{bmatrix} 177 \\ 21 \end{bmatrix}$$

Was hier zunächst wie Zauberei aussieht, soll im Folgenden – ohne allzu tief in die lineare Algebra einzusteigen – wenigstens exemplarisch erläutert werden.

Durch zwei Punkte kann man immer eine Gerade legen. Beschränken wir uns in der hier aufgeworfenen Problemstellung auf die beiden Punkte A:[1, 3] und B:[7, 10] und bestimmen die Parameter der Geraden. Dies ist rechnerisch einfach leistbar, wir erstellen aus den beiden bereits bekannten Gleichungen

$$1 \cdot m + 1 \cdot b = 3$$

$$7 \cdot m + 1 \cdot b = 10$$

die Matrix-Vektor-Gleichung

$$\begin{bmatrix} 1 & 1 \\ 7 & 1 \end{bmatrix} \cdot \begin{bmatrix} m \\ b \end{bmatrix} = \begin{bmatrix} 3 \\ 10 \end{bmatrix},$$

die wir durch Linksmultiplikation mit der inversen Koeffizientenmatrix lösen

$$\begin{bmatrix} m \\ b \end{bmatrix} = \begin{bmatrix} \frac{-1}{6} & \frac{1}{6} \\ \frac{7}{6} & \frac{-1}{6} \end{bmatrix} \cdot \begin{bmatrix} 3 \\ 10 \end{bmatrix}$$

und schließlich das Ergebnis

$$\begin{bmatrix} m \\ b \end{bmatrix} = \begin{bmatrix} \frac{7}{6} \\ \frac{11}{6} \end{bmatrix}$$

erhalten. Der Grund für die Lösbarkeit dieses Systems kann geometrisch veranschaulicht werden. Die beiden Spaltenvektoren $\begin{bmatrix} 1 \\ 7 \end{bmatrix}$ und $\begin{bmatrix} 1 \\ 1 \end{bmatrix}$ der Koeffizientenmatrix $\begin{bmatrix} 1 & 1 \\ 7 & 1 \end{bmatrix}$ liegen in derselben Ebene wie der Ergebnisvektor $\begin{bmatrix} 3 \\ 10 \end{bmatrix}$ auf der rechten Gleichungsseite. Damit ist es bei linear unabhängigen Spaltenvektoren mit einer Linearkombination eben dieser beiden Spaltenvektoren immer möglich, den Ergebnisvektor zu erreichen. In Abb. 13.8 ist dies auf der linken Seite dargestellt.

Anders ist der Fall gelagert, wenn der Ergebnisvektor d nicht in derselben Ebene liegt wie die beiden Spaltenvektoren der Koeffizientenmatrix. Dies ist in Abb. 13.8 auf der rechten Seite angedeutet. Die beiden grünen Spaltenvektoren a_1 und a_2 spannen die grüne Ebene auf, der blaue Ergebnisvektor d liegt jedoch nicht in derselben. Dadurch kann die Spitze von d durch keine wie auch immer gelagerte Linearkombination $A\hat{x}$ von a_1 und a_2 erreicht werden. Das Einzige, wonach man trachten kann, ist den Abstand von der Spitze von d und einer Linearkombination der beiden Spaltenvektoren a_1 und a_2 möglichst klein zu machen.

Die Länge des Vektors r mit

$$r = d - A\hat{x} \tag{13.2}$$

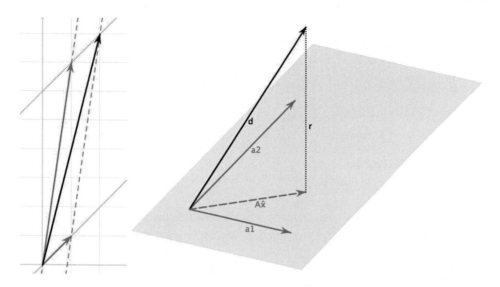

Abb. 13.8 Vektoren in einer Ebene bzw. in verschiedenen Ebenen

entspricht der Summe der Residuen, die ja minimal werden soll. Dies erreicht man dann, wenn der Residualvektor r senkrecht auf jedem der beiden Spaltenvektoren a_1 und a_2 und damit senkrecht auf der grünen Ebene steht. Zwei Vektoren – beispielsweise a_1 und r – stehen senkrecht aufeinander, wenn ihr Skalarprodukt $a_1 \cdot r$ gleich null ist. Bei der Bildung des Skalarprodukts werden die Vektoren komponentenweise multipliziert und die Produkte summiert, beispielsweise:

$$a_1 \cdot r = \begin{bmatrix} 1 \\ 7 \\ 13 \end{bmatrix} \cdot \begin{bmatrix} 3 \\ -6 \\ 3 \end{bmatrix} = 1 \cdot 3 + 7 \cdot (-6) + 13 \cdot 3 = 3 - 42 + 39 = 0$$

Das Ergebnis besagt, dass beide Vektoren senkrecht aufeinander stehen. Anstatt die angegebene Multiplikationsregel für das Skalarprodukt anzuwenden, kann man – was genau auf dieselbe Berechnungsweise hinausläuft – den ersten Vektor transponieren und dann diesen transponierten Vektor mit dem zweiten Vektor nach den Regeln der Matrixmultiplikation multiplizieren:

$$a_1^T \cdot r = \begin{bmatrix} 1 & 7 & 13 \end{bmatrix} \cdot \begin{bmatrix} 3 \\ -6 \\ 3 \end{bmatrix} = 1 \cdot 3 + 7 \cdot (-6) + 13 \cdot 3 = 3 - 42 + 39 = 0$$

Streng genommen müssen wir noch überprüfen, ob der Vektor r auch zum zweiten Spaltenvektor a_2 orthogonal ist:

$$a_2^T \cdot r = \begin{bmatrix} 1 & 1 & 1 \end{bmatrix} \cdot \begin{bmatrix} 3 \\ -6 \\ 3 \end{bmatrix} = 3 + (-6) + 3 = 0,$$

was offensichtlich der Fall ist. Der Vorteil bei der Berechnung mit den transponierten Spaltenvektoren ist der, dass man die Vektoren nicht einzeln überprüfen muss, sondern diese Überprüfung anhand der transponierten Koeffizientenmatrix quasi auf einmal durchführen kann:

$$A^T \cdot r = \begin{bmatrix} 1 & 7 & 13 \\ 1 & 1 & 1 \end{bmatrix} \cdot \begin{bmatrix} 3 \\ -6 \\ 3 \end{bmatrix} = \begin{bmatrix} 1 \cdot 3 + 7 \cdot -6 + 13 \cdot 3 \\ 3 - 6 + 3 \end{bmatrix} = \begin{bmatrix} 0 \\ 0 \end{bmatrix}$$

Damit gilt, dass das Produkt

$$A^T \cdot r$$

aus der transponierten Koeffizientenmatrix A^T mit dem Residualvektor r gleich null ist, wenn der Residualvektor auf der von den Spaltenvektoren der Koeffizientenmatrix aufgespannten Ebene senkrecht steht.

Für den Residualvektor r hatten wir in Gl. 13.2 die Beziehung

$$r = d - A\hat{x}$$

gefunden, die wir nun zu

$$A\hat{x} = d - r$$

umformen. Beide Seiten werden von links mit A^T multiplikativ verknüpft

$$A^T A\hat{x} = A^T (d - r)$$

und die rechte Seite wird ausmultipliziert:

$$A^T A\hat{x} = A^T d - A^T r$$

Da, wie eben gezeigt, $A^T r$ beim Vorliegen der Orthogonalität den Nullvektor ergibt, erhalten wir schließlich die *Normalengleichung*

$$A^T A\hat{x} = A^T d.$$

Darin stellt $\hat{x}$ nicht den Lösungsvektor der unlösbaren Gleichung $Ax = d$ dar, sondern eben die beste Näherung. Diese Erklärung mag hier genügen, einen strengen Beweis findet man problemlos in der umfangreichen Literatur zur linearen Algebra. Eine Voraussetzung für die Verwendung der Normalengleichung ist, dass die Matrix A vollen Rang besitzt. Dies ergibt sich im Rahmen unserer Anwendung im Allgemeinen aus der verstreuten Lage der Satelliten am Himmel. Nicht verschwiegen werden soll aber auch, dass die Lösung des Problems der kleinsten Quadrate mittels der Normalengleichung aufgrund der schlechten Konditionierung von $A^T A$ in der Praxis nicht unbedingt das Mittel der Wahl ist, die QR-Methode ist beispielsweise meist numerisch stabiler. Borre und Strang (2012) verwenden weitergehend die Methode der gewichteten kleinsten Quadrate und die Kalman-Filterung. Hierfür sind allerdings umfangreiche Kenntnisse über statistische Methoden notwendig, die den Rahmen dieser Darstellung sprengen würden.

Die anschaulich herleitbare Normalengleichung funktioniert für unseren Zweck jedenfalls gut genug, sodass wir es dabei belassen werden[1].

Für das Näherungsverfahren nach der Methode der kleinsten Quadrate beschränken wir uns bei der Positionsbestimmung des Empfängers nicht nur auf vier Gleichungen, sondern erweitern die Jacobi-Matrix und den Differenzenvektor auf alle vorliegenden Beobachtungen. Allerdings ist dann das lineare Gleichungssystem

$$J \cdot x = d$$

überbestimmt und hat keine Lösung. Die mithilfe der kleinsten Quadrate am besten angenäherte Lösung $\hat{x}$ erhalten wir über die eben hergeleitete Normalengleichung

$$J^T \cdot J \cdot \hat{x} = J^T \cdot d \text{ bzw.}$$

$$\hat{x} = \left(J^T \cdot J\right)^{-1} \cdot J^T \cdot d.$$

Die eigentliche Ermittlung der Empfängerposition erfolgt ebenfalls wieder sukzessive, indem wir an einer angenommenen Position X_g, Y_g, Z_g (dem Erdmittelpunkt) starten und mit der jeweils ermittelten Lösung Δx, Δy, Δz diese Position immer wieder verbessern:

$$x_{g\_neu} = x_{g\_alt} + \Delta x$$
$$y_{g\_neu} = y_{g\_alt} + \Delta y$$
$$z_{g\_neu} = z_{g\_alt} + \Delta z$$

Meistens sind weniger als zehn Iterationen nötig, bis die Abweichungen unterhalb eines Meters liegen.

13.2 Rechnerische Durchführung

Liegen nach dem Einlesen der RINEX-Dateien alle benötigten Daten vor, können wir mit der iterativen Bestimmung des Empfängerorts beginnen. Diese läuft in weiten Teilen gleich ab wie die im vorherigen Kapitel gezeigte Berechnung aus vier Satellitenstandorten. Wir kopieren die dort erstellte Funktion `recpos_vier_t()` und benennen diese in `recpos_lsf()` um. Vor der äußeren Schleife fügen wir die Zeile

```
obsindex:find_obsindex(sow)
```

wieder ein, um den korrekten Index auf die `obsmatrix` für den gewünschten Zeitpunkt zu erhalten. Da die Daten aller Satelliten in die Positionsbestimmung eingehen

---

[1] Eine ausführliche Darstellung weiterer mathematischer Verfahren findet sich bei Borre und Strang (2012) ab Kap. 4.

sollen, wird die Anzahl der inneren Schleifendurchgänge auf die Anzahl der in der
Beobachtungsdatei vorhandenen Satelliten erweitert. In dem dadurch entstehenden
unlösbaren Gleichungssystem muss die Lösung mithilfe der Methode der kleinsten
Quadrate angenähert und der Lösungsvektor alternativ ermittelt werden. Die nötigen
Änderungen sind im unten stehenden Funktionstext fett markiert.

```
recpos_lsf(sow):=block(
[estpos,L,svpos,obsindex,d,J,sv,t_GPS,tcorr,pr, dist,A,pos],
estpos:[0.0,0.0,0.0],
L:matrix([1.0],[1.0],[1.0],[0.0]),
svpos:[],
obsindex:find_obsindex(sow),
unless abs(L[1][1])+abs(L[2][1])+abs(L[3][1])<0.1 do
    (
    d:matrix(),
    J:matrix(),
    for i:3 thru length(obsmatrix[obsindex]) do
        (
        sv:obsmatrix[obsindex][i][1],
        [t_GPS,tcorr]:timecorrect(sow,sv),
        pr:read_prange(sow,sv),
        svpos:satpos(t_GPS,sv),
        dist:pr-norm(svpos,estpos)-L[4][1]+v_light*tcorr,
        d:addrow(d,[dist]),
        A:[(estpos[1]-svpos[1])/norm(svpos,estpos),
            (estpos[2]-svpos[2])/norm(svpos,estpos),
            (estpos[3]-svpos[3])/norm(svpos,estpos),
            1],
        J:addrow(J,A)
        ),
    L:float(invert(transpose(J).J).transpose(J).d),
    estpos[1]:estpos[1]+L[1][1],
    estpos[2]:estpos[2]+L[2][1],
    estpos[3]:estpos[3]+L[3][1]
    ),
ecef_polar_grad(estpos))
```

Der Aufruf

```
recpos_lsf(sow)
```

liefert die Position

```
[48.51193267970037,10.16186799949711,-11473.99043364637]
```

und damit einen Standort, der hervorragend mit dem im vorausgehenden Kapitel errechneten Mittelwert übereinstimmt. Damit haben wir eine effektive Methode gefunden, die Daten aller empfangenen Satelliten für die Berechnung der Empfänger-position zu verwenden. Allerdings liegt die so ermittelte Position immer noch etwa 21 km in südlicher Richtung von der tatsächlichen Empfängerposition entfernt. Ursäch-lich für diese Abweichung ist die Form der Erde, die eben keine ideale Kugel ist. Dieses Umstands werden wir uns im folgenden Kapitel annehmen.

Verbesserung des verwendeten Erdmodells

14

Bei der Umrechnung der erhaltenen ECEF-Koordinaten in Polarkoordinaten haben wir bisher eine ideale Kugelgestalt der Erde zugrunde gelegt. Die tatsächliche Erdform weicht von der idealen Kugel jedoch so stark ab, dass wir diese Abweichung bei unseren Berechnungen ebenfalls berücksichtigen müssen. Tatsächlich können wir, wenn wir statt der seither zugrunde gelegten idealen Kugelgestalt der Erde deren Form durch ein Rotationsellipsoid beschreiben, die bisher in der Positionsbestimmung enthaltene Südablage korrigieren.

14.1 Die Erde als Rotationsellipsoid

Bei der Umrechnung von ECEF- in Polarkoordinaten mit der Angabe der geografischen Breite und Länge sind wir in Abschn. 10.3.2 von der idealen Kugelgestalt der Erde ausgegangen.

Unter dem Einfluss der Fliehkraft ist die Erde am Äquator jedoch deutlich ausgebaucht und an den Polen abgeplattet. So beträgt der Äquatorradius nach WGS 84 – und damit die *große Halbachse a* des Rotationsellipsoids – 6.378.137,0 m und der Polradius – die *kleine Halbachse b* – 6.356.752,314 m, was immerhin eine Differenz von gut 21 km ausmacht.

Aus diesen Werten können die bei Ellipsen relevanten Werte, die Abplattung f

$$f = \frac{a-b}{a} \approx \frac{1}{298,25722} \approx 0,0033528107$$

und die numerische Exzentrizität ε

$$\varepsilon = \frac{\sqrt{a^2 - b^2}}{a} \approx 8,181919 \cdot 10^{-2}$$

H. Albrecht, *Geometrie und GPS,* Mathematik Primarstufe und Sekundarstufe I + II, https://doi.org/10.1007/978-3-662-64871-1_14

berechnet werden.

Die Zusammenhänge zwischen den kartesischen Koordinaten x_E, y_E und z_E mit den geografischen Polarkoordinaten φ, λ und h sind in Abb. 14.1 dargestellt. Sie lauten:

$$x_E = \left(N_\varphi + h\right) \cdot \cos\varphi \cdot \cos\lambda$$

$$y_E = \left(N_\varphi + h\right) \cdot \cos\varphi \cdot \sin\lambda$$

$$z_E = \left(N_\varphi\left(1 - \varepsilon^2\right) + h\right) \cdot \sin\varphi$$

Auf einer Kugeloberfläche zeigt das Lot an allen Stellen genau zum Kugelmittelpunkt. Auf einem Rotationsellipsoid ist dies nicht der Fall. Das bedeutet, dass ein von jedem Standort auf dem Rotationsellipsoid verlängert gedachtes Lot bis zu 20 km am Erdmittelpunkt vorbeigeht. Dabei gilt für den Krümmungsradius des *Ersten Vertikals* $N\varphi$, dem Abstand des Lotfußpunkts vom Schnittpunkt des verlängerten Lots mit der z-Achse, der Zusammenhang

$$N_\varphi = \frac{a}{\sqrt{1 - \varepsilon^2 \sin^2\varphi}}.$$

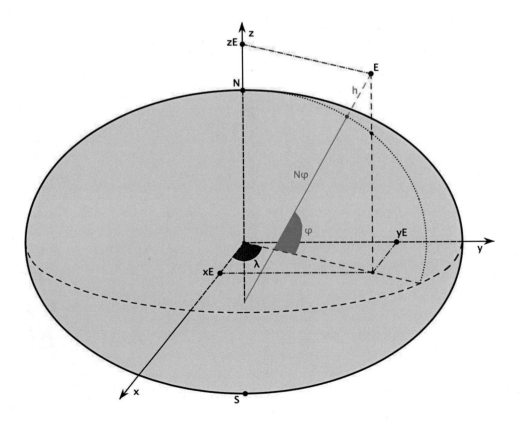

Abb. 14.1 Ellipsoidales Erdmodell

Damit erhalten wir für die Nullformen der obigen Gleichungen:

$$\left(\frac{a}{\sqrt{1 - \varepsilon^2 \sin^2 \varphi}} + h \right) \cdot \cos \varphi \cdot \cos \lambda - x_E = 0$$

$$\left(\frac{a}{\sqrt{1 - \varepsilon^2 \sin^2 \varphi}} + h \right) \cdot \cos \varphi \cdot \sin \lambda - y_E = 0$$

$$\left(\frac{a \cdot (1 - \varepsilon^2)}{\sqrt{1 - \varepsilon^2 \sin^2 \varphi}} + h \right) \cdot \sin \varphi - z_E = 0$$

Letztlich sind dies drei Funktionen f_1, f_2 und f_3 aus h, φ und λ, deren Nullstellen wir suchen:

$$f_1(h, \varphi, \lambda) = \left(\frac{a}{\sqrt{1 - \varepsilon^2 \sin^2 \varphi}} + h \right) \cdot \cos \varphi \cdot \cos \lambda - x_E$$

$$f_2(h, \varphi, \lambda) = \left(\frac{a}{\sqrt{1 - \varepsilon^2 \sin^2 \varphi}} + h \right) \cdot \cos \varphi \cdot \sin \lambda - y_E$$

$$f_3(h, \varphi, \lambda) = \left(\frac{a \cdot (1 - \varepsilon^2)}{\sqrt{1 - \varepsilon^2 \sin^2 \varphi}} + h \right) \cdot \sin \varphi - z_E$$

Da die gesuchten Größen φ und λ über trigonometrische Funktionen eingebunden sind, können wir die gesuchten Nullstellen nicht über symbolische Umformungen lösen, wir müssen vielmehr ein numerisches Näherungsverfahren anwenden. Zum Einsatz kommt das *Newton'sche Näherungsverfahren*.

14.2   Das Newton'sche Näherungsverfahren

Für die Lösung quadratischer Gleichungen verwendet man die Mitternachtsformel. Die Cardano'sche Formel löst kubische Gleichungen, und selbst für Gleichungen vierten Grads existiert eine geschlossene Lösungsformel. Für Gleichungen fünften und höheren Grades gibt es jedoch nach Abel und Galois keine solchen Lösungsformeln mehr, sie müssen mit anderen Methoden gelöst werden, und dies sind in aller Regel Näherungsverfahren.

14.2.1 Prinzip

Beim Newton'schen Näherungsverfahren wird die Funktion in einem Ausgangspunkt nahe einer Nullstelle linearisiert, indem man die Tangente des Graphen bestimmt und die Nullstelle der Tangente als Näherung für die gesuchte Nullstelle der Funktion verwendet. Die so erhaltene Näherung dient als Ausgangspunkt für einen weiteren Verbesserungsschritt.

Zur Darstellung des Verfahrens gehen wir aus von der Funktion

$$f(x) = \frac{1}{20}x^3 + \frac{1}{10}x^2 - \frac{3}{10}x - \frac{1}{10}.$$

Deren Ableitung lautet

$$f'(x) = \frac{3}{20}x^2 + \frac{1}{5}x - \frac{3}{10}.$$

Durch Raten oder genaue Betrachtung des Graphen schätzt man eine Nullstelle. Wir entnehmen dem Graphen zur prinzipiellen Darstellung des Verfahrens ganz grob eine Nullstelle der Funktion an der Stelle $x_0 = 4{,}5$ und ermitteln die Tangente an dieser Stelle. Um die Gleichung der in Abb. 14.2 eingezeichneten Tangente zu bestimmen, benötigen wir zum einen die Ableitung an der Stelle 4,5

$$f'(4{,}5) = \frac{3}{20} \cdot 4{,}5^2 + \frac{1}{5} \cdot 4{,}5 - \frac{3}{10} = 3{,}6375$$

und zum anderen den Funktionswert an dieser Stelle:

$$f(4{,}5) = \frac{1}{20} \cdot 4{,}5^3 + \frac{1}{10} \cdot 4{,}5^2 - \frac{3}{10} \cdot 4{,}5 - \frac{1}{10} = 5{,}13125$$

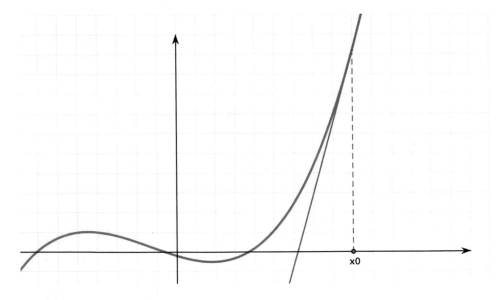

Abb. 14.2 Funktion mit Tangente an der Stelle x_0

Damit haben wir einen Punkt [4,5; 5,13] sowie die Steigung 3,6375 ermittelt und können über die Punkt-Steigungs-Form die Gleichung der Tangente ermitteln:

$$3{,}6375 = \frac{y - 5{,}13}{x - 4{,}5} \quad \Rightarrow \quad y = 3{,}6375 \cdot x - 11{,}2375$$

Die Nullstelle der Tangente lässt sich aus der Gleichung

$$0 = 3{,}6375 \cdot x - 11{,}2375$$

ermitteln, sie liegt bei etwa 3,09. Diesen so bestimmten x-Wert nimmt man als neue, verbesserte Nullstellennäherung und führt das Verfahren erneut durch.

In Abb. 14.3 sind die ersten drei Schritte der Näherung grafisch dargestellt. Für die Nullstelle der roten Tangente am ersten Schätzwert $x_0 = 4{,}5$ werden der Funktionswert und die Ableitung errechnet und daraus die Gleichung der blauen Tangente ermittelt. Für die Nullstelle der blauen Tangente wird die grüne Tangente ermittelt. Deren Nullstelle wiederum ist bereits eine sehr gute Näherung für die Nullstelle der Funktion.

14.2.2 Iteration

Das dargestellte Verfahren ist relativ aufwendig, kann jedoch mit ein paar Überlegungen deutlich vereinfacht werden. Im Detail der Abb. 14.4 ist der Punkt x_n ein Näherungswert bei der Bestimmung der Nullstelle der Funktion. Der Nulldurchgang der zugehörigen

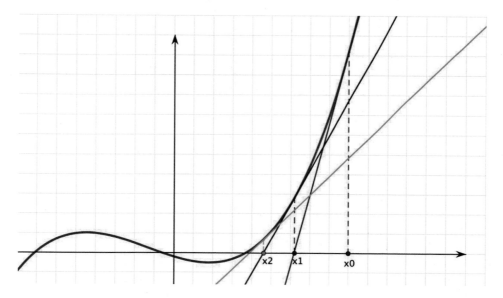

Abb. 14.3 Newton-Verfahren zur Näherung einer Nullstelle

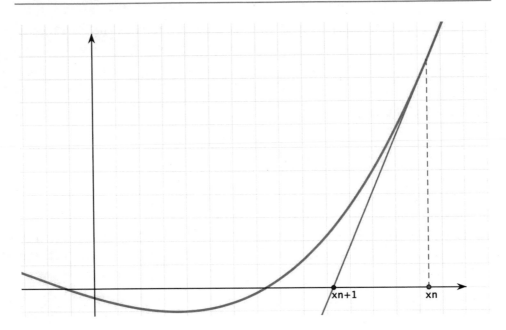

Abb. 14.4 Detail des Newton-Verfahrens

Tangente ist die verbesserte Näherung x_{n+1}. Der Berührpunkt der Tangente am Graphen hat die y-Koordinate $y_n = f(x_n)$.

Nach der Punkt-Steigungs-Form gilt für die Gleichung der Tangente im Berührpunkt $[x_n, f(x_n)]$

$$m = \frac{y - f(x_n)}{x - x_n} \quad \Leftrightarrow \quad y = m \cdot (x - x_n) + f(x_n).$$

Die Steigung m ist nichts anderes als die Ableitung der Funktion f an der Stelle x_n:

$$y = f'(x_n) \cdot (x - x_n) + f(x_n) \tag{14.1}$$

Damit haben wir die Gleichung der Tangente im Berührpunkt $[x_n, f(x_n)]$ ermittelt. Von dieser Tangente suchen wir den Schnittpunkt mit der x-Achse, also ihre Nullstelle:

$$0 = f'(x_n) \cdot (x - x_n) + f(x_n) \tag{14.2}$$

Umformen liefert

$$x = x_n - \frac{f(x_n)}{f'(x_n)}.$$

Der damit gefundene x-Wert für die Nullstelle der Tangente ist gleichzeitig ein verbesserter Schätzwert für die Nullstelle der zugrunde liegenden Funktion, damit lässt sich die folgende Iterationsformel für das Newton-Verfahren aufstellen:

$$x_{n+1} = x_n - \frac{f(x_n)}{f'(x_n)}$$

Ausgehend von unserer ersten Näherung $x_n = 4{,}5$ erhalten wir mithilfe dieser Iteration als verbesserte Nullstelle

$$x_{n+1} = 4{,}5 - \frac{5{,}13}{3{,}6375} \approx 3{,}09$$

und damit eine Übereinstimmung mit dem eingangs errechneten Wert.

14.2.3 Wurzelbestimmung mit dem Newton-Verfahren

Die Quadratwurzel einer positiven Zahl a ist die positive Nullstelle der Funktion

$$f(x) = x^2 - a.$$

Die Ableitung dieser Funktion lautet

$$f'(x) = 2x.$$

Nach unserer obigen Iterationsvorschrift erhalten wir die Gleichung

$$x_{n+1} = x_n - \frac{x^2 - a}{2x}.$$

Diese lässt sich durch einige Umformungen

$$x_{n+1} = x_n - \frac{x_n^2 - a}{2x_n} = \frac{2x_n^2 - x_n^2 + a}{2x_n} = \frac{x_n^2 + a}{2x_n} = \frac{1}{2} \cdot \left(\frac{x_n^2 + a}{x_n} \right)$$

in die einfache Form

$$x_{n+1} = \frac{1}{2} \cdot \left(x_n + \frac{a}{x_n} \right)$$

bringen. Diese Iterationsformel ist auch als Heron-Verfahren oder *Babylonisches Wurzelziehen* bekannt. In einer geometrischen Interpretation des Verfahrens geht man aus von einem Rechteck mit dem Flächeninhalt a. Wenn dieses Rechteck die Länge x_n hat, so muss dessen Breite $\frac{a}{x_n}$ betragen. Man trachtet nun danach, ein solches Rechteck in ein flächeninhaltsgleiches Quadrat zu verwandeln. Gelingt dies, dann ist die Seitenlänge des Quadrats gleich der gesuchten Wurzel aus a.

Die Annäherung an das Quadrat geschieht derart, dass man mit einem Rechteck mit den Seitenlängen a und 1 beginnt und diese verschiedenen Längen durch fortlaufende Mittelwertbildung einander annähert. Die rechte Seite der Iterationsgleichung ist ja genau das arithmetische Mittel aus beiden Seitenlängen.

Damit steht uns eine Möglichkeit zur Verfügung, Quadratwurzeln beliebiger positiver Zahlen a zu nähern. Der zugehörige iterative Vorgang lässt sich leicht in Excel nachbilden.

Abb. 14.5 zeigt die Ergebnisse der ersten Iterationsschritte für die Quadratwurzelnäherung der Zahlen 2, 3, 5, 6, 7, 13 und 25. Als Startwert wurde jeweils a verwendet. Deutlich wird das rasche Konvergieren der ermittelten Werte.

Maxima bietet mit der Funktion `newton()` eine einfach Möglichkeit, das Newton'sche Näherungsverfahren durchzuführen. Zuvor muss mit der Anweisung

```
load(newton1)
```

das zugehörige Paket geladen werden. Die Funktion hat folgende Syntax:

```
newton(<funktionsterm>,<variable>,<startwert>,<delta>)
```

Als Funktionsterm gibt man den Term derjenigen Funktion an, deren Nullstelle ermittelt werden soll. Dabei ist der Funktionsterm abhängig von derjenigen Variablen, die als nächster Parameter angegeben wird. Als Startwert gibt man den Ausgangswert für die Iteration an und das Delta bezeichnet die Differenz zweier aufeinanderfolgender Iterationsergebnisse. Je kleiner Delta gewählt wird, desto genauer wird das ermittelte Ergebnis sein.

Für die Quadratwurzelnäherung hatten wir die Funktion

$$f(x) = x^2 - a$$

gefunden, deren Nullstelle bestimmt werden soll. Wir ermitteln die Quadratwurzel von 2, beginnen an der Startstelle 1,5 und setzen den Wert für Delta zunächst auf 0.1.

```
newton(x^2-2,x,1.5,0.1)
```

Als Ergebnis liefert Maxima den Wert 1,41666. Verkleinern wir Delta auf 10^{-10}, so erhalten wir 1,41421356237469.

	A	B	C	D	E	F	G	H
1	a:	2	3	5	6	7	13	25
2								
3	n							
4	0	2	3	5	6	7	13	25
5	1	1,5	2	3	3,5	4	7	13
6	2	1,41667	1,75	2,33333	2,60714	2,875	4,42857	7,46154
7	3	1,41422	1,73214	2,2381	2,45426	2,65489	3,68203	5,40603
8	4	1,41421	1,73205	2,23607	2,44949	2,64577	3,60635	5,01525
9	5	1,41421	1,73205	2,23607	2,44949	2,64575	3,60555	5,00002
10	6	1,41421	1,73205	2,23607	2,44949	2,64575	3,60555	5
11	7	1,41421	1,73205	2,23607	2,44949	2,64575	3,60555	5

Abb. 14.5 Quadratwurzelnäherung nach Newton

14.2.4 Die mehrdimensionale Newton-Näherung

Anspruchsvoller wird das Verfahren, wenn die Nullstellen von Funktionen mehrerer Variablen gefunden werden sollen. Anschaulich darstellen lässt sich diese Problematik anhand von Funktionen mit zwei Variablen, bei denen einem Paar [x, y] ein Funktionswert z zugeordnet wird. Stellt man die Graphen solcher Funktionen in einem dreidimensionalen kartesischen Koordinatensystem dar, so entstehen räumliche Gebilde. Beispielsweise liefert die Funktion

$$f_1(x, y) = x^2 + y^2 - 6$$

ein Paraboloid, dessen Nullstellen sich aus dem Schnitt mit der in Abb. 14.6 rot gefärbten xy-Ebene ergeben.

Es wird deutlich, dass die Nullstellen dieser Funktion einen Kreis bilden. Die zugehörige Kreisgleichung erhalten wir, wenn wir den Funktionsterm gleich null setzen

$$x^2 + y^2 - 6 = 0 \quad \Leftrightarrow \quad x^2 + y^2 = 6$$

und dabei feststellen, dass es sich um einen Kreis mit dem Radius $\sqrt{6}$ um den Ursprung der xy-Ebene handelt.

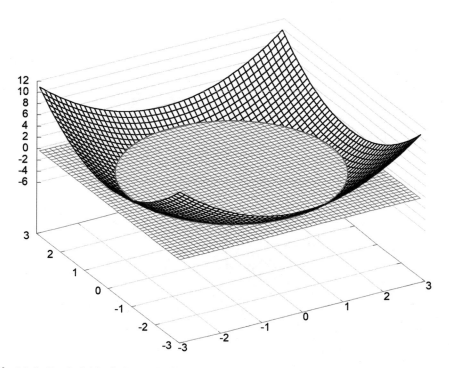

Abb. 14.6 Paraboloid mit dessen Nullstellen

Wir stellen eine zweite Funktion

$$f_2(x, y) = x^3 - y^2$$

dar und erkennen in Abb. 14.7, dass deren Nullstellen eine geschwungene Linie ergeben, deren Punkte der Gleichung

$$x^3 - y^2 = 0$$

genügen müssen.

Solche Funktionen zweier Variablen haben häufig unendlich viele Nullstellen. Welche Nullstellen haben aber beide Funktionen gemeinsam?

Stellt man beide Funktionen gemeinsam und zusammen mit der xy-Ebene dar, so wird in Abb. 14.8 ersichtlich, dass die beiden Funktionen an zwei Stellen $[x, y]$ gemeinsame Nullstellen haben, und zwar genau dort, wo sich der Kreis und die geschwungene Linie schneiden.

Mit der Kreisgleichung

$$x^2 + y^2 = 6$$

und der Gleichung für die Nullstellen der zweiten Funktion

$$x^3 - y^2 = 0$$

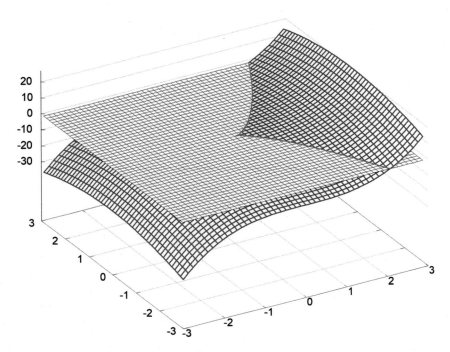

Abb. 14.7 Nullstellen der Funktion $x^3 - x^2$

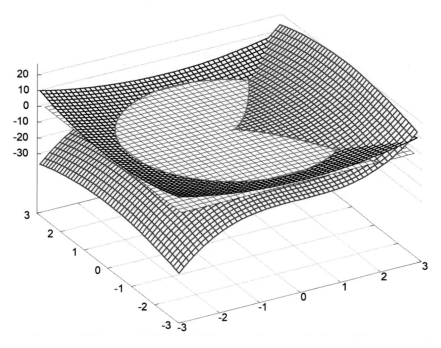

Abb. 14.8 Gemeinsame Nullstellen beider Funktionen

hat man ein Gleichungssystem, das als Lösung die beiden Punkte mit den genäherten Koordinaten

$$P_1:[1{,}54;\ 1{,}91]\ \text{und}\ P_2:[1{,}54;\ -1{,}91]$$

hat. Wieder werden einige Rechenschritte benötigt und in höheren Dimensionen wird dieser Lösungsweg relativ aufwendig. Insbesondere ist es nicht immer möglich, nicht-lineare Gleichungssysteme höherer Ordnung zu lösen. Jedoch lässt sich das oben präsentierte Newton-Verfahren auf solche höherdimensionalen Probleme erweitern. Weiter oben haben wir Gl. 14.2

$$0 = f'(x_n) \cdot (x - x_n) + f(x_n)$$

aus der Tangentengleichung Gl. 14.1 hergeleitet. Diese Gleichung in der Form

$$f(x_n) + f'(x_n) \cdot (x - x_n) = 0,$$

insbesondere der Term auf der linken Seite, sollte nicht ganz unbekannt sein. In Abschn. 11.2.1 waren wir bereits im Zusammenhang mit der ersten Taylor-Näherung

$$T_1(x) = f(x_0) + f'(x_0) \cdot (x - x_0)$$

auf ihn gestoßen. Dies ist nicht weiter verwunderlich, da das Newton-Verfahren die Funktion, deren Nullstelle bestimmt werden soll, an einer Stelle linearisiert, genau wie dies auch die erste Taylor-Näherung macht. $T_1(x)$ hatten wir als Gleichung der Tangente an der Stelle x_0 gefunden, und von dieser Tangente benötigen wir die Nullstelle.

Für die Erweiterung auf den zweidimensionalen Fall analysieren wir Gl. 14.2:

$$0 = f'(x_n) \cdot (x - x_n) + f(x_n)$$

Ausgehend von einer Stelle x_n in der Nähe der vermuteten Nullstelle kann der Tangentenschnittpunkt x als besser genäherte Nullstelle berechnet werden, indem die Ableitung der zugrunde liegenden Funktion an der Stelle x_n mit der Differenz aus x und x_n multipliziert und der Funktionswert an der Stelle x_n addiert wird. Diese Summe muss null ergeben.

Während eine eindimensionale Funktion $f(x)$ eine Ableitung $f'(x)$ besitzt, gibt es bei einer zweidimensionalen Funktion $f(x,z)$ zwei partielle Ableitungen $\frac{\partial f(x,y)}{\partial x}$ und $\frac{\partial f(x,y)}{\partial y}$. Demzufolge müssen wir in unsere Gleichung auch beide Ableitungen aufnehmen, wir erhalten dann

$$f(x_n, y_n) + \frac{\partial f(x_n, y_n)}{\partial x} \cdot (x - x_n) + \frac{\partial f(x_n, y_n)}{\partial y} \cdot (y - y_n) = 0 \qquad (14.3)$$

bzw. leicht umgestellt

$$\frac{\partial f(x_n, y_n)}{\partial x} \cdot (x - x_n) + \frac{\partial f(x_n, y_n)}{\partial y} \cdot (y - y_n) = -f(x_n, y_n).$$

Während wir im eindimensionalen Fall den Graphen mit einer Geraden annähern und Gl. 14.1 ja genau eine Geradengleichung darstellt, nähern wir nun im zweidimensionalen Fall den Graphen mit einer Tangentialebene an, und Gl. 14.3 ist ja tatsächlich die Gleichung einer Ebene.

Da wir die gemeinsamen Nullpunkte zweier Funktionen $f_1(x,y)$ und $f_2(x,y)$ suchen, muss die in dieser Gleichung formulierte Bedingung für beide Funktionen gelten. Wir erhalten damit das Gleichungssystem

$$\frac{\partial f_1(x_n, y_n)}{\partial x} \cdot (x - x_n) + \frac{\partial f_1(x_n, y_n)}{\partial y} \cdot (y - y_n) = -f_1(x_n, y_n)$$

$$\frac{\partial f_2(x_n, y_n)}{\partial x} \cdot (x - x_n) + \frac{\partial f_2(x_n, y_n)}{\partial y} \cdot (y - y_n) = -f_2(x_n, y_n),$$

das wir vorteilhaft in der dazu äquivalenten Matrixschreibweise

$$\begin{bmatrix} \frac{\partial f_1(x_n, y_n)}{\partial x} & \frac{\partial f_1(x_n, y_n)}{\partial y} \\ \frac{\partial f_2(x_n, y_n)}{\partial x} & \frac{\partial f_2(x_n, y_n)}{\partial y} \end{bmatrix} \cdot \begin{bmatrix} x - x_n \\ y - y_n \end{bmatrix} = \begin{bmatrix} -f_1(x_n, y_n) \\ -f_2(x_n, y_n) \end{bmatrix}$$

notieren. Fassen wir die Differenzen $x - x_n$ und $y - y_n$ zu Δx und Δy zusammen, so erhalten wir die Form

$$
\begin{bmatrix} \frac{\partial f_1(x_n,y_n)}{\partial x} & \frac{\partial f_1(x_n,y_n)}{\partial y} \\ \frac{\partial f_2(x_n,y_n)}{\partial x} & \frac{\partial f_2(x_n,y_n)}{\partial y} \end{bmatrix} \cdot \begin{bmatrix} \Delta x \\ \Delta y \end{bmatrix} = - \begin{bmatrix} f_1(x_n,y_n) \\ f_2(x_n,y_n) \end{bmatrix} .
$$

Ausgehend von einer ersten Schätzung x_n und y_n kann die Matrix der partiellen Ableitungen mit Werten gefüllt und der Vektor auf der rechten Gleichungsseite mit den zugehörigen Funktionswerten konkretisiert werden. Man löst das System und erhält Werte für Δx und Δy. Da für Δx und Δy die Beziehungen

$$
\Delta x = x - x_n \text{ und } \Delta y = y - y_n
$$

gelten, kann man die verbesserten Schätzwerte, die wir nun x_{n+1} und y_{n+1} nennen werden, leicht als Summen

$$
x_{n+1} = x_n + \Delta x \text{ und } y_{n+1} = y_n + \Delta y
$$

berechnen. Mit diesen neuen und verbesserten Schätzwerten können erneut die Matrix mit den partiellen Ableitungen sowie der Vektor mit den Funktionswerten bestimmt und das Gleichungssystem nochmals gelöst werden, was schließlich weiter verbesserte Näherungswerte ergibt.

Nach dieser induktiven Herleitung werden wir das erhaltene Ergebnis gleich anhand unseres Beispiels in der Praxis überprüfen. Dazu definieren wir in Maxima die beiden Funktionen

```
f1(x,y):=x^2+y^2-6
f2(x,y):=x^3-y^2
```

sowie deren partielle Ableitungen:

```
define(f1x(x,y),diff(f1(x,y),x,1))
define(f1y(x,y),diff(f1(x,y),y,1))
define(f2x(x,y),diff(f2(x,y),x,1))
define(f2y(x,y),diff(f2(x,y),y,1))
```

Dann setzen wir die Startwerte des Näherungsverfahrens:

```
x:1
y:1
```

Aus den Ableitungen und den Startwerten erstellen wir die Ableitungsmatrix:

```
J:matrix([f1x(x,y),f1y(x,y)],[f2x(x,y),f2y(x,y)])
```

Die beiden Funktionen, angewandt auf die Startwerte, ergeben den Ergebnisvektor:

```
E:matrix([f1(x,y)],[f2(x,y)])
```

Die Lösung erhalten wir laut unserer Gleichung durch Multiplikation der invertierten Ableitungsmatrix mit dem negativen Ergebnisvektor:

```
L:invert(J).-E
```

Als Lösung erhalten wir einen Vektor mit den Werten für Δx und Δy. Daraus berechnen wir die verbesserten Schätzwerte:

```
x:x+L[1][1]
y:y+L[2][1]
```

Nach dem ersten Durchlauf erhält man $x = 1{,}8$ und $y = 2{,}2$ als verbesserte Schätzwerte. Führt man die Anweisungen ab der Erstellung der Ableitungsmatrix ein weiteres Mal durch, so erhält man in zweiter Näherung etwa die Werte 1.569369 und 1.915971, der dritte Durchlauf liefert 1.538198 und 1.905569. Damit stimmen wir mit den oben algebraisch ermittelten Werten recht gut überein. Tatsächlich kann man die Komponenten des Lösungsvektors, welche ja die Differenzen zwischen den alten und den neuen Koordinaten wiedergeben, als Abbruchkriterium heranziehen. Wenn diese dem Betrag nach einen bestimmten Wert unterschreiten, bricht man die Iteration ab.

Natürlich liefert das Näherungsverfahren nur eine Nullstelle, und zwar diejenige, die in der Umgebung der ersten Schätzung liegt. Um die in unserem Beispiel vorhandene zweite Nullstelle zu finden, muss das Verfahren mit anderen Startwerten durchgeführt werden.

Im dreidimensionalen Fall sind die gemeinsamen Nullstellen von drei dreidimensionalen Funktionen $f_1(x,y,z)$, $f_2(x,y,z)$ und $f_3(x,y,z)$ zu bestimmen. Wir gehen aus von den vermuteten Nullstellen x_n, y_n und z_n und suchen verbesserte Nullstellen x_{n+1}, y_{n+1} und z_{n+1} analog zur obigen Gleichung des zweidimensionalen Falls.

Der höhere Anspruch des dreidimensionalen Newton-Verfahrens erwächst aus der Tatsache, dass eine Funktion in drei Variablen nicht nur eine, sondern drei partielle Ableitungen hat. Und da wir drei Funktionen zur Lösung benötigen, sind insgesamt neun Ableitungen zu bestimmen. Neben der Vielzahl der hier zu ermittelnden Werte muss man natürlich darauf achten, diese zur Vermeidung von Verwechslungen sauber zu notieren – hierfür kommt letztlich nur die Matrixschreibweise der linearen Algebra in Betracht.

Diese hält für die Notation der partiellen Ableitungen mehrdimensionaler Funktionen die sogenannte *Jacobi-Matrix* bereit. Sie ist benannt nach dem Mathematiker Carl Gustav Jacob Jacobi (1804–1851) und enthält sämtliche erste partielle Ableitungen einer differenzierbaren Funktion. In unserem Fall von drei dreidimensionalen Funktionen hat diese Matrix die folgende Form:

$$
J_f(x_0, y_0, z_0) = \begin{bmatrix} \frac{\partial f_1}{\partial x} & \frac{\partial f_1}{\partial y} & \frac{\partial f_1}{\partial z} \\ \frac{\partial f_2}{\partial x} & \frac{\partial f_2}{\partial y} & \frac{\partial f_2}{\partial z} \\ \frac{\partial f_3}{\partial x} & \frac{\partial f_3}{\partial y} & \frac{\partial f_3}{\partial z} \end{bmatrix}
$$

In der oberen Zeile der Matrix stehen die partiellen Ableitungen der ersten Funktion, in der zweiten Zeile diejenigen der zweiten Funktion und in der untersten Zeile diejenigen der dritten Funktion, und zwar jeweils berechnet für eine bestimmte Stelle x_0, y_0, z_0.

Damit kann nun ein lineares Gleichungssystem entsprechend der Gleichung des zwei-dimensionalen Falls aufgestellt werden:

$$\begin{bmatrix} \frac{\partial f_1}{\partial x}(x_n, y_n, z_n) & \frac{\partial f_1}{\partial y}(x_n, y_n, z_n) & \frac{\partial f_1}{\partial z}(x_n, y_n, z_n) \\ \frac{\partial f_2}{\partial x}(x_n, y_n, z_n) & \frac{\partial f_2}{\partial y}(x_n, y_n, z_n) & \frac{\partial f_2}{\partial z}(x_n, y_n, z_n) \\ \frac{\partial f_3}{\partial x}(x_n, y_n, z_n) & \frac{\partial f_3}{\partial y}(x_n, y_n, z_n) & \frac{\partial f_3}{\partial z}(x_n, y_n, z_n) \end{bmatrix} \cdot \begin{bmatrix} \Delta x \\ \Delta y \\ \Delta z \end{bmatrix} = - \begin{bmatrix} f_1(x_n, y_n, z_n) \\ f_2(x_n, y_n, z_n) \\ f_3(x_n, y_n, z_n) \end{bmatrix}$$

In einem ersten Schritt muss dieses lineare Gleichungssystem gelöst werden. Ausgehend von der ersten Schätzung x_n, y_n und z_n und den ermittelten Lösungen Δx, Δy und Δz berechnet man dann die verbesserte Schätzung x_{n+1}, y_{n+1} und z_{n+1}:

$$\begin{bmatrix} x_{n+1} \\ y_{n+1} \\ z_{n+1} \end{bmatrix} = \begin{bmatrix} x_n \\ y_n \\ z_n \end{bmatrix} + \begin{bmatrix} \Delta x \\ \Delta y \\ \Delta z \end{bmatrix}$$

Mit den neuen Werten x_{n+1}, y_{n+1} und z_{n+1} stellt man dann wieder das obige lineare Gleichungssystem auf und berechnet dieses. Dies macht man so lange, bis die Lösungen Δx, Δy und Δz klein genug geworden sind.

14.2.5 Newton mit Maxima

Nachdem der prinzipielle Lösungsgang dargestellt ist, wird deutlich, dass die tat-sächliche Lösung – die durchaus mehrere Iterationsschritte umfassen kann – recht aufwendig ist. Schon allein die Bestimmung von neun partiellen Ableitungen nicht-linearer Funktionen erfordert Geduld. Ohne Computerhilfe sind Lösungen kaum in angemessener Zeit zu schaffen. Erfreulicherweise bietet Maxima die Möglichkeit, ein mehrdimensionales Newton-Verfahren mithilfe eines einzigen Befehls durchzuführen. Man muss dafür zunächst das Paket `mnewton` laden:

```
load(mnewton)
```

Dann definiert man die Funktionsterme als Gleichungen, wobei der Term in der Null-form bereits genügt:

```
f1:x^2+y^2-6
f2:x^3-y^2
```

Der Befehl zur Durchführung des Verfahrens heißt `mnewton`, er hat die folgende Syntax:

```
mnewton(<Gleichungsliste>,<Variablenliste>,<Liste der Startwerte>)
```

Der Aufruf zur Lösung unseres Problems aus zwei Gleichungen lautet daher:

```
mnewton([f1,f2],[x,y],[1,1])
```

Maxima hat einiges zu rechnen und liefert dann das Ergebnis:

```
[[x=1.537656171698422,y=1.90672848031327]]
```

Abschließend soll noch ein Beispiel für den dreidimensionalen Fall demonstriert werden. Gegeben seien folgende Funktionsterme:

```
gl1:-%e^x+z*sin(x+y)+z^2*y+1-%pi
gl2:x^2*y+z*x+z^2*y^2-%pi^2
gl3:x*y*z+sin(x*y*z)
```

Der Aufruf von

```
mnewton([gl1,gl2,gl3],[x,y,z],[0.5,2.8,0.8])
```

liefert für die angegebenen Startwerte das Ergebnis:

```
[[x=-3.036555213263788*10^-19,y=3.141592653589793,z=1.0]]
```

Es kann durchaus passieren, dass mit nur leicht veränderten Startwerten kein Ergebnis ermittelt wird! Man erhält dann entweder eine Fehlermeldung oder den Hinweis, dass das Verfahren nicht bzw. zu langsam konvergiert. Unter Umständen müssen die hier angegebenen Startwerte je nach verwendeter Hardware und Maxima-Version variiert werden, um tatsächlich das angezeigte Ergebnis zu erhalten. Zur Steuerung des Newton-Verfahrens innerhalb von Maxima stehen die zwei Systemvariablen `newtonmaxiter` und `newtonepsilon` zur Verfügung. Die erste Variable steuert, nach wie vielen Iterationen Maxima die Lösungssuche beendet (Systemwert: 50 Iterationen), und die zweite Variable gibt an, um wie viel die Ergebnisse aus zwei aufeinanderfolgenden Iterationsschritten voneinander abweichen dürfen, der Standard beträgt 10^{-8}.

14.3 Anwendung des Newton'schen Näherungsverfahrens

Als Startpunkt für das Newton'sche Näherungsverfahren verwenden wir die zuvor mithilfe des Kugelmodells der Erde errechneten Werte. Da das eben vorgestellte Newton-Verfahren in Maxima diese Angaben im Bogenmaß erwartet, müssen wir die bereits erstellte Funktion `ecef_polar_grad()` so abändern, dass diese ihr Ergebnis nicht im Grad-, sondern im Bogenmaß ausgibt. Dafür wird der Faktor $\frac{180°}{\pi}$ bei der Berechnung der geografischen Breite und Länge herausgenommen und eine weitere Funktion erstellt:

```
ecef_polar_bogen(pos):=
[float(atan2(pos[3],sqrt(pos[1]^2+pos[2]^2))),
float(atan2(pos[2],pos[1])),
float(sqrt(pos[1]^2+pos[2]^2+pos[3]^2)-6378137)]
```

Die Lösung des aufwendigen Newton-Verfahrens für dreidimensionale Funktionen wird erfreulicherweise vollständig von Maxima übernommen. Damit erhalten wir die folgende verbesserte Funktion für die Umrechnung der ECEF-Koordinaten in Polarkoordinaten nach dem ellipsoidalen Erdmodell:

```
ecef_polar_ellipse(ecef):=block(
[a,eps,xE,yE,zE,phi,lambda,h,gl1,gl2,gl3,start,loes,erg],
a:6378137.0,
eps:0.08181919,
[xE,yE,zE]:ecef,
gl1:(a/sqrt(1-eps^2*(sin(phi))^2)+h)*cos(phi)*cos(lambda)-xE,
gl2:(a/sqrt(1-eps^2*(sin(phi))^2)+h)*cos(phi)*sin(lambda)-yE,
gl3:(a*(1-eps^2)/sqrt(1-eps^2*(sin(phi))^2)+h)*sin(phi)-zE,
start:ecef_polar_bogen(ecef),
loes:mnewton([gl1,gl2,gl3],[phi,lambda,h],start),
erg:matrixmap(rhs,loes)[1],
float([erg[1]*180/%pi,erg[2]*180/%pi,erg[3]]))
```

In dieser Funktion werden zunächst die benötigten Konstanten für die große Halbachse und die Exzentrizität definiert und die Liste mit den ECEF-Koordinaten der Empfängerposition in die einzelnen Koordinaten zerlegt. Dann werden die Funktionsterme erstellt. Der Ausgangswert des Verfahrens ist der nach dem Kugelmodell berechnete Ort. Damit kann das Newton-Verfahren gestartet werden. Dessen Ergebnisse werden in Dezimalgrad ausgegeben.

Die grundsätzliche Vorgehensweise zur Ortsbestimmung des Empfängers nach der Methode der kleinsten Quadrate mit den seither integrierten Verbesserungen bleibt unverändert. Lediglich die Umrechnung der ECEF-Koordinaten in Polarkoordinaten ganz am Ende der Funktion wird an das ellipsoidale Kugelmodell angepasst:

```
recpos_ell(sow):=block(
...
    L:float(invert(transpose(J).J).transpose(J).d),
    estpos[1]:estpos[1]+L[1][1],
```

```
    estpos[2]:estpos[2]+L[2][1],
    estpos[3]:estpos[3]+L[3][1]
    ),
ecef_polar_ellipse(estpos))
```

Der Aufruf dieser Funktion

```
recpos_ell(sow)
```

liefert das Ergebnis:

```
[48.70281687825602,10.16186799949711,552.3586585911116]
```

Dieser Ort befindet sich tatsächlich 21 km nördlich der zuvor berechneten Position und mit einer verbliebenen östlichen Ablage von etwa 24 m bereits ganz in der Nähe der tatsächlichen Empfängerposition am Sonnenpfad in Heidenheim an der Brenz. Außerdem erhalten wir nun mit der dritten Koordinate eine halbwegs realistische Höhenangabe. Deren Ungenauigkeit ist (und bleibt) dadurch bedingt, dass das unseren Berechnungen zugrunde liegende ellipsoidale Erdmodell auch nur eine Näherung der tatsächlichen Erdgestalt ist und die Geländehöhe am Aufnahmeort nicht korrekt wiedergeben kann.

14.4 Erzielte Verbesserung

Das von dieser Funktion generierte Ergebnis ist im Vergleich zum Ergebnis der Funktion `recpos_lsf()` nur im Hinblick auf die Breitenangabe unterschiedlich, während die Längenangabe gleich geblieben ist.

Schaut man sich die obigen Formeln genau an und vergleicht sie mit denjenigen zur Umrechnung in das sphärische Erdmodell, so fällt auf, dass die geografische Länge λ in beiden Modellen denselben Wert ergeben muss – was auch von den Berechnungen bestätigt wird. Rechnet man ECEF-Koordinaten einmal im sphärischen Kugelmodell und einmal im ellipsoidalen Modell in Polarkoordinaten um, so erhält man in beiden Fällen für die geografische Länge λ dieselben Werte, lediglich die Angaben zur geografischen Breite φ und zur errechneten Höhe unterscheiden sich.

Die ersten beiden Formeln zur Berechnung des Standorts auf dem Rotationsellipsoid lauten:

$$x_E = \left(N_\varphi + h\right) \cdot \cos\varphi \cdot \cos\lambda$$

$$y_E = \left(N_\varphi + h\right) \cdot \cos\varphi \cdot \sin\lambda$$

Dividiert man die zweite durch die erste Gleichung, so erhält man:

$$\frac{y_E}{x_E} = \frac{(N_\varphi + h) \cdot \cos\varphi \cdot \sin\lambda}{(N_\varphi + h) \cdot \cos\varphi \cdot \cos\lambda} = \frac{\sin\lambda}{\cos\lambda} = \tan\lambda$$

Im Kugelmodell hatten wir dieselbe Berechnungsvorschrift für die Länge erhalten:

$$\lambda = \arctan\left(\frac{y_E}{x_E}\right) \cdot \frac{180°}{\pi}$$

Damit haben wir mit der Verwendung des ellipsoidalen Erdmodells den im vorhergehenden Kapitel festgestellten verbliebenen Fehler einer reinen Südablage der errechneten Empfängerposition korrigiert. Die jetzt erreichte Position stimmt bis auf wenige Meter mit dem Empfängerort bei der Aufnahme überein. Bei Kenntnis des tatsächlichen Aufnahmeorts fällt auf, dass die errechnete Position genau östlich davon liegt. Dies lässt vermuten, dass hierfür wieder Zeitprobleme ursächlich sind.

Berücksichtigung der Erddrehung 15

Während das Signal der Satelliten zur Erde hin unterwegs ist, dreht sich die Erde um ihre Achse ein kleines Stückchen weiter. Dies bedeutet, dass die Satellitenkonstellation in Bezug zur Erdoberfläche zum Ankunftszeitpunkt des Signals eine andere ist als zu dem Zeitpunkt, als das Signal am Satelliten losgesandt wurde. Aufgrund der Drehrichtung der Erde von West nach Ost ist bei Berücksichtigung dieser Tatsache eine Veränderung der errechneten Empfängerposition in Richtung Westen zu erwarten.

15.1 Ausmaß der Erddrehung

Die Drehgeschwindigkeit der Erde wird in der GPS-Nomenklatur mit $\dot{\Omega}_e$ bezeichnet und hat den Wert 7.2921151467^{-5}. Ihre Einheit ist rad/s und damit das Bogenmaß, das ein Punkt auf der Erdoberfläche pro Sekunde zurücklegt. Umgerechnet in Winkelgrad sind dies genau 15 Winkelsekunden. Bei Signallaufzeiten von etwa 80 ms hat sich die Erde in dieser Zeit um rund eine Winkelsekunde weitergedreht. Am Äquator beträgt der Abstand einer Winkelsekunde auf der Erdoberfläche etwa 32 m. Da die Längenkreise zu den Polen hin konvergieren, nimmt dieser Abstand mit zunehmender geografischer Breite ab, am Pol selbst ist der Abstand gleich null. Die von der geografischen Breite abhängige Länge eines Breitenkreisbogens zwischen zwei Punkten derselben geografischen Breite nennt man *Abweitung*. Diese errechnet sich, ausgehend von der Bogenlänge am Äquator, über den Kosinus der geografischen Breite. Die Bogenlänge einer Winkelsekunde beträgt bei 49° nördlicher Breite etwa

$$l_{49°} = 32 \text{ m} \cdot \cos 49° \approx 21 \text{ m}.$$

Diese Positionsverbesserung in Richtung Westen können wir somit durch die Berücksichtigung der Erddrehung erwarten.

15.2 Korrektur der Erddrehung

Wir berechnen den Einfluss der Erddrehung zunächst schrittweise an einem Beispiel. Bei dieser Berechnung kommt die bereits in Abschn. 10.5 erläuterte Drehmatrix erneut zum Einsatz.

Nach dem Laden der Navigations- und Beobachtungsdaten belegen wir die Variablen `sow` und `sv` wieder mit sinnvollen Werten. Die Ausgangsposition eines Satelliten bestimmen wir mit der Funktion `satpos()`:

```
satellitenpos:satpos(sow,sv)
```

Die Drehgeschwindigkeit der Erde wird festgelegt:

```
OMEGAe_dot:7.292115147e-5
```

Die Zeitdauer, die das Signal vom Satelliten zum Empfänger benötigt, errechnet sich bekanntlich aus der Pseudoentfernung und der Lichtgeschwindigkeit. Daher ermitteln wir zuerst die Pseudoentfernung des ausgewählten Satelliten zur festgelegten Zeit

```
pseudorange:read_prange(sow,sv)
```

und errechnen daraus die Signallaufzeit:

```
signallaufzeit:pseudorange/v_light
```

Daraus lässt sich der Drehwinkel φ bestimmen:

```
phi:OMEGAe_dot*signallaufzeit
```

Aus der angegebenen Satellitenposition erstellen wir einen Vektor

```
satvektor: matrix([satellitenpos[1]],[satellitenpos[2]],
[satellitenpos[3]])
```

und erstellen weiter die Drehmatrix $R3$ für eine Drehung um die z-Achse im Raum:

```
R3:matrix([cos(phi),sin(phi),0],[-sin(phi),cos(phi),0],[0,0,1])
```

Dabei ist berücksichtigt, dass die Drehung in mathematisch negativer Richtung erfolgen soll. Dies ist notwendig, da sich die Erde – von oben auf den Nordpol gesehen – im mathematisch positiven Sinn dreht. Damit dreht sich auch das erdzentrierte

Koordinatensystem, in dem die Satelliten verortet sind, während der Signallaufzeit in mathematisch positiver Richtung weiter. Um die Satellitenorte zum Aussendezeitpunkt des Signals zu erhalten, müssen somit die mit der Funktion `satpos()` errechneten Orte in mathematisch negativer Richtung zurückgedreht werden.

Die Position eines Satelliten zum Aussendezeitpunkt des Signals wird durch die Matrix-Vektor-Multiplikation bestimmt:

```
new_pos:R3.satvektor
```

Das Ergebnis ist ein Vektor mit den veränderten Koordinaten. Diese Werte übertragen wir schließlich in eine Liste:

```
[float(new_pos[1][1]),float(new_pos[2][1]),
float(new_pos[3][1])]
```

Aus den aufgeführten Anweisungen wird die Funktion `rot_corr()` erstellt, die aus der Signallaufzeit und der ursprünglich berechneten Satellitenposition in ECEF-Koordinaten die um die *z*-Achse gedrehten Koordinaten ermittelt.

```
rot_corr(satellitenpos,traveltime):=block(
[OMEGAe_dot,phi,Satmatrix,R3,neu_pos],
OMEGAe_dot:7.292115147e-5,
phi:OMEGAe_dot*traveltime,
Satvektor: matrix(
 [satellitenpos[1]],
 [satellitenpos[2]],
 [satellitenpos[3]]
),
R3:matrix(
 [cos(phi),sin(phi),0],
 [-sin(phi),cos(phi),0],
 [0,0,1]
),
neu_pos:R3.Satvektor,
[float(neu_pos[1][1]),float(neu_pos[2][1]),float(neu_pos[3][1])])
```

Damit müssen zwei Zeilen in der Funktion zur Positionsbestimmung des Empfängers eingefügt, der Distanzvektor *d* verändert berechnet und die Koordinaten der rotierten Position in die Jacobi-Matrix übernommen werden. Die Veränderungen zur vorhergehenden Version sind wieder fett markiert:

```
recpos_rot(sow):=block(
[estpos,L,svpos,traveltime,svpos_rot,obsindex,d,J,sv,pr,
```

```
t_GPS,tcorr,dist,A,pos],
estpos:[0.0,0.0,0.0],
L:matrix([1.0],[1.0],[1.0],[0.0]),
svpos:[],
obsindex:find_obsindex(sow),
unless abs(L[1][1])+abs(L[2][1])+abs(L[3][1])<0.1 do
    (
    d:matrix(),
    J:matrix(),
    for i:3 thru length(obsmatrix[obsindex]) do
        (
        sv:obsmatrix[obsindex][i][1],
        [t_GPS,tcorr]:timecorrect(sow,sv),
        pr:read_prange(sow,sv),
        svpos:satpos(t_GPS,sv),
        traveltime:pr/v_light,
        svpos_rot:rot_corr(svpos,traveltime),
        dist:pr-norm(svpos_rot,estpos)-L[4][1]+
                                     v_light*tcorr,
        d:addrow(d,[dist]),
        A:[(estpos[1]-svpos_rot[1])/
            norm(svpos_rot,estpos),
            (estpos[2]-svpos_rot[2])/
            norm(svpos_rot,estpos),
            (estpos[3]-svpos_rot[3])/
            norm(svpos_rot,estpos),
            1],
        J:addrow(J,A)
        ),
    L:float(invert(transpose(J).J).transpose(J).d),
    estpos[1]:estpos[1]+L[1][1],
    estpos[2]:estpos[2]+L[2][1],
    estpos[3]:estpos[3]+L[3][1]
    ),
ecef_polar_ellipse(estpos))
```

Wir erhalten mit dieser Funktion die Koordinaten

```
[48.70281777072354,10.16154338931682,552.8622976502284]
```

als verbesserte Empfängerposition.

Vergleicht man die mit der im vorhergehenden Kapitel erläuterten Funktion `recpos_ell()` bestimmte Position mit derjenigen, die jetzt durch diese Funktion `recpos_rot()` errechnet wird, so wird tatsächlich nur eine geringe Verbesserung erreicht. Man kann zur Verdeutlichung beide Positionen in Google Maps bzw. Google

Earth eintragen und wird eine Verschiebung der Empfängerposition um rund 24 m nach Westen feststellen. Im Ergebnis liegen wir nur noch etwa 2 m vom tatsächlichen Aufnahmeort entfernt und damit bereits innerhalb der zu erwartenden Genauigkeit. Dennoch werden wir im folgenden Kapitel noch eine marginale Korrektur aufgrund relativistischer Einflüsse anbringen.

Relativistische Korrektur

16

Im Jahr 1905 veröffentlichte Albert Einstein seine spezielle und zehn Jahre später die allgemeine Relativitätstheorie. Bereits wenige Jahre darauf konnten seine Theorien experimentell bestätigt werden. Trotzdem sträubte sich das Militär bei der Entwicklung von NAVSTAR GPS anfangs gegen die Einbeziehung der Einstein'schen Ergebnisse. Nachdem jedoch erste praktische Versuche die Notwendigkeit der Integration der Erkenntnisse aus den Relativitätstheorien offenbarten, wurde der Widerstand aufgegeben und die Einstellung der Grundfrequenz in den Satelliten verändert. Auf unsere Positionsbestimmungen haben die Relativitätstheorien nur eine relativ kleine Auswirkung, trotzdem wollen wir diese abschließend noch berücksichtigen. In Abschn. 12.2 hatten wir die nachfolgende Gleichung für die Berechnung der Zeitkorrektur der Satellitenuhren aufgestellt:

$$t_{corr}(dt) = a_{f2} \cdot dt^2 + a_{f1} \cdot dt + a_{f0} + \Delta t_r = \left(a_{f2} \cdot dt + a_{f1}\right) \cdot dt + a_{f0} + \Delta t_r$$

Der letzte Summand Δt_r dieser Gleichung ist eine Korrektur, die aufgrund relativistischer Effekte angebracht werden kann. Diese hatten wir bisher unberücksichtigt gelassen, werden sie aber nun in unsere bislang vereinfachte Zeitkorrektur integrieren.

16.1 Kurzer Einschub zur Relativitätstheorie

Darstellungen der Einstein'schen Relativitätstheorien füllen ganze Bände. An dieser Stelle können diese Theorien nur so weit dargestellt werden, dass die Notwendigkeit und die Art ihrer Berücksichtigung bei der Ortsbestimmung durch Satellitensignale deutlich werden. Für eine ausführlichere Darstellung sei auf die Veröffentlichung von Schüttler (2018) verwiesen.

© Der/die Autor(en), exklusiv lizenziert an Springer-Verlag GmbH, DE, ein Teil von Springer Nature 2022
H. Albrecht, *Geometrie und GPS,* Mathematik Primarstufe und Sekundarstufe I + II, https://doi.org/10.1007/978-3-662-64871-1_16

16.1.1 Spezielle Relativitätstheorie

Albert Einstein (1879–1955) hat sich für seine 1905 veröffentlichte spezielle Relativitätstheorie weniger durch mathematische Formalismen, sondern mehr durch Gedankenexperimente leiten lassen. Ein bekanntes Gedankenexperiment beruht auf einer *Lichtuhr*. Diese besteht aus zwei in einem bestimmten Abstand gegeneinander gerichteten Spiegeln, in die ein Lichtblitz eingebracht wird, der dann in der Folge zwischen den beiden Spiegeln hin und her reflektiert wird. Dieses regelmäßige Auf und Ab des Lichtblitzes zwischen den Spiegeln ist ebenso ein periodischer Vorgang wie das Schwingen eines Pendels.

Da sich der Blitz mit Lichtgeschwindigkeit bewegt, benötigt er eine bestimmte kurze Zeitspanne Δt für seinen Weg von einem zum anderen Spiegel. Nach dem Weg-Zeit-Gesetz für gleichförmige Bewegungen beträgt der Abstand zwischen den Spiegeln c $\cdot \Delta t$.

Bewegt sich jedoch die Uhr relativ zum Beobachter und senkrecht zur Auf- und Abbewegung des Lichtblitzes mit der Geschwindigkeit v, so wird der Weg, den der Blitz zwischen den beiden Spiegeln zurücklegt, aus Sicht des Beobachters länger, und zwar in Abhängigkeit von der Geschwindigkeit der bewegten Uhr. Da die Lichtgeschwindigkeit in dem ruhenden und in dem bewegten System gleich ist, ist die Zeitspanne $\Delta t'$, welche der Blitz in der bewegten Uhr von einem zum anderen Spiegel benötigt, länger! Den Faktor, um den die bewegte Uhr langsamer läuft, kann man mit dem Satz des Pythagoras ausrechnen. Die Zusammenhänge sind in Abb. 16.1 dargestellt.

Wir haben den Abstand der beiden Spiegel mit c $\cdot \Delta t$ bezeichnet. Die Uhr legt während der Zeitspanne Δt den Weg $v \cdot \Delta t$ in Bewegungsrichtung zurück. Der gesamte Weg des Lichtblitzes c $\cdot \Delta t'$ zwischen den Spiegeln der bewegten Uhr beträgt daher

$$\left(c \cdot \Delta t'\right)^2 = (c \cdot \Delta t)^2 + \left(v \cdot \Delta t'\right)^2.$$

Wir bringen die Summanden mit $\Delta t'$ auf eine Seite

$$\left(c^2 \cdot \Delta t'\right)^2 - \left(v \cdot \Delta t'\right)^2 = (c \cdot \Delta t)^2,$$

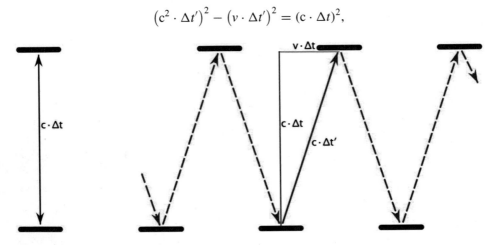

Abb. 16.1 Einsteins Lichtuhr

klammern $\Delta t'^2$ aus

$$\left(c^2 - v\right)^2 \cdot \Delta t'^2 = (c \cdot \Delta t)^2$$

und dividieren durch c^2:

$$\frac{\left(c^2 - v\right)^2}{c^2} \cdot \Delta t'^2 = \Delta t^2$$

Im Bruch führen wir die Division durch c^2 teilweise durch

$$\left(1 - \frac{v^2}{c^2}\right) \cdot \Delta t'^2 = \Delta t^2$$

und arrangieren neu:

$$\Delta t = \Delta t' \cdot \sqrt{1 - \frac{v^2}{c^2}}$$

Der Kehrwert des Wurzelausdrucks ist der sogenannte Lorentz-Faktor. Da der Quotient $\frac{v^2}{c^2}$ immer kleiner als eins ist, ist der Wert der Wurzel $\sqrt{1 - \frac{v^2}{c^2}}$ immer positiv, aber kleiner als eins. Dies bedeutet letztlich, dass $\Delta t'$ immer größer als Δt ist. Der Beobachter wird somit den Gang der bezüglich seines Systems bewegten Uhr langsamer einschätzen. Für den auf der Erde ruhenden Empfänger laufen daher die Uhren in den GPS-Satelliten langsamer.

Um wie viel die Satellitenuhren langsamer laufen, lässt sich aus der Lichtgeschwindigkeit und der Geschwindigkeit der Satelliten berechnen. Die Lichtgeschwindigkeit beträgt $2{,}99792458 \cdot 10^8 \frac{m}{s}$. Der Bahnradius der Satelliten beträgt 26.559,8 km, ihre Umlaufzeit dauert einen halben siderischen Tag, was eine Bahngeschwindigkeit von $3873{,}5424 \frac{m}{s}$ ergibt. Daraus errechnet sich ein Verhältnis zwischen den Zeitdauern von:

$$\frac{\Delta t}{\Delta t'} = \sqrt{1 - \frac{v^2}{c^2}} = \sqrt{1 - \frac{3{,}8735424 \cdot 10^3}{2{,}99792458 \cdot 10^8}} = 0{,}999\,999\,999\,916\,527$$

Die Gleichung

$$\Delta t = \Delta t' \cdot 0{,}999\,999\,999\,916\,527$$

sagt aus, dass die Periodendauer der Uhr auf der Erde das 0,999 999 999 916 527-Fache der Periodendauer der Uhr in den Satelliten beträgt. Da

$$1 - 0{,}999\,999\,999\,916\,527 = 0{,}83473 \cdot 10^{-10},$$

kann man sagen, dass die Satellitenuhr etwa um den Faktor $0{,}83.473 \cdot 10^{-10}$ langsamer läuft, und damit ist auch die Frequenz der Satellitenuhren aufgrund der speziellen Relativitätstheorie um eben diesen Faktor zu gering.

16.1.2 Allgemeine Relativitätstheorie

Zehn Jahre später, 1915, veröffentlichte Albert Einstein seine allgemeine Relativitäts-theorie. Danach wird der Gang einer Uhr von der Gravitation beeinflusst. Je weiter eine Uhr von der Erde entfernt ist, desto geringer wird der Einfluss der Schwerkraft auf sie und desto schneller läuft sie. Das Newton'sche Gravitationsgesetz

$$F = G \cdot \frac{m_1 \cdot m_2}{r^2}$$

wurde bereits in Abschn. 9.1 hergeleitet. Es beschreibt die Kraft, mit der sich zwei Körper mit den Massen m_1 und m_2 anziehen in Abhängigkeit von deren gegen-seitiger Entfernung r. Mit G wird die Gravitationskonstante bezeichnet, deren exakte experimentelle Bestimmung ungemein schwierig ist. Ihr Wert ist festgelegt auf

$$G = 6{,}67430 \cdot 10^{-11} \frac{\mathrm{m}^3}{\mathrm{kg} \cdot \mathrm{s}}.$$

Damit lässt sich die Kraft berechnen, mit der sich zwei Körper gegenseitig anziehen. Da Kräfte Körper beschleunigen können, kann nach der Grundgleichung der Mechanik

$$F = m \cdot a$$

die Beschleunigung errechnet werden, die der Körper mit der Masse m_2 erfährt, wenn er von der Erde mit der Erdmasse m_E angezogen wird:

$$a = \frac{F}{m_2} = \frac{G \cdot \frac{m_E \cdot m_2}{r^2}}{m_2} = \frac{G \cdot m_E}{r^2}$$

Die Erdmasse m_E beträgt $5{,}9722 \cdot 10^{24}$ kg, der mittlere Erdradius r_E wird mit 6371 km angegeben. Die Beschleunigung, die ein Körper aufgrund der Massenanziehung der Erde erfährt, wird Erdbeschleunigung genannt und mit g bezeichnet. Durch Einsetzen der angegebenen Größen kann man den gerundeten Wert $9{,}82 \frac{m}{s^2}$ errechnen. Dies ist die Erd-beschleunigung, die ein Körper auf der Erdoberfläche bei mittlerem Erdradius erfährt. Die Erdbeschleunigung ist jedoch zusätzlich abhängig von der ungleichen Masseverteilung in der Erdkruste und von der Rotationsbeschleunigung, welche wiederum von der geografischen Breite abhängt. Für eine geografische Breite von 45° wird der bekannte Wert $9{,}81 \frac{m}{s^2}$ verwendet.

Aus der Formel wird deutlich, dass diese Beschleunigung mit zunehmendem Abstand vom Erdmittelpunkt abnimmt. Der Abstand eines Satelliten vom Erdmittelpunkt beträgt 26.559,8 km. Bestimmt man die Erdbeschleunigung in dieser Höhe, so erhält man den gerundeten Wert $0{,}565 \frac{m}{s^2}$ und damit nur etwa 6 % des Werts auf der Erdoberfläche.

Damit hat die allgemeine Relativitätstheorie einen umgekehrten Einfluss auf die Satellitenuhr, diese läuft im Orbit schneller. Allerdings heben sich die Effekte beider Relativitätstheorien nicht auf! Der Einfluss der Gravitation auf die Frequenz einer Uhr wird durch die Formel

$$\frac{f'}{f} = g \cdot \frac{r_E^2}{c^2} \cdot \left(\frac{1}{r_E} - \frac{1}{r_S} \right)$$

beschrieben, wobei g die Erdbeschleunigung, r_E den Erdradius und r_S den Radius der Satellitenbahn bezeichnen. Mit den oben genannten Werten errechnet sich folgendes Verhältnis:

$$\frac{f'}{f} = 9{,}82 \frac{\text{m}}{\text{s}^2} \cdot \frac{\left(6{,}371 \cdot 10^6 \text{m}\right)^2}{\left(2{,}99792458 \frac{\text{m}}{\text{s}}\right)^2} \cdot \left(\frac{1}{6{,}371 \cdot 10^6 \text{m}} - \frac{1}{2{,}65598 \cdot 10^7 \text{m}}\right) \approx 5{,}291475 \cdot 10^{-10}$$

Die Frequenz der Satellitenuhren ist somit nach der allgemeinen Relativitätstheorie etwa um den Faktor $5{,}291.475 \cdot 10^{-10}$ zu hoch. Berücksichtigt man beide Relativitätstheorien, so errechnen wir eine relativistische Abweichung von etwa $(5{,}291475 - 0{,}83473) \cdot 10^{-10} = 4{,}456745 \cdot 10^{-10}$, um welche die Frequenz der Satellitenuhren zu groß ist.

Das Zeitnormal in den Satelliten hat eine Nominalfrequenz von 10,23 MHz. Daraus wird durch Multiplikation mit 154 die sogenannte L1-Frequenz von 1575,42 MHz erzeugt, mit der die allgemein verfügbaren Daten auf die Erde gesendet werden. Durch Multiplikation mit 120 wird die L2-Frequenz von 1227,60 MHz erzeugt, welche die dem Militär vorbehaltenen, verschlüsselten Daten überträgt. Und schließlich werden aus den 10,23 MHz durch Division durch zehn 1,023 MHz erzeugt, womit der Pseudo-Random-Code auf die eigentlichen Daten geprägt wird. Eine exakte Einhaltung der Ausgangsfrequenz von 10,23 MHz ist daher für das Funktionieren des gesamten Systems entscheidend!

Einstein hatte seine Theorien bereits 1905 und 1915 vorgelegt und sie waren bereits rund 20 Jahre später experimentell bestätigt worden, allerdings hielt das amerikanische Militär noch während der ersten Überlegungen zur Etablierung des GPS Einstein für einen Scharlatan. Das FBI soll gar über Albert Einstein ein 1400 Seiten starkes Dossier angelegt haben. Erst als ein Vorläufersatellit zeigte, dass der relativistische Effekt für eine akkurate Frequenzhaltung berücksichtigt werden muss, war man bereit, die Aussagen der Relativitätstheorie in die Planung mit aufzunehmen.

16.1.3 Berücksichtigung der relativistischen Effekte

Eine im Satelliten erzeugte Grundfrequenz von 10,23 MHz wäre nach unseren obigen Berechnungen bei der Ankunft auf der Erde erhöht. Deshalb wird die Nominalfrequenz in den Satelliten vor dem Start niedriger eingestellt. Wir haben eben eine relativistische Abweichung von $4{,}456.745 \cdot 10^{-10}$ ermittelt. Laut *user interface* laufen die Uhren in den Satelliten um den Faktor $4{,}4647 \cdot 10^{-10}$ zu schnell. Bezogen auf die Ausgangsfrequenz von 10,23 MHz sind dies etwa $4{,}5674 \cdot 10^{-3}$ Hz. Daher wird die Frequenz der Satellitenuhren vor dem Start auf 10,229 999 995 432 6 MHz eingestellt.

Diese konstanten Auswirkungen der beiden Relativitätstheorien, die aus der großen Geschwindigkeit der Satelliten und deren von der Erde deutlich entfernter Umlaufbahn folgen, werden somit bereits in den Satelliten berücksichtigt.

Allerdings gibt es noch einen zweiten, variablen Effekt, der nur im Empfänger aufgefangen werden kann. Die Satellitenbahnen sind zwar exakt kreisförmig geplant, diese Kreisbahn entartet aber in der Realität immer in eine zwar kleine, aber doch spürbare Exzentrizität. Für die folgenden Überlegungen wird eine Exzentrizität von 0,02 zugrunde gelegt.

Bei diesem numerischen Exzentrizitätswert beträgt die lineare Exzentrizität 531,2 km. Dies bedeutet, dass sich der Satellit im Perigäum um 1062,4 km näher an der Erde befindet als im Apogäum. Dies wiederum führt zu periodischen Geschwindigkeitsschwankungen, deren relativistische Auswirkungen berücksichtigt werden müssen.

Im Perigäum hat ein Satellit seinen erdnächsten Punkt und nach dem zweiten Kepler'schen Gesetz seine höchste Geschwindigkeit. Nach dem dritten Kepler'schen Gesetz gilt:

$$\frac{T_S^2}{r_S^3} = \frac{T_M^2}{r_M^3} \Rightarrow T_S = T_M \cdot \sqrt{\frac{r_S^3}{r_M^3}}$$

Für die Berechnung der Satelliten-Umlaufzeit T_S braucht man einen Vergleichskörper mit bekannten Daten. Hierfür bietet sich der Mond an. Ein Umlauf T_M benötigt 27,3217 Tage, also entsprechend 2.360.594,88 s, der Radius der Mondbahn beträgt $384,4 \cdot 10^6$ m.

Die Entfernung des Satelliten beträgt bei einer angenommenen Exzentrizität von 0,02 im Apogäum $2,7.090.996 \cdot 10^7$ m und im Perigäum $2,6.028.604 \cdot 10^7$ m. Daraus errechnet man für die Apogäumsbahn eine Umlaufzeit von 44.165 s und eine Geschwindigkeit von 3854 $\frac{m}{s}$, für die Perigäumsbahn erhält man die Werte 41.593 s und 3932 $\frac{m}{s}$.

Durch die höhere Geschwindigkeit und das größere Gravitationspotenzial laufen die Satellitenuhren im Perigäum etwas langsamer, während die umgekehrten Einflüsse im Apogäum einen beschleunigenden Einfluss auf die Uhren ausüben. Die Größe der relativistischen Zeitkorrektur ist somit vom momentanen Ort des jeweiligen Satelliten abhängig. Sie schwankt, bezogen auf eine Exzentrizität von 0,02, während der zwölfstündigen Umlaufzeit eines Satelliten um bis zu 46 ns. Der zugehörige Entfernungswert beträgt rund 14 m.

16.2 Relativistische Korrektur

Für die im Empfänger nötige Zeitkorrektur aufgrund der exzentrischen Satellitenbahn gibt das *user interface* in Abschn. 20.3.3.3.3.1 die Gleichung

$$\Delta t_r = F \cdot e \cdot \sqrt{A} \cdot \sin E$$

an. Der Faktor F ist eine Konstante, die aus dem universellen Gravitationsparameter μ sowie der Lichtgeschwindigkeit c nach $F = \frac{-2\sqrt{\mu}}{c^2}$ bestimmt wird, und beträgt
$F = -4,442807633 \cdot 10^{-10} \frac{s}{\sqrt{m}}$.

Die Variable *e* steht für die numerische Exzentrizität und $\sqrt{A}$ für die Wurzel aus der großen Halbachse *a* der elliptischen Satellitenbahn. Die zugehörigen Werte werden in den Ephemeriden eines Satelliten übermittelt. Die exzentrische Anomalie *E*, die den Ort des Satelliten auf seiner Bahn beschreibt, wird im Rahmen der Ermittlung der Satellitenposition mithilfe der Kepler-Gleichung bestimmt. Damit kann die Größe der relativistischen Abweichung berechnet werden. Wir verwenden als Basis die Funktion satpos(), die wir stark verkürzen, da mit ihr nun lediglich die exzentrische Anomalie *E* berechnet werden muss. Den Faktor *F* notieren wir als Konstante, die Exzentrizität und die Wurzel der großen Halbachse werden aus den Ephemeriden übernommen. Damit stehen alle zur Ermittlung der relativistischen Korrektur nötigen Parameter zur Verfügung.

```
dt_rel(sow,sv):=block(
[GM,F,k,delta_n,M0,ecc,sqrt_A,toe,A,tk,n0,n,M, E,dE,E_old],
GM:3.986005e14,
F:-4.442807633e-10,
k:find_ephindex(sv),
delta_n:navmatrix[k][13],
M0:navmatrix[k][14],
ecc:navmatrix[k][16],
sqrt_A:navmatrix[k][18],
toe:navmatrix[k][19],
A:sqrt_A*sqrt_A,
tk:check_t(sow-toe),
n0:sqrt(GM/A^3),
n:n0+delta_n,
M:M0+n*tk,
M:hauptwert(M),
E:M,
dE:1,
for i:1 thru 10 unless abs(dE)<1*10^-12 do
    (
    E_old:E,
    E:M+ecc*sin(E),
    dE:(mod(E-E_old,2*%pi))
    ),
E:hauptwert(E),
F*ecc*sqrt_A*sin(E))
```

Ein Aufruf dieser Funktion zeigt, dass diese relativistische Korrektur im Bereich von wenigen Nanosekunden angesiedelt ist. Es ist daher nur noch eine marginale Veränderung der bisher bestimmten Empfängerposition zu erwarten.

Die relativistische Korrektur muss innerhalb der Funktion timecorrect() angebracht werden, die wir umbenennen, um ggf. Vergleiche anstellen zu können.

```
timecorrect2(time,sv):=block(
[pseudorange,eph_list,signallaufzeit,tx_RAW,toe,dt,
af0,af1,af2,tcorr,tx_GPS],
pseudorange:read_prange(time,sv),
eph_list:navmatrix[find_ephindex(sv)],
signallaufzeit:pseudorange/v_light,
tx_RAW:check_t(time-signallaufzeit),
toe:eph_list[19],
dt:check_t(tx_RAW-toe),
af0:eph_list[8],
af1:eph_list[9],
af2:eph_list[10],
tcorr:(af2*dt+af1)*dt+af0+dt_rel(time,sv),
tx_GPS:check_t(tx_RAW-tcorr),
dt:check_t(tx_GPS-toe),
tcorr:(af2*dt+af1)*dt+af0+dt_rel(time,sv),
tx_GPS:tx_RAW-tcorr,
[tx_GPS,tcorr])
```

Für die Berechnung der Empfängerposition müssen lediglich die Funktion `recpos_rot()` umbenannt und der Aufruf der Funktion zur Zeitkorrektur geändert werden:

```
recpos_trel(sow):=block(
...
        sv:obsmatrix[obsindex][i][1],
        [t_GPS,tcorr]:timecorrect2(sow,sv),
        pr:read_prange(sow,sv),
...
```

Wir erhalten erwartungsgemäß nur eine marginale Änderung der errechneten Empfängerposition

```
[48.70280089051087,10.16153652901118,556.3781838177124]
```

und liegen damit in einer Entfernung von etwa einem Meter vom tatsächlichen Aufnahmeort entfernt.

16.3   Auswertung aller Beobachtungszeitpunkte

Schließlich können wir die Empfängerposition sukzessive für alle vorliegenden Beobachtungszeitpunkte berechnen. Dafür erstellen wir zunächst eine Liste dieser Beobachtungszeitpunkte:

```
timeline:make_timelist()
```

Die Darstellung der zugehörigen Positionen kann in einer Schleife geschehen, die im Direktmodus aufgerufen wird:

```
for t in timeline do
    print(t,recpos_trel(t))
```

Das Ergebnis der Schleife ist eine Auflistung der berechneten Empfängerorte über alle Zeitpunkte hinweg:

```
46552[48.70280089051087,10.16153652901118,556.3781838177124]
46553[48.70279952196033,10.16153815032654,555.2516442271348]
46554[48.702804392688,10.16154551297426,555.7560839371482]
46555[48.70280074310796,10.16154512087207,555.1791742681573]
46556[48.70280241691609,10.16155202239372,554.937323509731]
46557[48.70279761747889,10.16155145425855,554.4548559919689]
46558[48.70279819348595,10.161546769241,554.074378823303]
46559[48.70280454119928,10.16154515466098,553.5293851776822]
46560[48.7028069585009,10.1615456082436,553.722851939158]
46561[48.70280320731425,10.16154559846754,553.5993683171913]
46562[48.70280186604518,10.16155302522364,553.2894976878058]
46563[48.70280101241615,10.16155726124613,553.2771517500183]
46564[48.70280058180872,10.1616475335406,553.2195792666553]
46565[48.70279463614229,10.16156631931002,552.5353390001545]
```

Offensichtlich ist die Positionsbestimmung über alle 14 Beobachtungszeiten hinweg sehr konstant. Es ist einfach, daraus mit der folgenden Funktion einen Mittelwert errechnen zu lassen:

```
recpos_all(timeline):=block(
[psum],
psum:[0,0,0],
for t in timeline do
    psum:psum+recpos_trel(t),
psum/length(timeline))
```

Die derart gemittelte Empfängerposition lautet:

```
[48.70280118425533,10.16154951997024,554.228917926327]
```

Damit haben wir schließlich und endlich eine „Punktlandung" am tatsächlichen Empfängerort erreicht! Bei der Darstellung und entsprechender Vergrößerung in Google Maps oder Google Earth wird deutlich, dass sich der errechnete Empfängerort innerhalb

Abb. 16.2 Tatsächliche Aufnahmeposition

des Sonnenpfads in Heidenheim/Brenz befindet. Wie Abb. 16.2 zeigt, war der Empfänger bei der Datenaufzeichnung auf einem den Jupiter symbolisierenden Findling etwa mittig in der Anlage positioniert.

Bei aller Freude über diese hervorragende Übereinstimmung zwischen der errechneten und der tatsächlichen Empfängerposition darf nicht verschwiegen werden, dass es bei anderen Messungen zu deutlichen Ablagen von mehreren Metern kommen kann. Die letztlich erzielbare Genauigkeit ist abhängig von der Satellitengeometrie zum Aufnahmezeitpunkt und von Abschattungen der Satelliten durch Gebäude oder hohen Bewuchs. Die besten Ergebnisse erzielt man auf freiem Feld von möglichst erhabenen Positionen aus. Vorteilhaft ist eine möglichst großflächige Verteilung der empfangenen Satelliten am Himmel. Mit der Darstellung der Verteilung der Satelliten am Himmel über die Empfängerposition werden wir uns daher im folgenden, letzten Kapitel beschäftigen.

Skyplot

17

Bis zum Vollausbau des Systems 1995 mit 24 Satelliten konnte es passieren, dass zu manchen Zeiten nicht die für eine Positionsbestimmung nötigen vier Satelliten am Himmel über dem Empfänger sichtbar waren. Daher war es hilfreich, für den eigenen Ort vorherberechnen zu können, zu welchen Zeiten eine Positionsbestimmung mit dem GPS möglich sein würde. Aufgrund dieser Anforderung entstanden Darstellungen, aus denen die Sichtbarkeiten der Satelliten über einem gegebenen Ort abgelesen werden können. Auch heute noch stellen solche Bilder gute Hilfsmittel dar, da aus der Verteilung der Satelliten am Himmel auf die Güte der Positionsgenauigkeit geschlossen werden kann. Von der Firma Trimble gibt es beispielsweise unter der Adresse `gnssplanning.com` eine WWW-Seite, welche die Konstellation der Satelliten zu einem beliebigen Zeitpunkt für jeden Ort der Erde darstellt. Eine solche Darstellung wird *Skyplot* genannt und wir wollen abschließend nachvollziehen, wie ein solcher Skyplot erstellt werden kann.

17.1 Skyplot-Grundlagen

Ein Skyplot ist die grafische Darstellung der Satellitenpositionen zu einem bestimmten Zeitpunkt über dem Beobachter. Möchte man die Position eines Objekts am Himmel beschreiben, so ist es dafür zunächst notwendig, die Himmelsrichtung zu benennen, in der das Objekt vom Beobachterstandort aus zu sehen ist. Diese Richtung wird *Azimut* genannt. Des Weiteren ist es nötig, den Winkel anzugeben, in dem sich das Objekt über der Horizontebene befindet, dies ist dessen *Elevation*. Mit diesen beiden Winkelangaben, dem Azimut und der Elevation, kann ein Himmelskörper eindeutig referenziert werden.

Die grafische Darstellung eines Skyplots erfolgt innerhalb einer Kompassrose. Damit ist der Azimut intuitiv festgelegt, die Elevation wird durch die Entfernung vom Mittel-

H. Albrecht, *Geometrie und GPS,* Mathematik Primarstufe und Sekundarstufe I + II, https://doi.org/10.1007/978-3-662-64871-1_17

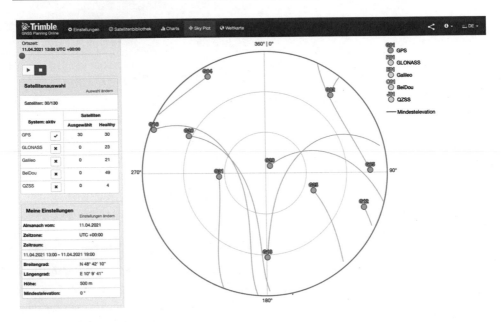

Abb. 17.1 Skyplot von GNSS Planning Online

punkt dargestellt. Eine Lage am Rand der kreisrunden Kompassrose entspricht einer Position direkt am Horizont, bei einer Darstellung im Mittelpunkt ist der Himmelskörper genau im Zenit über dem Beobachter zu suchen. In Abb. 17.1 sind zur besseren Abschätzung Erhebungswinkel von 30° und 60° als graue konzentrische Kreise dargestellt. Der blaue Kreis stellt die Mindestelevation dar, die für diese Aufnahme auf 0° gestellt wurde. Üblich ist eine Mindestelevation von etwa 10°, da niedriger am Himmel befindliche Satelliten meist aufgrund der natürlichen Hindernissituation (Berge, Gebäude, Bewuchs, …) nicht in der Sichtlinie des Empfängers liegen. Der abgebildete Skyplot[1] stellt die Satellitenkonstellation zur Aufnahmezeit der im Buch verwendeten Beispieldatei `sonnenpfad.ubx` am 11. April 2021 gegen 13 Uhr über dem Aufnahmeort dar. Im Plot sind zudem die zukünftigen Positionen der Satelliten als Zugbahnen vorausberechnet und dargestellt.

Einen einfachen Skyplot, der uns die Orte der empfangenen und für die Positionsbestimmung verwendeten Satelliten anzeigt, wollen wir abschließend selbst erstellen. Die dafür benötigten Daten liegen uns vor: Unsere Position am Boden können wir ebenso exakt bestimmen wie die Positionen der Satelliten zu einem beliebigen Zeitpunkt. Um diese gegebenen Zusammenhänge in einem Skyplot darzustellen, benötigen wir als Werkzeuge lediglich noch einige Sätze aus der analytischen Geometrie. Diese finden

---

[1] https://www.gnssplanning.com (letzter Aufruf: 31.10.2021).

sich in jedem Lehrbuch, sodass hier auf deren explizite Herleitung verzichtet wird. Vereinfachend gehen wir bei unserem Vorhaben wieder von der Kugelgestalt der Erde und nicht vom ellipsoidalen Erdmodell aus. Die dadurch auftretenden Ungenauigkeiten sind vernachlässigbar, *u-center* beispielsweise gibt sowohl den Azimut als auch die Elevation ohnehin nur auf volle Gradzahlen gerundet an.

17.1.1 Bestimmung der Elevation

Sowohl die Empfängerposition als auch die Position eines Satelliten haben wir in ECEF-Koordinaten und damit als Ortsvektoren $\vec{r}$ für die Empfängerposition und $\vec{s}$ für die Satellitenposition vorliegen. Der Vektor $\vec{v}$ von der Empfänger- zur Satellitenposition ist die Differenz

$$\vec{v} = \vec{s} - \vec{r}.$$

Der Schnittwinkel zwischen einer Ebene und einer Geraden kann aus dem Normalenvektor der Ebene und dem Richtungsvektor der Geraden bestimmt werden. Der Normalenvektor der Horizontebene ist – da wir uns auf die Verhältnisse auf der Kugel beschränken – gleich dem Ortsvektor $\vec{r}$ der Empfängerposition, und der Richtungsvektor entspricht der eben berechneten Differenz $\vec{v}$ zwischen Empfänger- und Satellitenposition. Der Sinus des gesuchten Winkels zwischen der Horizontebene und der Geraden vom Empfänger zum Satelliten errechnet sich nach folgender Gleichung:

$$\sin \alpha = \frac{|\vec{r} \cdot \vec{v}|}{|\vec{r}| \cdot |\vec{v}|} \tag{17.1}$$

Damit lässt sich der Erhebungswinkel des Satelliten über der Horizontebene und damit dessen Elevation berechnen. Es kann allerdings vorkommen, dass auch Ephemeriden von Satelliten aufgezeichnet wurden, die zum Aufnahmezeitpunkt bereits wieder unter dem Horizont verschwunden sind. Die obige Gleichung kann dies nicht feststellen. Um unterscheiden zu können, ob ein Satellit oberhalb oder unterhalb des Horizonts steht, muss das Vorzeichen des Skalarprodukts aus dem Normalenvektor und dem Vektor vom Empfängerstandort zum Satelliten bestimmt und ausgewertet werden.

17.1.2 Bestimmung des Azimuts

Um die Richtung vom Beobachter zum Satelliten in der Horizontebene feststellen zu können, projizieren wir zunächst den Satellitenort in die Horizontebene und legen durch den Beobachterpunkt und den Bildpunkt des Satelliten in der Ebene eine Gerade. Die Projektion eines Punktes im Raum auf eine Ebene erfolgt mithilfe der Formel für die senkrechte Parallelprojektion

$$P_E(\vec{x}) = \vec{x} - \frac{(\vec{x} - \vec{r}) \cdot \vec{n}}{\vec{n} \cdot \vec{n}} \cdot \vec{n}, \tag{17.2}$$

wobei $\vec{x}$ der abzubildende Punkt, $\vec{r}$ der Aufpunkt der Ebene und $\vec{n}$ der Normalenvektor der Ebene sind.

Um eine Bezugsrichtung zu haben, müssen wir auf dieselbe Weise auch die Nordrichtung, also die z-Achse des ECEF-Koordinatensystems, in die Horizontebene projizieren.

Vom Empfängerstandort aus können wir dann den Winkel zwischen Nordrichtung und der Richtung zu dem in die Ebene projizierten Satelliten berechnen. Die Bestimmung eines Winkels zwischen zwei Geraden der Ebene mit den Richtungsvektoren $\vec{u}$ und $\vec{v}$ erfolgt über die Beziehung

$$\cos\alpha = \frac{|\vec{u} \cdot \vec{v}|}{|u| \cdot |v|}. \tag{17.3}$$

Dabei wird der Winkel ausgehend von der Nordrichtung sowohl in positiver als auch in negativer Richtung immer im Intervall von 0° bis 180° gemessen. Ein Kompasswinkel von 235° erzeugt beispielsweise ein Rechenergebnis von 125°. Um unterscheiden zu können, ob der Azimut zwischen 0° und 180° oder zwischen 180° und 360° liegt, benötigen wir eine weitere Bezugsrichtung und verwenden dafür die Ostrichtung.

Ermitteln wir einen Winkel zur Nordrichtung von 125° und ist der Winkel zur Ostrichtung kleiner als 90°, so beträgt der Azimut tatsächlich 125°. Ist der Winkel zur Ostrichtung jedoch größer als 90°, so bestimmen wir den Azimut über die Differenz 360° – 125° = 235°.

In Abb. 17.2 sind die wesentlichen Zusammenhänge dargestellt: Die grüne Ebene ist die Horizontfläche, welche die Erde im Empfängerort, dem blauen Punkt, tangiert. Die kleinen blauen Pfeile am Empfängerort stellen die Nord- und die Ostrichtung in der Ebene dar. Der rote Vektor weist vom Empfängerort zur Satellitenposition, die als roter Punkt dargestellt ist. Die Projektion des Satellitenvektors in die Horizontebene ist als grüner Vektor dargestellt, der grüne Punkt stellt bereits den Skyplot des Satelliten dar. Dessen Azimut wird von der Nordrichtung aus gemessen. Um eine korrekte Winkelangabe zu erhalten, muss das errechnete Ergebnis je nach der Lage zur Ostrichtung korrigiert werden. Die Länge des grünen Vektors ergibt sich aus dem Winkel, den der Satellitenvektor mit der Ebene einnimmt. Je höher der Satellit über dem Beobachter steht, umso kürzer wird dieser.

17.2 Ein Skyplot in Maxima

17.2.1 Vorarbeiten

Wir lesen zunächst wie gewohnt die zu untersuchenden RINEX-Dateien ein. Die im Folgenden dargestellten Beispiele beruhen auf den bislang verwendeten `sonnenpfad`-Dateien. Die Aufnahme erfolgte am Sonntag, den 11. April 2021, kurz vor 13 Uhr. Wir verwenden den Zeitpunkt 46.565, was dem Aufnahmezeitpunkt 12:56:06 entspricht.

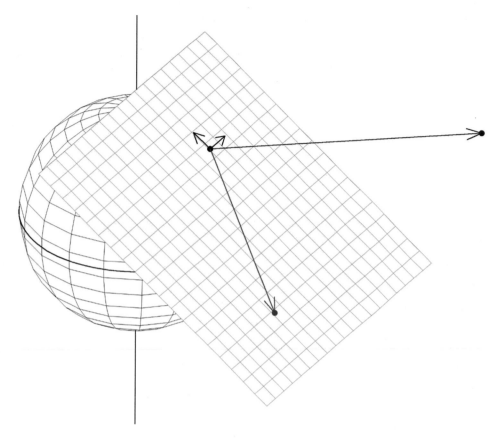

Abb. 17.2 Erzeugung des Skyplots eines Satelliten

```
sow:46565
```

Die Zuweisung

```
navsatlist:make_navsatlist()
```

ermittelt die Liste derjenigen Satelliten, von denen Ephemeriden vorliegen:

```
[2,4,5,6,12,18,25,26,29,31,32]
```

Wir wählen den ersten Satelliten SV2 der Liste für unsere Berechnungen aus:

```
sv:navsatlist[1]
```

Die Empfängerposition haben wir uns bisher in Polarkoordinaten ausgeben lassen. Für die weitere Arbeit wird jedoch diese Angabe in ECEF-Koordinaten benötigt. Da die

Umrechnung von ECEF- in Polarkoordinaten in unseren `recpos`-Funktionen ohnehin erst ganz am Ende stattfindet, müssen wir nur die letzte Zeile ändern. Dazu kopieren wir die Funktion `recpos_trel()` aus der Bibliothek in das Maxima-Arbeitsblatt, ändern dort die letzte Anweisung von

```
ecef_polar_ellipse(estpos))
```

in

```
estpos)
```

und benennen die so veränderte Funktion um in `recpos_trel_ecef(sow)`.
Wir rufen die Funktion auf und speichern die ECEF-Koordinaten als Liste:

```
recpos_liste:recpos_trel_ecef(sow)
```

Für die weiteren Berechnungen benötigen wir die Koordinaten als Spaltenvektor:

```
recpos_v:transpose(matrix(recpos_liste))
```

Dasselbe gilt für die Satellitenposition:

```
satpos_liste:satpos(sow,sv)
satpos_v:transpose(matrix(satpos_liste))
```

Schließlich benötigen wir noch den Vektor von der Empfängerposition zum Satelliten:

```
satvect:satpos_v-recpos_v
```

17.2.2 Berechnung der Elevation

Die Berechnung der Elevation erfolgt nach Gl. 17.1, die den Winkel zwischen einer über deren Normalenvektor gegebenen Ebene und einer Geraden ermittelt. Ob der Satellit über oder unter dem Horizont steht, muss über das Vorzeichen des Skalarprodukts aus dem Normalenvektor und der Geradenrichtung entschieden werden.

```
elevation(n,u):=block(
[elev],
elev:asin(abs(u.n)/
        (mat_norm(u,frobenius)*mat_norm(n,frobenius))),
if sign(n.u)=neg then -elev else elev)
```

Die Berechnung

```
elev:elevation(recpos_v,satvect)
```

hat das Ergebnis

```
0.2857683683160307,
```

was einem Erhebungswinkel von 16,37° entspricht.

17.2.3 Berechnung des Azimuts

Für die Berechnung des Azimuts müssen Punkte bzw. Richtungen in die Horizontebene projiziert werden. Wir erstellen aus Gl. 17.2 daher zunächst eine Funktion, die eine senkrechte Parallelprojektion in die Horizontalebene vornimmt.

```
projektion(x,n,r):=x-(((x-r).n)/(n.n)).n
```

Damit projizieren wir den Satellitenort

```
projektion_satvect:projektion(satpos_v,recpos_v,recpos_v)
```

und die *z*-Achse in die Ebene:

```
nordpol:matrix([0],[0],[3*637000])
projektion_nordpol:projektion(nordpol,recpos_v,recpos_v)
```

Um den Azimut zu berechnen, benötigen wir – ausgehend vom Empfängerstandort – die Richtung nach Norden

```
nordrichtung:projektion_nordpol-recpos_v
```

sowie die Richtung zum Satelliten:

```
satrichtung:projektion_satvect-recpos_v
```

Der Winkel zwischen beiden Richtungen kann dann nach Gl. 17.3 bestimmt werden, wir erstellen dafür eine Funktion:

```
azimut(u,v):=acos((u.v)/
(mat_norm(u,frobenius)*mat_norm(v,frobenius)))
```

Deren Aufruf

```
nordwinkel:azimut(nordrichtung,satrichtung)
```

berechnet im gegebenen Fall 40,88° als Ergebnis.

Da Gl. 17.3 den eingeschlossenen Winkel zwischen zwei Geraden im Bereich zwischen 0° und 180° aber ohne Berücksichtigung der Orientierung ermittelt, könnte der tatsächliche Azimut hier auch 319,12° betragen. Dieser prinzipiellen Doppeldeutigkeit kann man begegnen, indem man den Winkel zum Satelliten zusätzlich ausgehend von der Ostrichtung misst.

```
osten:matrix([0],[3*637000],[0])
projektion_osten:projektion(osten,recpos_v,recpos_v)
ostrichtung:projektion_osten-recpos_v
ostwinkel:azimut(ostrichtung,satrichtung)
```

Ist der Winkel zwischen Osten und dem Satelliten kleiner als 90°, so liegt der tatsächliche Azimut im Bereich von 0° bis 180°, sonst eben im Bereich von 180° bis 360°.

```
if ostwinkel>%pi/2 then az:2*%pi-nordwinkel else az:nordwinkel
```

Das Gesamtergebnis lassen wir uns als Liste mit der Satellitennummer, dem Azimut und der Elevation darstellen:

```
[sv,float(grad(az)),float(grad(elev))]
```

17.2.4 Maxima-Funktion für Azimut und Elevation

Die oben dargestellten Schritte können in einer Maxima-Funktion `az_elev()` für die Berechnung von Azimut und Elevation eines Satelliten `sv` zu einem bestimmten Zeitpunkt `sow` zusammengefasst werden.

```
az_elev(sow,sv):=block(
[recpos_liste,recpos_v,satpos_liste,satpos_v,
satvect,elev,projektion_satvect,nordpol,
projektion_nordpol,nordrichtung,satrichtung,
nordwinkel,osten,projektion_osten,ostrichtung,
ostwinkel,az],
recpos_liste:recpos_trel_ecef(sow),
recpos_v:transpose(matrix(recpos_liste)),
```

```
satpos_liste:satpos(sow,sv),
satpos_v:transpose(matrix(satpos_liste)),
satvect:satpos_v-recpos_v,
elev:elevation(recpos_v,satvect),
projektion_satvect:projektion(satpos_v,recpos_v,recpos_v),
nordpol:matrix([0],[0],[3*637000]),
projektion_nordpol:projektion(nordpol,recpos_v,recpos_v),
nordrichtung:projektion_nordpol-recpos_v,
satrichtung:projektion_satvect-recpos_v,
nordwinkel:azimut(nordrichtung,satrichtung),
osten:matrix([0],[3*637000],[0]),
projektion_osten:projektion(osten,recpos_v,recpos_v),
ostrichtung:projektion_osten-recpos_v,
ostwinkel:azimut(ostrichtung,satrichtung),
if ostwinkel>%pi/2 then az:2*%pi-nordwinkel else az:nordwinkel,
[sv,float(grad(az)),float(grad(elev))]])
```

Der Aufruf

```
sp:az_elev(sow,sv)
```

hat das Ergebnis

```
[2,40.87612857320405,16.3733214228486]
```

und bestimmt damit den Azimut des Satelliten SV2 mit etwa 41° und dessen Elevation mit rund 16°. Durch die Vorgabe anderer Satellitennummern werden die Orte der weiteren empfangenen Satelliten ermittelt.

Zur Überprüfung der erhaltenen Werte kann die Datei `sonnenpfad.ubx` von der Homepage des Buchs in das Programm *u-center* geladen und dort über die grüne „Play"-Schaltfläche gestartet werden. Es sind dann wieder alle Werte genau wie während der Aufnahme sichtbar. Im Zweig UBX-RXM-SVSI können sowohl der Azimut als auch die Elevation der damals empfangenen Satelliten abgelesen und mit den selbst errechneten Werten verglichen werden.

Für die Satelliten SV6 und SV32 erhalten wir eine negative Elevation. Dies rührt daher, dass beim Einschalten des Empfängers am Aufnahmetag diese Satelliten noch sichtbar waren und deshalb deren Ephemeriden empfangen und gespeichert werden konnten. Zum späteren Zeitpunkt der konkreten Aufnahme waren diese beiden Satelliten bereits unter dem Horizont verschwunden. Betrachtet man die Daten in den RINEX-Dateien genauer, so stellt man fest, dass die beiden genannten Satelliten nicht für die Positionsbestimmung verwendet wurden.

17.2.5 Darstellung des Satellitenorts

Die Werte für den Azimut und die Elevation sollen nun grafisch in einem Skyplot dargestellt werden. Die Kompassrose stellen wir als Kreis mit dem Radius 1 dar, die Elevation muss daher in einen zugehörigen Abstand r vom Kreismittelpunkt umgerechnet werden. Dies geschieht mit der Beziehung

$$r = \left| \frac{elev}{90} - 1 \right|.$$

Mit dem bestimmten Radius r und dem Azimut liegen die Polarkoordinaten des zu zeichnenden Punktes vor, die für die Darstellung in Maxima in kartesische Koordinaten umgerechnet werden müssen. Dabei ist zu beachten, dass im Skyplot Rechts- und Hochachse vertauscht sind.

```
az_elev_cart(plotlist):=block(
[sv,az,el,r,phi],
[sv,az,el]:plotlist,
r:abs(el/90-1),
phi:az,
x:float(r*cos(bogen(phi))),
y:float(r*sin(bogen(phi))),
[sv,y,x])
```

Der Aufruf

```
sk:az_elev_cart(sp)
```

mit den eben ermittelten Azimut- und Elevationsdaten des Satelliten SV2 liefert als Ergebnis die Daten

```
[2,0.5353689012632961,0.61856733405344987]
```

für die Darstellung im kartesischen System. Mit diesen Angaben ist es einfach, den Satellitenort im Skyplot darstellen zu lassen. Im nachfolgend dargestellten Aufruf von `draw2d` werden über das Grafikobjekt `parametric` die konzentrischen Kreise der Kompassrose für die Erhebungswinkel 0°, 30° und 60° gezeichnet und mit einem Punkt der Zenit markiert. Hernach werden Linien zur Darstellung der Nord-Süd- und der Ost-West-Achsen gezeichnet und die Himmelsrichtungen über das Grafikobjekt `label` beschriftet. Schließlich wird der Satellitenort als roter Punkt eingezeichnet und mit der Satellitennummer beschriftet.

```
draw2d(
dimensions=[1600,1600],
font="arial",font_size=40,
proportional_axes=xy,
nticks=90,
xtics=false,ytics=false,
color=grey10,
parametric(1/3*sin(phi),1/3*cos(phi),phi,0,2*%pi),
parametric(2/3*sin(phi),2/3*cos(phi),phi,0,2*%pi),
parametric(sin(phi),cos(phi),phi,0,2*%pi),
point_type=7,point_size=3,
points([[0,0]]),
line_width=2,
points_joined=true,point_size=0,
points([[-1,0],[1,0]]),points([[0,-1],[0,1]]),
label(["N",0,1.04],["E",1.04,0],
        ["S",0,-1.04],["W",-1.04,0]),
color=red,point_size=5,
points([[sk[2],sk[3]]]),
label([string(sk[1]),sk[2]+0.06,sk[3]+0.04]))
```

Ein Aufruf des obigen `draw2d`-Befehls führt zu der in Abb. 17.3 gezeigten Darstellung. Es wird deutlich, dass der Satellit SV2 in nordöstlicher Richtung zu finden ist. Sein Erhebungswinkel liegt etwa mittig zwischen 0° und 30°.

Es ist jetzt nur noch eine Fleißaufgabe, die Orte der weiteren Satelliten, von denen uns Ephemeriden vorliegen, in den Skyplot einzutragen. Dies kann man von Hand machen, indem die Koordinaten der Satelliten sukzessive errechnet und die notwendigen Grafikobjekte `points` und `label` nacheinander in der obigen `draw2d`-Funktion ergänzt werden. Man kann diese Fleißaufgabe aber auch Maxima dergestalt übertragen, dass die benötigten Daten der Satelliten in einer Schleife ermittelt und die zugehörigen Grafikbefehle erzeugt werden. Auf den Abdruck der etwas umfangreicheren Funktion wird hier verzichtet, diese befindet sich auf der Homepage zum Buch. Das Ergebnis jedoch wird in Abb. 17.4 präsentiert.

Man kann auf einen Blick die Verteilung der Satelliten zum Aufnahmezeitpunkt am Himmel erfassen. Dass wir mit unserem selbst erstellten Skyplot richtigliegen, zeigt der Vergleich mit Abb. 17.1, in der die Satellitenkonstellation zum selben Zeitpunkt und für denselben Ort von einem Programm der Firma Trimble ermittelt wurde. Die Satelliten SV6 und SV32, die sich bereits unter dem Horizont befinden, werden in unserer Darstellung in der korrekten Richtung außerhalb der Kompassrose dargestellt.

Dieser Skyplot macht schließlich deutlich, warum wir mit unserer Aufnahme eine so hervorragende Bestimmung der Empfängerposition erhalten haben: Die verfügbaren

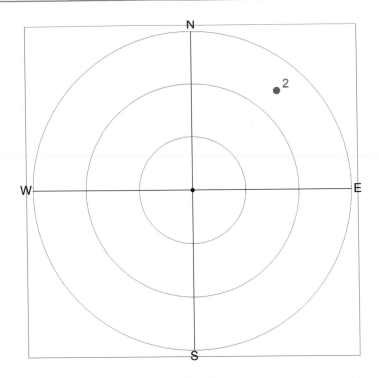

Abb. 17.3 In Maxima erstellter Skyplot eines Satelliten

Satelliten sind weit über den Himmel verstreut und eine solche Konstellation ist Voraussetzung für gute Ergebnisse. Hätten hingegen nur die Satelliten SV5, SV12, SV25,
SV26, SV29 und SV31 empfangen werden können, so wäre das Ergebnis schlechter
ausgefallen, da diese Satelliten annähernd auf einer Linie stehen. Die Genauigkeit der
Positionsbestimmung hängt mit dem Rauminhalt des Körpers zusammen, dessen Eckpunkte von den Satelliten und dem Empfänger gebildet werden. Je größer dieses
Volumen ist, desto besser ist die Genauigkeit. Dieser Zusammenhang wird als *geometric
dilution of precision* (GDOP) bezeichnet. Wer möglichst genaue Positionsbestimmungen
anstrebt, kann mit einem selbst errechneten Skyplot oder mit Programmen wie
demjenigen von Trimble für jeden Ort der Erde bereits einige Tage im Voraus den dafür
günstigsten Zeitpunkt ermitteln.

Mit etwas Vorbereitung können wir daher mit den hier im Buch dargestellten Verfahren sehr präzise Ortsbestimmungen aus Rohdaten berechnen. Im Übrigen liefern auch
etwas weniger genaue Positionsbestimmungen ein durchaus imponierendes Bild davon,
wie mit recht einfachen mathematischen Mitteln aus wenigen Rohdaten Positionen
mit einer überraschenden Präzision errechnet werden können. Dies ist insbesondere
vor dem Hintergrund erstaunlich, dass bei der Planung von NAVSTAR GPS anfangs
eine Genauigkeit von 15 m im militärischen Bereich und von lediglich rund 400 m bei

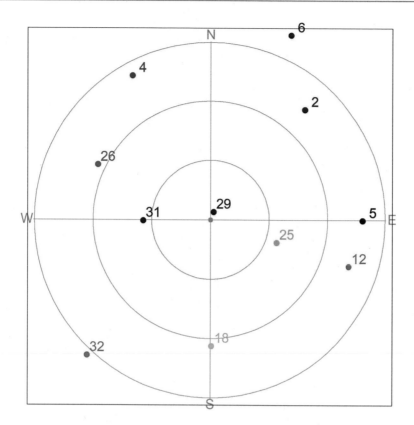

Abb. 17.4   Skyplot aller Satelliten

ausschließlicher Nutzung des C/A-Codes erwartet wurde. Feldversuche zeigten jedoch
schnell, dass auch mit bloßer Nutzung der L1-Frequenz Ortsangaben im Bereich von
30 m erreicht werden können. Solche Genauigkeitswerte erreichen wir mit unseren
Methoden in aller Regel ebenfalls. Diese beeindruckenden Ergebnisse liefern damit eine
ungemein überzeugende Antwort auf die häufige Frage von Schülern und Studierenden,
wozu man denn all die Geometrie, Analysis, lineare Algebra und analytische Geometrie
überhaupt benötigt.

Bisher erschienene Bände der Reihe Mathematik Primarstufe und Sekundarstufe I + II

Herausgegeben von
Prof. Dr. Friedhelm Padberg, Universität Bielefeld
Prof. Dr. Andreas Büchter, Universität Duisburg-Essen

Bisher erschienene Bände (Auswahl)

Didaktik der Mathematik

T. Bardy/P. Bardy: Mathematisch begabte Kinder und Jugendliche (P).

C. Benz/A. Peter-Koop/M. Grüßing: Frühe mathematische Bildung (P).

M. Franke/S. Reinhold: Didaktik der Geometrie (P).

M. Franke/S. Ruwisch: Didaktik des Sachrechnens in der Grundschule (P).

K. Hasemann/H. Gasteiger: Anfangsunterricht Mathematik (P).

K. Heckmann/F. Padberg: Unterrichtsentwürfe Mathematik Primarstufe, Band 1 (P).

K. Heckmann/F. Padberg: Unterrichtsentwürfe Mathematik Primarstufe, Band 2 (P).

F. Käpnick/R. Benölken: Mathematiklernen in der Grundschule (P).

G. Krauthausen: Digitale Medien im Mathematikunterricht der Grundschule (P).

G. Krauthausen: Einführung in die Mathematikdidaktik (P).

G. Krummheuer/M. Fetzer: Der Alltag im Mathematikunterricht (P).

F. Padberg/C. Benz: Didaktik der Arithmetik (P).

E. Rathgeb-Schnierer/C. Rechtsteiner: Rechnen lernen und Flexibilität entwickeln (P).

P. Scherer/E. Moser Opitz: Fördern im Mathematikunterricht der Primarstufe (P).

H.-D. Sill/G. Kurtzmann: Didaktik der Stochastik in der Primarstufe (P).

A.-S. Steinweg: Algebra in der Grundschule (P).

G. Hinrichs: Modellierung im Mathematikunterricht (P/S).

A. Pallack: Digitale Medien im Mathematikunterricht der Sekundarstufen I + II (P/S).

A. Schulz/S. Wartha: Zahlen und Operationen am Übergang Primar-/Sekundarstufe (P/S).

R. Danckwerts/D. Vogel: Analysis verständlich unterrichten (S).

C. Geldermann/F. Padberg/U. Sprekelmeyer: Unterrichtsentwürfe Mathematik Sekundarstufe II (S).

H. Albrecht, *Geometrie und GPS,* Mathematik Primarstufe und Sekundarstufe I + II, https://doi.org/10.1007/978-3-662-64871-1

G. Greefrath: Didaktik des Sachrechnens in der Sekundarstufe (S).

G. Greefrath: Anwendungen und Modellieren im Mathematikunterricht (S).

G. Greefrath/R. Oldenburg/H.-S. Siller/V. Ulm/H.-G. Weigand: Didaktik der Analysis für die Sekundarstufe II (S).

K. Heckmann/F. Padberg: Unterrichtsentwürfe Mathematik Sekundarstufe I (S).

W. Henn/A. Filler: Didaktik der Analytischen Geometrie und Linearen Algebra (S).

K. Krüger/H.-D. Sill/C. Sikora: Didaktik der Stochastik in der Sekundarstufe (S).

F. Padberg/S. Wartha: Didaktik der Bruchrechnung (S).

V. Ulm/M. Zehnder: Mathematische Begabung in der Sekundarstufe (S).

H.-J. Vollrath/J. Roth: Grundlagen des Mathematikunterrichts in der Sekundarstufe (S).

H.-G. Weigand et al.: Didaktik der Geometrie für die Sekundarstufe I (S).

H.-G. Weigand/A. Schüler-Meyer/G. Pinkernell: Didaktik der Algebra (S).

H.-G. Weigand/T. Weth: Computer im Mathematikunterricht (S).

Mathematik

M. Helmerich/K. Lengnink: Einführung Mathematik Primarstufe – Geometrie (P).

K. Appell/J. Appell: Mengen – Zahlen – Zahlbereiche (P/S).

A. Büchter/F. Padberg: Arithmetik und Zahlentheorie (P/S).

A. Büchter/F. Padberg: Einführung in die Arithmetik (P/S).

A. Filler: Elementare Lineare Algebra (P/S).

H. Humenberger/B. Schuppar: Mit Funktionen Zusammenhänge und Veränderungen beschreiben (P/S).

S. Krauter/C. Bescherer: Erlebnis Elementargeometrie (P/S).

H. Kütting/M. Sauer: Elementare Stochastik (P/S).

T. Leuders: Erlebnis Algebra (P/S).

T. Leuders: Erlebnis Arithmetik (P/S).

F. Padberg/A. Büchter: Elementare Zahlentheorie (P/S).

F. Padberg/R. Danckwerts/M. Stein: Zahlbereiche (P/S).

H. Albrecht: Elementare Koordinatengeometrie (S).

H. Albrecht: Geometrie und GPS (S).

B. Barzel/M. Glade/M. Klinger: Algebra und Funktionen. Fachlich und fachdidaktisch (S).

S. Bauer: Mathematisches Modellieren (S).

A. Büchter/H.-W. Henn: Elementare Analysis (S).

B. Schuppar: Geometrie auf der Kugel – Alltägliche Phänomene rund um Erde und Himmel (S).

B. Schuppar/H. Humenberger: Elementare Numerik für die Sekundarstufe (S).

G. Wittmann: Elementare Funktionen und ihre Anwendungen (S).

P: Schwerpunkt Primarstufe

S: Schwerpunkt Sekundarstufe

Literatur

Agricola, I., Friedrich, T.: Elementargeometrie – Fachwissen für Studium und Mathematikunterricht. Springer, Berlin (2015[4])

Albrecht, H.: Elementare Koordinatengeometrie – Mit einer Einführung in Maxima. Springer, Berlin (2020)

Bättig, D.: Angewandte Mathematik 1 mit MATLAB und Julia. Springer, Berlin (2020)

Bauer, M.: Vermessung und Ortung mit Satelliten. Wichmann, Heidelberg (1994)

Bigalke, H.-G.: Kugelgeometrie. Salle/Sauerländer, Frankfurt (1984)

Borre, K., Akos, D. M., Bertelsen, N., Rinder, P., Jensen, S. H.: A Software-Defined GPS and Galileo receiver. Birkhäuser, Boston (2007)

Borre, K., Strang, G.: Algorithms for Global Positioning. Wellesley-Cambridge Press, Wellesley (2012)

Cramer, E., Kamps, U., Lehmann, J., Walcher, S.: Toolbox Mathematik für MINT-Studiengänge. Springer, Berlin (2017)

Dodel, H., Häupler, D.: Satellitennavigation. Springer, Heidelberg (2010[2])

Haager, W.: Computeralgebra mit Maxima. Hanser, München (2019[2])

Haubrock, D.: GPS in der analytischen Geometrie. In: Blum, W., Henn, W., Klika, M., Maaß, J. (Hrsg.) ISTRON – Materialien für einen realitätsbezogenen Mathematikunterricht, Bd. 6, S. 86–103, Franzbecker, Hildesheim (2000)

Henn, H.-W., Meyer, J.: Neue Materialien für einen realitätsbezogenen Mathematikunterricht 1. Springer, Berlin (2013)

Hofmann-Wellenhof, B., Kienast, G., Lichtenegger, H.: GPS in der Praxis. Springer, Wien (1994a)

Hofmann-Wellenhof, B., Lichtenegger, H., Collins, J.: GPS – Theory and Practice. Springer, Wien (1994b)

Kaplan, E. D., Hegarty, C. J.: Understanding GPS/GNSS – Principles and Applications. Artech House, Boston (2017[3])

Kunath, J.: Analytische Geometrie und Lineare Algebra zwischen Abitur und Studium I. Springer, Berlin (2019)

Kunath, J.: Analytische Geometrie und Lineare Algebra zwischen Abitur und Studium II. Springer, Berlin (2020)

Logsdon, T.: Understanding the Navstar. Van Nostrand Reinhold, New York (1995)

Mansfeld, W.: Satellitenortung und Navigation. Vieweg, Braunschweig (1998)

Maral, G., Bousquet, M.: Satellite communications systems. Teubner, Stuttgart (1993[2])

Misra, P., Enge, P.: Global Positioning System – Signals. Measurements and Performance. Ganga-Jamuna Press, Lincoln (2012)

H. Albrecht, *Geometrie und GPS,* Mathematik Primarstufe und Sekundarstufe I + II, https://doi.org/10.1007/978-3-662-64871-1

Russeau, C., Saint-Aubin, Y., Stern, M.: Mathematik und Technologie. Springer, Berlin (2012)

Schüttler, T.: Satellitennavigation – Wie sie funktioniert und wie sie unseren Alltag beeinflusst. Springer, Heidelberg (2014)

Schüttler, T.: Relativistische Effekte bei der Satellitennavigation – Von Einstein zu GPS und Galileo. Springer, Wiesbaden (2018)

Schuppar, B.: Geometrie auf der Kugel – Alltägliche Phänomene rund um Erde und Himmel. Springer, Berlin (2017)

Strang, G.: Die Mathematik hinter der Satellitennavigation. In: Beutelspacher, A., Henze, N., Kulisch, U., Wußing, H. (Hrsg.) Überblicke Mathematik, S. 76–80. Vieweg, Braunschweig (1997)

Veröffentlichungen im Internet

Backhaus, U.: Newton und die Kepler'schen Gesetze (Skript). http://www.didaktik.physik.uni-due.de/~backhaus/Astro-Vorlesung/himmelsmWS0203.pdf (veraltet)

Blewitt, G.: GPS and Space-Based Geodetic Methods. http://www.nbmg.unr.edu/Staff/pdfs/Blewitt_Treatise_2nd_Edition.pdf (31.10.2021)

Borth, J.-H.: Positionsbestimmung per GPS (Seminararbeit Uni Koblenz/Landau). http://userpages.uni-koblenz.de/~physik/informatik/Sensoren/gps.pdf (veraltet)

Braun, M.: Das GPS-System – Funktionsweise und Einsatzmöglichkeiten im Physikunterricht (Schriftliche Hausarbeit Uni Würzburg). http://www.thomas-wilhelm.net/arbeiten/ZulaGPS.pdf (31.10.2021)

Embacher, F.: Relativistische Korrektur des GPS. https://homepage.univie.ac.at/franz.embacher/rel.html (31.10.2021)

GPS Directorate: NAVSTAR GPS Space Segment/Navigation User Segment Interfaces, IS-GPS-200M https://www.gps.gov/technical/icwg/ (31.10.2021) Ältere Ausgaben finden sich unter: https://www.gps.gov/technical/icwg/old-versions/ (31.10.2021) Die Version ICD-GPS-200C ist für unsere Zwecke völlig ausreichend.

Gurtner, W.: RINEX – The Receiver Independent Exchange Format. https://files.igs.org/pub/data/format/rinex301.pdf (31.10.2021)

Homrighausen, C.: Das GPS-System. Eine theoretische Annäherung und Ansätze zur Anwendung im Physikunterricht (Masterarbeit Uni Bielefeld). http://www.physik.uni-bielefeld.de/didaktik/Examensarbeiten/MasterarbeitHomrighausen.pdf (31.10.2021)

Korth, W.: Studienhilfsmittel GPS-Code-Auswertung (Skript). http://public.beuth-hochschule.de/~korth/gps_ausw.pdf (veraltet)

Lehmann, R.: Geodätisches Cloud Computing. http://www.in-dubio-pro-geo.de (31.10.2021)

Natronics: The GPS PRN (Gold Codes). http://natronics.github.io/blag/2014/gps-prn/ (31.10.2021)

Richter, T., Wick, T.: Einführung in die numerische Mathematik. https://ganymed.math.uni-heidelberg.de/~lehre/SS12/numerik0/gesamt.pdf (31.10.2021)

Reichle, R.: Himmelsmechanik. http://www.reinhold-reichle.de/media/bceac241c78c151affff8ac6ac144226.pdf (31.10.2021)

Sanz Subirana, J., Juan Zornoza, J. M., Hernández-Pajares, M.: GNSS Data Processing, Volume I: Fundamentals and Algorithms. https://gssc.esa.int/navipedia/GNSS_Book/ESA_GNSS-Book_TM-23_Vol_I.pdf (31.10.2021)

Sanz Subirana, J., Juan Zornoza, J. M., Hernández-Pajares, M.: GNSS Data Processing, Volume II: Laboratory Exercises. https://gssc.esa.int/navipedia/GNSS_Book/ESA_GNSS-Book_TM-23_Vol_II.pdf (31.10.2021)

Schulz, K., Söhlemann, S.: Lineare Gleichungssysteme und die Methode der kleinsten Quadrate. http://www.cip.ifi.lmu.de/~kaumanns/matrixmethoden/res/ref_methode_der_kleinsten_quadrate.pdf (31.10.2021)

Sokolov, Daniel AJ: GPS – Der „magische Kompass" mit gewollter Ungenauigkeit. https://www.heise.de/newsticker/meldung/GPS-Der-magische-Kompass-mit-eingebauer-Ungenauigkeit-4713291.html (31.10.2021)

Global Positioning System: https://www.wikiwand.com/de/Global_Positioning_System (31.10.2021)

Global Positioning System Standard Positioning Service Signal Specification, 2nd edition 1995: https://www.gps.gov/technical/ps/1995-SPS-signal-specification.pdf (31.10.2021)

GNSS – Globale Navigations-Satellitensysteme. https://kompendium.infotip.de/id-1-historisches.html (31.10.2021)

Völkner, D.: Himmelsmechanik. https://www.skywatch-blog.de/einfuehrung-himmelsmechanik/ (31.10.2021)

Wiener, M.: Didaktisch-methodische Ausarbeitung eines Lernmoduls zum Thema GPS mit Hilfe von Matlab im Rahmen eines Modellierungstages für Schülerinnen und Schüler der Sekundarstufe II. Schriftliche Hausarbeit im Rahmen der Ersten Staatsprüfung. 18.08.2015. https://blog.rwth-aachen.de/cammp/files/2016/10/thesis-gps.pdf (31.10.2021)

Wikipedia (englische Seite): GPS-Signals. https://en.wikipedia.org/wiki/GPS_signals (31.10.2021)

Zogg, J.-M.: GPS und GNSS: Grundlagen der Ortung und Navigation mit Satelliten. https://www.zogg-jm.ch/Dateien/Update_Zogg_Deutsche_Version_Jan_09_Version_Z4x.pdf (31.10.2021)

Weitere hilfreiche Internetquellen

Almanach-Sammlung und weitere GPS-Informationen. https://www.navcen.uscg.gov (31.10.2021)

Astronomische Berechnungen für Amateure. http://de.wikibooks.org/wiki/Astronomische_Berechnungen_für_Amateure (31.10.2021)

CAMMP der RWTH Aachen. https://blog.rwth-aachen.de/cammp/ (31.10.2021)

Darstellung von Satelliten-Orbits, Almanach-Daten. http://www.celestrak.com (31.10.2021)

EASA navipedia. https://gssc.esa.int/navipedia (31.10.2021)

GPS-Satelliten im Orbit. https://en.wikipedia.org/wiki/List_of_GPS_satellites (31.10.2021)

Kalenderrechnung: http://www.nabkal.de/kalrechJD.html (31.10.2021) oder http://www.fourmilab.ch/documents/calendar (31.10.2021)

Navilock, Hersteller des GPS-Empfängers: http://www.navilock.de (31.10.2021)

Official U.S. Government information about the Global Positioning System (GPS) and related topics. www.gps.gov (31.10.2021)

Physikalisch-Technische Bundesanstalt: Abteilung 4: Optik. https://www.ptb.de/cms/ptb/fachabteilungen/abt4/fb-44.html (31.10.2021)

SparkFun, Hersteller von Breakout-Boards mit ublox-GPS-Chips: https://www.sparkfun.com/search/results?term=ublox (31.10.2021)

teqc-Bezugsquelle: https://www.unavco.org/software/data-processing/teqc/teqc.html (31.10.2021)

Trimble GNSS Planning Online: https://www.gnssplanning.com (31.10.2021)

ublox, Hersteller der verwendeten GPS-Chips: http://www.u-blox.com/de/ (31.10.2021)

Stichwortverzeichnis

© Der/die Herausgeber bzw. der/die Autor(en), exklusiv lizenziert durch Springer-Verlag GmbH, DE, ein Teil von Springer Nature 2022
H. Albrecht, *Geometrie und GPS,* Mathematik Primarstufe und Sekundarstufe I + II,
https://doi.org/10.1007/978-3-662-64871-1

Printed in the United States
by Baker & Taylor Publisher Services